W0172319

Verpackt und zugeklebt.
Das Praxishandbuch für professionelles Verpacken

Thomas Krieg

Verpackt und zugeklebt.

Das Praxishandbuch für professionelles Verpacken

Thomas Krieg

Impressum

Krieg, Thomas
Verpackt und zugeklebt
Das Praxishandbuch für professionelles Verpacken
ISBN 3-00-013011-X

Gesamtkonzeption: rokoko-Netzwerk für Kommunikation, Dortmund
www.rokoko-online.com
im Auftrag von ratioform Verpackungsmittel GmbH, Pliening/Landsham
Gestaltung und Realisierung: Dorothea Posdiena, rokoko
Illustrationen: Sylvia Walter, rokoko
Recherche, Text, Projektleitung: Michaela Krieg, rokoko
Druck und Verarbeitung: Stürtz AG, Würzburg
© rokoko - Netzwerk für Kommunikation, Dortmund, 2004

Das vorliegende Werk wurde sorgfältig recherchiert und erarbeitet.
Dennoch übernehmen Autor und Verlag für die Richtigkeit von Angaben, Hinweisen und Ratschlägen sowie für eventuelle Druckfehler keine Haftung.
Kein Teil des Werkes darf in irgendeiner Form (Kopieren, Scannen etc.) ohne schriftliche Genehmigung des Autors verwendet werden.

Lob und Tadel, Anregungen und Optimierungsvorschläge bitte an:
verpackungsbuch@rokoko-online.com

Inhalt

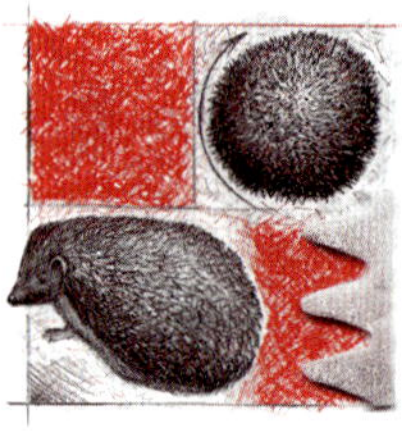

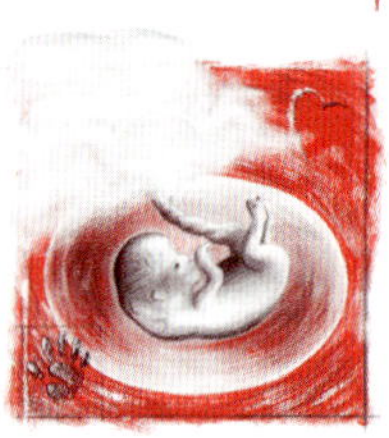

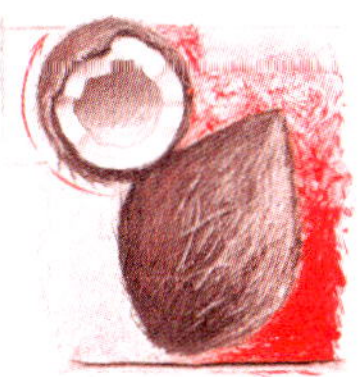

Vorwort

Liebe Leserinnen, liebe Leser,

als ich vor fast 25 Jahren in das Unternehmen meines Vaters eingestiegen bin, konnte ich nicht ahnen, welche Faszination das Thema Transportverpackung schon sehr bald auf mich ausüben würde.
Mehr über unsere Firmengeschichte erfahren Sie übrigens in Kapitel 8 ab Seite 136.
Ob Sie's glauben oder nicht – es ist ein unglaublich spannender Markt, der vor allem im Laufe der letzten Jahre mit immer ausgeklügelteren und innovativeren Produkten auf sich aufmerksam machte.
Für mich war sehr schnell klar, womit ich mich profilieren wollte. Mein Ziel war und ist es nach wie vor, in der „Servicewüste Deutschland" unseren Kunden nicht nur Lieferant und Problemlöser zu sein, sondern kompetenter Ansprechpartner in allen Fragen rund um professionelles Verpacken.
Da bleibt es nicht aus, dass man sich mit einer Unmenge an Produkten, Materialien, Herstellern und Verfahren auseinander setzen muss.
Bestimmt können Sie sich vorstellen, welch geballtes Fachwissen da im Laufe der Zeit zusammenkommt, sozusagen frei Haus. Und genau das möchte ich an Sie weitergeben. Aber keine Angst vor trockener Theorie. Wir sind mit viel Spaß daran gegangen, dieses Thema lesefreundlich, informativ und vor allem kurzweilig aufzubereiten. Ich denke, das ist uns gut gelungen.
Verstehen Sie dieses Buch also als Ausdruck meiner Begeisterung für ein Thema, das auch nach so langer Zeit nichts von seiner Faszination verloren hat.
Im Gegenteil: Die Herausforderung beginnt immer wieder aufs Neue – und genau das ist das Reizvolle.
Ich bin sicher, dass es uns mit diesem Werk gelingt, auch Sie ein wenig mit dieser Begeisterung anzustecken.
Viel Spaß beim Lesen und viel Erfolg bei Ihrer Arbeit wünscht Ihnen

Thomas Krieg
Inhaber ratioform Verpackungsmittel GmbH

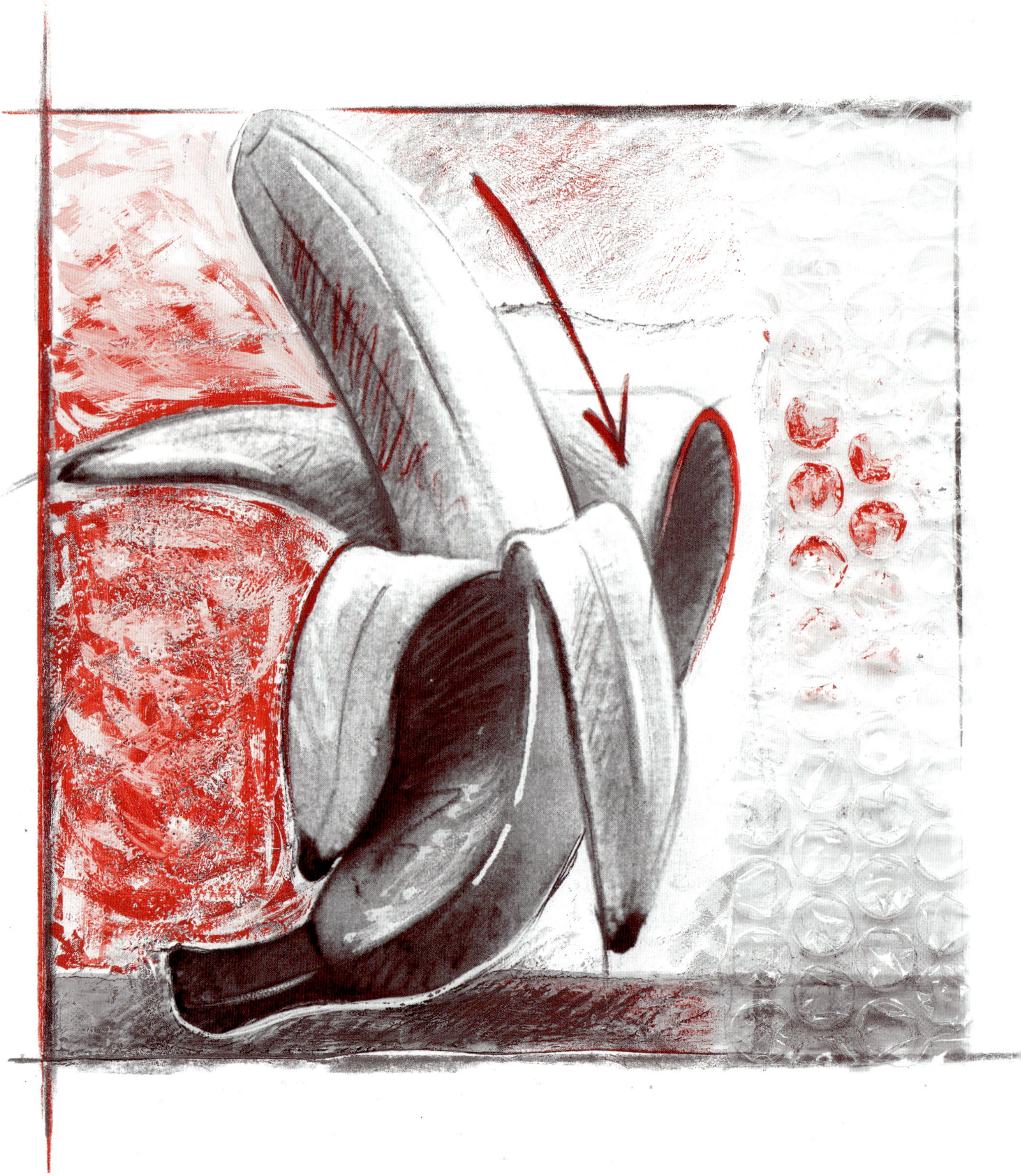

1

Verpackung – was heißt das eigentlich?

Jede Verpackung ist ein Versprechen.
Vorfreude auf den Inhalt.
Erwartung.

Das gilt auch für dieses Buch, von dem Sie einiges erwarten können.
Was, das erfahren Sie in diesem Kapitel:

- Verpackungen – ständige Begleiter durch den Tag
- Um welche Art von Verpackung geht es in diesem Buch?
- An wen richtet sich dieses Buch?

Verpackungen, ständige Begleiter durch den Tag

Verpackungen, wohin man schaut. Überall präsent.
Das geht schon morgens los. Zähne putzen (Pasta aus der Tube), Duschen (Gel und Shampoo aus dem Plastikspender), Kaffee trinken (Milch aus der Dose oder Flasche), das leckere Brötchen aus der Tüte des Bäckers. Das Geburtstagsgeschenk, hübsch verpackt.
Merken Sie was? Der Tag fängt gerade erst an und schon sind Sie mittendrin in der Welt der Verpackungen. Selbst wenn Sie sich morgens anziehen, tun Sie nichts anderes, als Ihren Körper zu schützen, indem Sie ihn verpacken.
Und dann gibt es noch Verpackungen, die in dieser bunten Welt ein scheinbares Schattendasein führen. Aber eben nur scheinbar. Denn schließlich muss all das, wovon eben die Rede war, verpackt, transportiert oder verschickt werden. Damit der Empfänger mit Freude ans Auspacken gehen kann.
Die Rede ist von Transportverpackungen. Um sie dreht sich dieses Buch. Um ihre Geschichte, ihren Imagewandel und ihre Bedeutung für den Absender.
Wer wenig Zeit hat, wird auch beim Querlesen eine ganze Menge erfahren. Oder Lust bekommen, Kapitel für Kapitel zu lesen und dabei immer tiefer einzutauchen in einen Bereich, der im Zeitalter von E-Commerce einen immer größeren Stellenwert im weiten Feld der Verpackungen bekommt.

WUSSTEN SIE...

... wie hoch der Anteil der Verpackungskosten bezogen auf den Gesamt-Verkaufspreis ist?

- bei Kosmetika 7,5 %
- bei Nahrungs- und Genussmitteln 6 %
- bei Arzneimitteln 2,5 %

Quelle: Brockhaus

Um welche Verpackungen geht es in diesem Buch?

Bunt bedruckte Verpackungen, die Ihnen die Aufforderung „Kauf mich“ geradezu entgegenschreien. Einladende Displays, die Ihnen während des Schlangestehens an der Kasse das Zugreifen leicht machen. Verführerische Flakons, die für sich allein schon kleine Kunstwerke sind.
Was wären sie alle ohne Transportverpackungen? Sie sind es, in denen all diese Waren gut und sicher dort ankommen, wo sie von uns entdeckt und gekauft werden. Ohne ausgeklügelte Logistik und Transportverpackungen läuft also nichts. Grund genug, ein Buch darüber zu schreiben.
Wie spannend, vielseitig und anspruchsvoll dieses Thema sein kann, werden Sie auf den folgenden Seiten feststellen. Denn während lange Zeit vor allem der Zweck im Mittelpunkt stand, sprich: die Ware gut geschutzt und sicher von A nach B zu transportieren, ist heute ein entscheidender Faktor dazugekommen: Das Image.
Jedes Paket, das Ihr Haus verlässt, trägt eine Botschaft zum Empfänger.
Wie sorgfältig wurde verpackt? Wie kommt das Paket an? Wurde die Ware gut geschützt? Welche Materialien wurden verwendet? Liegen dem Paket alle wichtigen Informationen (Rechnung, Lieferschein, Produktinformation etc.) bei?
Viele Informationen und eine gute Gelegenheit, aus der Pflicht eine Kür zu machen.

Was sagt das Lexikon zum Thema Verpackung?

Verpackung, die lösbare Umhüllung einer Ware (Packgut), die das Verpacken, Verschließen und die Versandvorbereitung eines Packgutes ermöglicht. V. sollen:
- den Herstellungsprozess so vereinfachen, dass keine weiteren Umschlagvorgänge anfallen (Produktionsfunktion),
- als Werbeträger nutzbar sein (Marketingfunktion),
- im Zusammenhang mit Rückführungssystemen ggf. mehrmals verwendbar sein bzw. umweltschonend beseitigt werden können (Verwendungsfunktion),
- das Packgut gegen Druck, Stoß, Feuchtigkeit und Temperatur sowie gegen Verlust und Diebstahl sichern (Schutzfunktion),
- die Lagerung (Stapelung, Raumausnutzung) erleichtern (Lagerfunktion),
  die Transportfähigkeit und Raumnutzung optimieren (Transportfunktion),
- die Handhabung bei der Auslieferung erleichtern (Manipulationsfunktion),
- und die Kennzeichnung nach Zerbrechlichkeit, Verderblichkeit, Gefährlichkeit oder zwecks einfacherer oder gar automatisierbarer Auftragsabwicklung gewährleisten (Informationsfunktion).

Bei der **V.-Gestaltung**, die den Prozess der Auswahl geeigneter V.-Mittel und -Stoffe bezeichnet, sind außerdem besondere verbraucher- und lebensmittelrechtl. Bestimmungen zu beachten. So darf das V.-Material z. B. nicht den Nähr- und Genusswert der Lebensmittel beeinträchtigen und keine fremden Stoffe (z. B. Weichmacher in Kunststofffolien) an sie abgeben. Die Höhe der **V.-Kosten** schwankt zw. den versch. Branchen stark: Die Materialkosten der V., bezogen auf den Verkaufspreis belaufen sich z. B. bei Kosmetika auf 7,5 %, bei Nahrungs- und Genussmitteln auf 6 %, bei Lacken und Farben sowie Arzneimitteln auf 2,5 %.
Nach der **V.-Verordnung** werden V. in Transport-, Verkaufs- und Um-V. unterteilt. **Transport-V.**, wie Fässer, Kanister, Kisten, Säcke einschließlich Paletten, Kartonagen, geschäumter Schalen und Schrumpffolien sollen die Waren auf dem Weg vom Hersteller bis zum Vertreiber vor Beschädigung bewahren, oder sie werden aus Gründen der Sicherheit des Transport verwendet. **Verkaufs-V.** sind geschlossene oder offene Behältnisse und Umhüllungen von Waren, z. B. Becher, Beutel, Dosen, Flaschen, Tragetaschen, Schachteln, Displays o. Ä., die vom Endverbraucher bis zum Transport oder bis zum Verbrauch der Waren verwendet werden. **Umverpackungen** sind Blister, Folien, Kartonagen oder ähnl. Umhüllungen, die als zusätzl. V. um Verkaufs-V. die Abgabe von Waren im Wege der Selbstbedienung ermöglichen, die Möglichkeit des Diebstahls erschweren bzw. verhindern oder überwiegend der Werbung dienen. **Umweltschutz:** Sowohl 1991 als auch 1995 hatten nach Erhebungen des Umweltbundesamtes Papier/Pappe/Karton den mengenmäßig größten Anteil an den insgesamt verbrauchten V.-Materialien, gefolgt von Glas, Holz und Kork, Kunststoff und den übrigen V.-Materialien. Bezogen auf private Haushalte und Kleingewerbe liegt bei den verbrauchten V.-Materialien Glas mit Abstand an der Spitze, gefolgt von Papier/Pappe/Karton und den übrigen Materialien. Bei der Mehrzahl der V. (ausgenommen schadstoffhaltige V. und Mehrweg-V.) handelt es sich um Verkaufs-V. Die Bemühungen, V.-Abfälle zu verringern, reichen von Materialumstellungen über Minimierung bis hin zur Einführung von Nachfüllpackungen. Seit In-Kraft-Treten der V.-Verordnung 1991 ist der V.-Verbrauch bei privaten Haushalten und Kleingewerbe bis 1995 um etwa 12 % gesunken, was einem Rückgang des Pro-Kopf-Verbrauchs von 95 kg/Ew. auf ca. 82 kg/Ew. entspricht. Eine pauschale Bevorzugung von Mehrweg- oder Einweg-V. unter ökologischen Gesichtspunkten ist nicht in jedem Fall richtig, die versch. V.-Materialien sind jeweils für sich zu untersuchen und zu beurteilen.

Quelle: Brockhaus

Der Blick in diesen Lieferwagen lässt doch Zweifel an der Kompetenz des Transportunternehmens aufkommen.

Was für Verkaufsverpackungen geradezu ein Muss ist, gewinnt auch bei Transportverpackungen zunehmend an Bedeutung: Ihre Optik und ihr Zustand, nicht nur beim Absenden, sondern vor allem dann, wenn sie beim Empfänger ankommt. Das ist die eine Seite der Transportverpackung – und weil diese neue Rolle sehr wichtig ist, gibt es darüber ein eigenes Kapitel (Kapitel 3 ab Seite 31). Die andere Seite ist die eigentliche Aufgabe der Transportverpackung: das professionelle Verpacken und Schützen der Ware.

Zahlen, die nachdenklich machen

Um Ihnen eine Vorstellung zu geben, welche Dimensionen dieser Bereich in der Wirtschaft einnimmt, vorab ein paar Zahlen und Fakten zu den Hintergründen von Transport und Logistik, Umschlag und Lagerung – ein Wirtschaftszweig, der immerhin etwa 20 % der gesamten Produktkosten in Anspruch nimmt.
Der finanzielle Verlust durch Schäden, die auf mangelhafte Verpackung zurückzuführen sind, ist erheblich. Daher gilt es, alle Aufgaben rund um Transport und Logistik effizient zu gestalten. Das heißt: optimierter Kostenaufwand, minimaler Verbrauch an Energie und Materialien, um Waren rationell zu transportieren und zu lagern.

Die Transportverpackung leistet dabei einen wesentlichen Beitrag. Die folgenden Zahlen zeigen, dass Handlungsbedarf besteht:

- 90 % der gesamten Warenproduktion wird in irgendeiner Form verpackt.
- Jahresaufkommen für die Verpackung und Sicherung von Gütern: etwa 2,5 bis 3 Mrd. Euro.
- Schäden pro Jahr bei Transport, Lagerung, Umschlag: etwa 1 Mrd. Euro.

Laut Untersuchungen des Rationalisierungskuratoriums der Wirtschaft lassen sich Schäden und Verluste in diesem Bereich um 50–80 % reduzieren. Davon allein 20 % durch den Einsatz rationeller Verpackungen.

Fazit: Es gilt, die verantwortlichen Mitarbeiter noch mehr als bisher für professionelles Verpacken und Versenden von Waren zu sensibilisieren, sprich: sie ausführlich darüber zu informieren. Das gelingt am besten mit Hintergrundwissen über die Beanspruchungen von und die Anforderungen an die Verpackungen während der gesamten Transport- und Logistikkette. Dieser Seite der Transportverpackungen widmen wir ebenfalls ein ganzes Kapitel (Kapitel 4 ab Seite 41).

Große Marken und ihre (Verpackungs)Geschichten ...

... bestimmen das Leben eines Mannes, der auf ganz besondere Art und Weise mit und von Verpackungen lebt. Haribo und Hipp, Dunlop und Calgon, Nivea und Odol, und, und, und – sie alle begleiten ihn seit mehr als 30 Jahren durch sein Leben. Tag für Tag. Wenn er zu erzählen beginnt, erwachen Schachteln, Dosen und Kisten plötzlich zum Leben. Seine Firma ist Museum und Geheimtipp zugleich.
Tauchen Sie ein in die Welt der „großen Marken" und lernen Sie einen Sammler, Insider und Fachmann der besonderen Art kennen. Alles über ihn lesen Sie in Kapitel 8 „Menschen und Verpackungen" auf Seite 131.

Kein Wunder, dass diese völlig unzureichend verpackten Weinflaschen den Transport nicht überstanden haben.

An wen richtet sich dieses Buch?

Der Blick hinter die Kulissen von Transport, Umschlag und Lagerung macht deutlich, wie wichtig fundierte Informationen sind, um Schäden und Reklamationen von vornherein weitgehendst auszuschließen.
Aber dafür braucht es umfangreiches Wissen rund um die vielfältigen Anforderungen und Beanspruchungen. Denn nur wer weiß, was passieren kann, weiß, was zu tun ist, um die Ware ausreichend zu schützen.
Deshalb richtet sich dieses Buch an alle, die tagtäglich mit dem Transport oder dem Versand von Waren aller Art zu tun haben und hier ganz explizit für:

- Versand- und Logistikleiter
- Mitarbeiter von Versandabteilungen
- Mitarbeiter in Speditionen und Logistikunternehmen
- Einkäufer von Verpackungsmaterialien

Und natürlich sind auch all jene Leser willkommen, die sich für Verpackungen interessieren oder von Berufs wegen interessieren müssen, oder die einfach nur Lust haben, etwas über dieses spannende Thema zu erfahren.
Ihnen allen wünschen wir, dass Sie dieses Buch wie einen Krimi lesen mögen. Neugierig, interessiert und mit der Erwartung, jede Menge Tipps, Ratschläge und Informationen für Ihren Arbeitsalltag zu bekommen. Könnte sein, dass Sie Dinge erfahren, von denen Sie bislang keine Vorstellung hatten. Schließlich ist das ein Buch aus der Praxis für die Praxis. Geschrieben von Profis für Profis und solche, die es werden wollen. Ziel ist es, Ihnen aufzuzeigen, welch harten Job so manche Transportverpackung da draußen zu leisten hat – ein sehr lebendiges Beispiel dafür finden Sie in Kapitel 10 ab Seite 165.
Denn der Logistik-Alltag ist ein ständiger Wettlauf mit der Zeit. Wappnen Sie Ihre Waren in Zukunft noch besser dafür. Eins ist sicher: Sie werden Ihren Beruf anschließend mit anderen Augen sehen. Sie werden noch mehr Sorgfalt auf jedes Paket verwenden, das Ihr Haus verlässt. Und Sie werden mit diesem erweiterten Wissen noch mehr Spaß an Ihrer täglichen Arbeit rund ums Verpacken und Versenden haben. Kurz: Es wird Sie packen.

Codierplatz im DHL-Paketzentrum Rüdersdorf bei Berlin

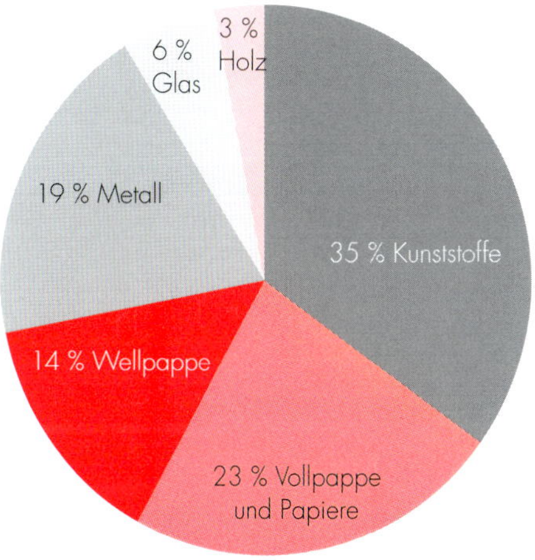

Gesamtverpackungsmarkt in Deutschland
Quelle: OSEC-Bericht 2002, Schweiz

2

Die Geschichte der Verpackung. Eine kleine Zeitreise

Das Verpacken zählt ohne Übertreibung zu einer der ältesten Techniken, der sich die Menschen bedienen. Zweck und Materialien haben sich im Laufe der Jahrhunderte natürlich erheblich geändert. Wer aber meint, Verpackungen zu Beginn des 3. Jahrtausends seien der Weisheit letzter Schluss, dem empfehlen wir einen Blick in die Geschichte, noch mehr aber einen Ausflug in die Natur.
Denn klar ist: Ohne den Erfindungsreichtum unserer Vorfahren, vor allem aber ohne die unnachahmliche Genialität der Natur gäbe es so manche unserer heutigen Hightech-Verpackungen mit Sicherheit nicht.
Wenn also von der Geschichte der Verpackung die Rede ist, spielt die Natur eine wichtige Rolle.
Deshalb lesen Sie in diesem Kapitel über:

- Vorbild Natur – wegweisend in Perfektion und Einfachheit
- Verpackung anno dazumal und heute
- Vom Pilger zum Düsenjet: Die Geschichte des Kurier- und Beförderungswesens

2

Vorbild Natur – wegweisend in Perfektion und Technik

Wenn wir uns mit Vorbildern aus der Natur beschäftigen, fallen jedem sofort zwei geniale Verpackungsbeispiele ein:

Vorbild Nr. 1: Das Ei. An seine Schale werden vielfältigste, höchst unterschiedliche Anforderungen gestellt. Um den Embryo zu schützen, muss sie optimierten Gasaustausch und angemessene Wärmeleitfähigkeit gewährleisten. Dabei sollte die Temperatur 39-40°C nicht überschreiten. Um das sicherzustellen, ist die Eierschale mit Pigmenten ausgestattet, die die Sonneneinstrahlung wirksam reflektieren – eine geniale Einrichtung. Auch in puncto Stabilität ist das Ei flexibel: Denn die Schale muss zum einen natürlich bruchsicher sein, zum anderen soll das spätere Küken sie mit dem Schnabel gut durchbrechen können, um auszuschlüpfen. Die Eierschale ist also eine hoch entwickelte mineralisierte Struktur und bietet alle Eigenschaften, die für die Entwicklung des Embryos erforderlich ist.

Vorbild Nr. 2: Die Banane. Ihre Schale schützt die Frucht gegen unerwünschte Eindringlinge wie Insekten etc. Nach ihrer Entfernung verfällt sie problemlos, ist gleichzeitig Nahrung für den Boden und hinterlässt keinerlei Schadstoffe.

Über diese beiden Vorbilder hinaus bietet die Natur eine Vielzahl bewährter und durchaus komplexer Verpackungslösungen. Die Illustrationen, die Sie am Beginn jedes Kapitels durch dieses Buch begleiten, zeigen nur einen kleinen Ausschnitt.

Verpackungsvorbilder aus der Natur unterscheiden sich in einem Punkt ganz wesentlich von all den Produkten, die die moderne Verpackungstechnologie möglich macht: Sie haben ihre Recyclingprobleme vollständig gelöst. Alles wird in den Kreislauf zurückgeführt. Sie erzeugen keine Müllberge, brauchen weder Grünen Punkt noch Duales System, sondern genügen sich selbst.
Stellt man den Vergleich mit der menschlichen Technologie an, wird klar, wie ungleich komplizierter es hier zugeht. Zur Herstellung haltbarer Materialien wie Glas, Kunststoff oder Aluminiumfolie sind Hochtemperaturprozesse erforderlich und auch fürs Recycling dieser Stoffe sind zusätzliche Verfahren nötig.
Da macht es durchaus Sinn, die Natur als Vorbild zu nehmen, ihr über die Schulter zu schauen und von ihr zu lernen.

WUSSTEN SIE SCHON...

woher der Begriff „Verpackung" kommt?
Er hat seinen Ursprung in dem Wort „Pack", das von *pak* bzw. *packe* aus dem Mittelniederdeutschen stammt. Das wiederum geht auf das mittelniederländische *pac* aus dem 12. Jahrhundert zurück. Damit wurden im flandrischen Wollhandel Bündel und Ballen bezeichnet. Gleichzeitig diente es als Zählmaß. Im deutschsprachigen Raum tauchte der Begriff Verpackung erst ab Mitte des 19. Jahrhunderts als Sammelbegriff für Verpackungsmittel auf. Der Wortstamm *pac* findet sich auch in anderen Sprachen wieder: Italienisch *pacco*, englisch *pack*, französisch *paquet*.

Die eleganten Formen der Meerestiere (hier in einem Delfin-Fresko aus Tiryns, 2. Jahrtausend v. Chr.) inspirierten den Menschen beim Bau seiner Boote und sind damit vielleicht die frühesten Beispiele für den Einfluss von Naturformen auf unsere Technik.

Bionik – von der Natur lernen

Das dachte sich auch der amerikanische Luftwaffenmajor J. E. Steele. Auf einem Kongress in Dayton/Ohio prägte er 1960 erstmals den Begriff der **Bionik**, eine Wortkombination aus Biologie und Technik. Ziel der Bionik ist es, das Prinzip der Nachhaltigkeit, wie es in der Natur herrscht, auch auf technische Lösungen zu übertragen. Das heißt: aus der Natur für die Technik zu lernen.
Der Begriff war neu, das Vorgehen nicht. Seit der Renaissance bis heute wurden und werden Versuche und Forschungen durchgeführt, Vorbilder aus der Natur zu suchen, um daraus Analogien für die Technik zu entwickeln.
Berühmtestes Beispiel ist Leonardo da Vinci. Bereits im 16. Jahrhundert hat er den Flügelschlag der Vögel untersucht und daraus die „Schlagflügel" entwickelt.
Otto Lilienthal hat diese Idee aufgegriffen und sich Zeit seines Lebens mit der Aerodynamik beschäftigt.
Die Bionik ist heute in vielen Forschungs- und Entwicklungsbereichen zum festen Bestandteil geworden und teilt sich in drei Hauptbereiche auf:

- Konstruktionsbionik (Material, Werkstoff, Prothetik und Robotik),
- Verfahrensbionik (Klima und Energie, Bau, Sensorik, Kinematik und Dynamik),
- Informationsbionik (Neurobionik, Evolutionsbionik, Prozessbionik und Organisationsbionik).

Sie alle bedienen sich der Erkenntnisse aus der Natur, um technische Weiterentwicklungen und Optimierungen auf den Markt zu bringen.

Steilvorlagen aus der Natur, die faszinieren

In den 70er-Jahren entdeckten deutsche und amerikanische Wissenschaftler, dass die Schuppenstruktur der Haut von **Haifischen** eine Reduzierung des Strömungswiderstandes bewirkt. Auf Basis dieser Erkenntnis hat die Firma Airbus Industries bereits Anfang der 90er-Jahre eine A320 probeweise mit Rillenfolien ausgerüstet. Das Ergebnis der Flugversuche: 6 % weniger Reibung. Bei Langstreckenflügen bedeutet das eine Treibstoffeinsparung pro Flugzeug von bis zu 60–200 Tonnen Kerosin im Jahr.

Eine ebenso beeindruckende Vorlage liefert die südamerikanische Schlange mit dem komplizierten Namen **Leimadororphys**. Ihre genialen Bauchschuppen ermöglichen es

Der Schlange abgeschaut – Schuppenoberfläche auf der Unterseite von Langlaufskiern.

> **Jeder dumme Junge kann einen Käfer zertreten. Aber alle Professoren der Welt können keinen neuen herstellen.**
>
> *Arthur Schopenhauer*

ihr, sich selbst auf glitschigstem Untergrund problemlos fortzubewegen. Der Grund: Die Schuppen verkeilen sich nach hinten. Wer's lieber technisch mag, spricht von richtungsabhängigen Reibungsgeneratoren.
Forscher haben die Bauchschuppen dieser Schlange zum Vorbild genommen und eine Folie entwickelt, die nach dem gleichen Prinzip funktioniert. Bestes Beispiel im (Wintersport-)Alltag: Die Schuppen auf dem Belag des Langlaufskis – der Langläufer freut sich bei jedem Aufstieg, dass es nicht rückwärts wieder bergab geht.

Auch Klettverschlüsse, wie sie beispielsweise an Taschen, Funktionskleidung oder Sportschuhen häufig eingesetzt werden, lehnen sich an ein prominentes Beispiel aus der Natur an und haben selbst den Namen von ihr übernommen. **Kletten** klammern sich mit ihren winzigen Widerhaken am Fell eines Tieres fest.

Nach einem ähnlichen Prinzip arbeitet der **Tintenfisch** mit seinen saugnapfbesetzten Fangarmen. Man könnte auf die Idee kommen, dass das Prinzip der Plastiksaugnäpfe – z. B. unter Badematten zur Erhöhung der Rutschfestigkeit – von den Meerestieren abgeschaut ist.

Oder kennen Sie die **Stabheuschrecke**? Sie hat sechs Beine, mit denen sie virtuos krabbelt. Das Prinzip: Die einzelnen Beine haben ständig Kontakt miteinander, gleichzeitig hat jedes sein eigenes Netz an Nervenzellen. Nach diesem Vorbild entwickelten Bioniker in den 90er Jahren einen so genannten Insektenroboter, der heute als Vorläufer für die Entwicklung künstlicher Gliedmaßen, wie beispielsweise Hände, gilt.

Beispiele, die alle noch nichts mit Verpackungen zu tun haben, die aber den Begriff der Bionik erklären und aufzeigen, wie hoch komplex und doch einfach die Strukturen der Natur funktionieren.
Es ist eine Synthese aus Konstruktionen und Verfahren, Prinzipien und Materialien, die wir wohl nie kopieren können. Das ist auch nicht das Thema. Vielmehr sollten wir sie immer und immer wieder als Anschauungsbeispiel betrachten und nicht nachlassen in unseren Bemühungen, ähnlich geniale, ganzheitliche Konzepte zu entwickeln. Auch und gerade wenn es um Verpackungen geht, die ein Minimum an Materialaufwand erfordern, sich in den Stoffkreislauf zurückführen lassen und damit im Sinne von Nachhaltigkeit sowohl ökologisch als auch ökonomisch vertret- und verantwortbar sind.

Die in natura eher lästigen Kletten standen Pate bei der Erfindung des beliebten Klettverschlusses.

Das Tintenfischprinzip – Saugnäpfe an Plastikhaken oder Badematten

Korken: Früher umhüllten sie das Kernholz des Baumes, jetzt haben sie andere Aufgaben.

Verpackungskünstler Natur

Kommen wir von den großen Geniestreichen der Natur und deren maßgeblicher Initialzündung für den technische Fortschritt zu unserem eigentlichen Thema, der Verpackung. Auch hier gibt es über die bekanntesten Vorbilder wie Ei, Nuss, Kastanie, Muschel etc. hinaus Verpackungsbeispiele, die genialer nicht sein könnten und die geradezu auffordern, es ihnen gleichzutun.

Falten machen stabil. Viele Membranen, die mechanisch belastet werden, sind in der Natur gefaltet.
Hier zwei Beispiele dafür: Zum einen die Fächerpalme. Ihre fächerförmige Struktur dient der mechanischen Stabilisierung der ausgefalteten Blätter. Und auch viele Käfer nutzen diese geniale Technik. Indem sie ihre zunächst gefalteten Flügel ausbreiten, gewinnen sie an Stabilität für den bevorstehenden Flug. Dieses Prinzip der Verstärkung – wenn auch nicht so perfektioniert wie in der Natur – findet sich beispielsweise auch bei Wellblech oder Wellpappe wieder. Mit der **Wellpappe**, die wegen ihrer hohen Stabilität zu Recht das Material Nr. 1 für Verpackungen und Kartonagen ist, befassen wir uns in Kapitel 6 ab Seite 90 ausführlich.

Auch von Wespen lässt sich etwas lernen. Für den Nestbau nagen sie kleine Holz- oder Rindenteile ab. Die Enzyme und Klebstoffe in ihrem Speichel verwandeln die Teilchen zu breiiger Masse, die die Tiere zu erbsengroßen Kugeln formen und zum Nest transportieren. Dort ziehen sie sie mit den Mundwerkzeugen zu einem dünnen Streifen aus, der das Nest zusammenhält. Auch in der **Papierherstellung** entsteht aus Faserstoffen, Holzschliff und Zellstoff unter Beimischung von Wasser, Harzleim, Farb- und Füllstoffen ein Brei, der die Basis für die Weiterverarbeitung zu Papier ist.

Gewappnet gegen Wind und Wetter. Für den Baum ist die Rinde die perfekte Verpackungslösung. Sie schützt ihn vor witterungsbedingten Einflüssen, aber auch vor Schädlingen. Im Laufe der Jahre besteht die äußere Rindenschicht meist nur noch aus abgestorbenen Zellen und ausgelagerten Materialien – die Rinde wird zur Deponie, was der Widerstandsfähigkeit keinen Abbruch tut. Die **Korkeiche** ist ein schönes Beispiel für die optimale Verpackungseigenschaft von Rinden: Geringes Gewicht, hohe Elastizität, gute Druck- und Biegefestigkeit, fäulnisbeständig, geringes Wärmeleitvermögen, resistent gegen Chemikalien. Im Verpackungsbereich entstehen daraus Füllmaterialien, Papier- und Kartonprodukte, aber auch Textilfasern.

Der Form des Transportguts angepasste Konstruktivverpackungen wie Eierschachteln übernehmen das Prinzip der Maiskörner: Auch sie liegen dicht gepackt in ihrer Faserhülle.

Glänzend in Form. Gut möglich, dass Bohnenschoten Pate standen bei der Erfindung und Entwicklung von Schrumpffolie. Denn Bohnen werden in exakt angepassten Zellulosehüllen verpackt. Das spart Material und Platz, funktioniert aber nur, weil Hülle und Frucht gemeinsam wachsen, was natürlich in der Verpackungstechnik nicht funktioniert. Dennoch hat die Verpackungsindustrie das Prinzip der Formverpackung entdeckt, und zwar in Form der **Schrumpffolie**, die häufig zum Einschweißen von Bauteilen, Werkzeugen oder Kleinteilen eingesetzt wird.

Geniale Schaumschlägerei. In der Natur dienen Schaumschichten zur Tarnung, zum Schutz und zur Abwehr vor Feinden. Schaumzikaden beispielsweise schützen ihre Larven mit einem Schaumballen aus Eiweiß vor angriffswütigen Ameisen. Und auch manche Froscharten setzen Schaum ein, um ihre befruchteten Eier vor Eindringlingen zu bewahren, packen sie damit sozusagen „in Watte“. Diese Funktion trifft auch auf den Verpackungsbereich zu, wo **Schaumstoffverpackungen und Schaumpolster** die Ware gegen Stöße dämpfen, vor Kälte und Feuchtigkeit schützen und sich dem Produkt anpassen.

Naheliegendstes Naturwunder in Sachen Verpackung: Die **menschliche Haut**. Sie kann mit Fug und Recht als hochtechnologisch bezeichnet werden. Einerseits ist sie durch die permanente Einwirkung von äußeren Einflüssen wie Hitze und Kälte, bakterielle oder mechanische Angriffe äußerst robust und abgehärtet. Andererseits reagiert sie selbst auf sanfteste Berührung, nimmt Temperaturschwankungen wahr und ist rund um die Uhr hellwach. Ihr Säureschutzmantel schützt unseren Körper, der zu 75 % aus Wasser besteht, vor der Austrocknung und dem Eindringen von Keimen. Gleichzeitig ermöglicht sie das Ausscheiden von Schweiß zur Kühlfunktion. Ein komplexes Allroundgenie, das die Natur erfunden hat, damit sich Menschen in ihrer Haut wohl fühlen.

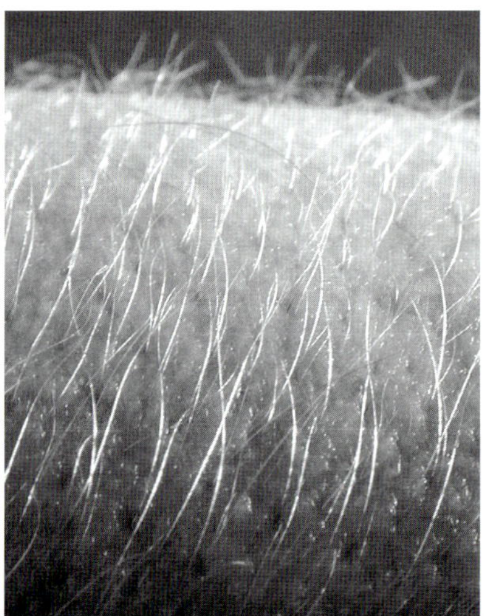

Unsere Haut – Verpackung und Schutz in Perfektion.

Das Verpackungs-Angebot der Natur

Ein Blick auf die Vielfalt an Verpackungs-„Technologien“ in der Natur zeigt klar und deutlich, wer Pate stand für viele der heute industriell eingesetzten Verpackungen.

Multifunktionelle Verpackungen, z. B. eine Blüte. Die Hülle der Knospe dient quasi als Umverpackung, die die zusätzliche innere Verpackung einschließt. Die farbigen Blütenblätter fungieren als Verkaufsverpackung, während die einzelnen Samenkörner die Transportverpackung sind.

Leicht handhabbare Verpackungen, z. B. die Banane. Sie ist äußerst stabil und die abgerundeten Kanten geben ihr ein biegeverstärktes Profil. Beim Öffnen wird klar, wie genial diese Frucht ist. Haben Sie schon einmal bemerkt, dass die Schale immer entlang so genannter „Sollbruchstellen“ aufreißt?

Minimierte Verpackungen, z. B. der Chitinpanzer der Käfer. Er ist formbar und dient sowohl als mechanischer wie auch als thermischer Schutz gegen Hitzeeinwirkungen. Außerdem ist er so nährstoffhaltig, dass er anderen Tieren wieder zur Nahrung dient.

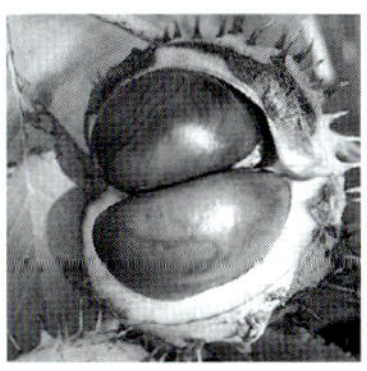

Wehrhafte Verpackungen, z. B. die Kastanie. Die Stacheln sind eine wirksame Verteidigung, bis die Frucht ihre volle Reife erlangt hat. Erst dann sorgen Sollbruchstellen dafür, dass die Frucht freigesetzt wird.

Selbstregelnde Verpackungen, z. B. die Schoten der Wicke. Beim Trocknen wird ein Entspannungsmechanismus ausgelöst, die beiden Schotenhälften verdrillen sich gegeneinander und setzen so enorme mechanische Kräfte frei, dass die Samen viele Meter weit geschleudert werden.

Anhaftende Verpackungen, z. B. die Miesmuschel. Selbst in wässriger Umgebung gelingt es ihr, sich auf Felsen festzuhalten. Damit dient sie seit vielen Jahren als Vorbild für die Wundverklebung bei Menschen, das Zusammenfügen gebrochener Knochen und die Fixierung und Bearbeitung von Zähnen.

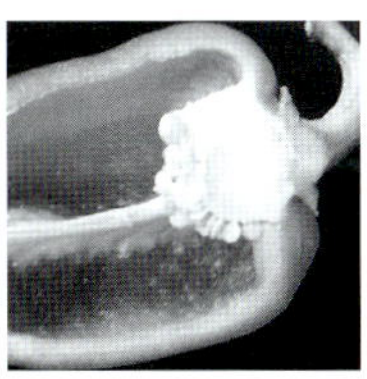

Genießbare Verpackungen, z. B. Paprika. Sie sind ein gutes Beispiel für Verpackungen, die Lebewesen zum Transport der Samen anlocken sollen. Die Früchte werden mitsamt Samen gefressen. Die Samen passieren den Darmtrakt und werden an anderer Stelle ausgeschieden und damit verteilt.

Platzoptimierte Verpackungen, wie z. B. die Sonnenblume. In dichter Anordnung werden die Kerne den Vögeln angeboten, die sie herauspicken und in Umlauf bringen.

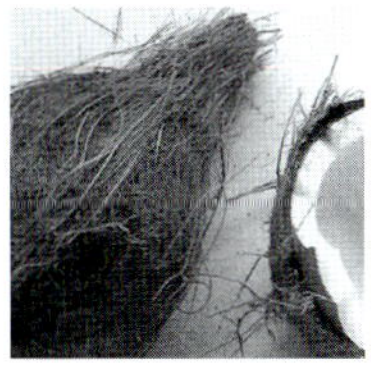

Stoßgesicherte Verpackungen, wie z. B. die Kokosnuss. Selbst wenn sie über das Meer getrieben und irgendwo an Land gespült wird, bleibt sie unversehrt: Höchstleistung par excellence, denn die Schale schützt vor mechanischen Einflüssen und verhindert gleichzeitig den Flüssigkeitsverlust.

Geformte Verpackungen, wie z. B. Bohnen schoten. Hier wachsen Frucht und Hülle gleichzeitig und liefern ein Paradebeispiel für optimale Raum- und Materialnutzung.

Druck-, stoß- und biegefeste Verpackungen, z. B. die Litschi-Nuss. Ihre dünne Schale ist aus Zellulose aufgebaut. Die Falten und Beulen an der Oberfläche schützen vor Druck und machen sie gleichzeitig bruchfest und stabil.

Mitwachsende Kalkverpackungen wie Muscheln und Schnecken sie haben. Sie wachsen durch stetige formerhaltende Kalkabscheidungen mit.

Wetterfeste Verpackungen, wie z. B. die Rinden von Bäumen. Sie bieten eine wetterfeste Hülle, schützen sie vor biologischen Angriffen und transportieren Nährstoffe. Da sie auch abgestorbene Zellen einlagern, dienen sie quasi als Deponien, die nicht selten ihre Widerstandsfähigkeit erhöhen.

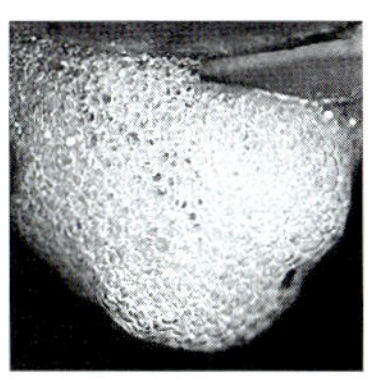

Schaumstoffverpackungen, wie sie z. B. Schaumzikaden einsetzen. Sie verbergen ihre Larven in einem Schaumballen aus Eiweiß und schützen sie damit vor den Angriffen der Ameisen.

2

Verpackung anno dazumal und heute

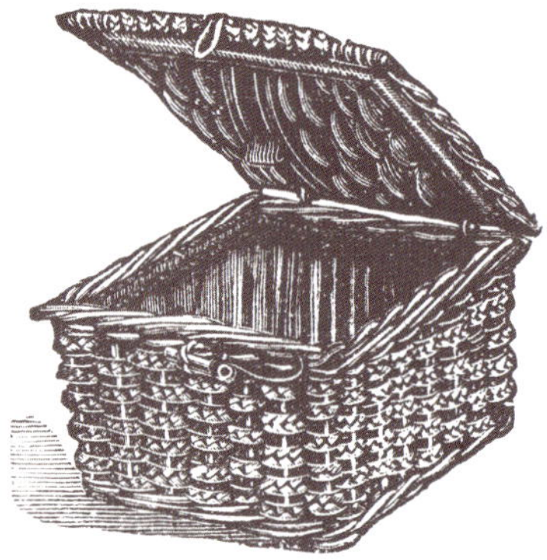

Gehen wir zurück zu den Anfängen der Verpackung, führt der Weg schnurstracks wieder zur Natur. Nicht verwunderlich, schließlich gab es weder Technologien zur Herstellung von Hightech-Materialien, noch verschwendete man irgendeinen Gedanken an einen möglichen Zweitnutzen. Denn die Funktion stand im Mittelpunkt, und die hieß: Schutz. Und zu diesem Zweck lieferte die Natur mit ihrer Vielfalt an Materialien und Formen ein breites Angebot: Tierhäute, geflochtene Matten, Körbe, Tonkrüge, Muschelschalen, Tücher, Säcke und Fässer wurden zum Sammeln, Aufbewahren, Transportieren und Kühlen genutzt.
Später kamen Holz- oder Spanschachteln dazu, deren Ursprung auf das 14. Jahrhundert zurückgeht.
Das ausgehende Mittelalter brachte einen Wandel sowohl in der Art der Behältnisse als auch hinsichtlich der Anforderungen, die an sie gestellt wurden.
Während lange Zeit die Deckung des eigenen Bedarfs das Wichtigste war, wurde nun der Handel auf Märkten entdeckt. Das erforderte den Transport der Güter über zum Teil weite Strecken und damit Behältnisse, die diesen Strapazen gewachsen waren.
So gesehen lassen sich an der Art und der Veränderung von Transportbehältern Rückschlüsse auf gesellschaftliche, kulturelle und wirtschaftliche Entwicklungen ziehen.

Vom Korb zur Schachtel – 6000 Jahre im Schnelldurchlauf

Die wohl älteste Transportverpackung, die ohne maschinelle Hilfe hergestellt wurde, war der **Korb.** Die Kunst des Korbflechtens geht ca. 6000 Jahre zurück zu den Chaldäern in Babylon. Gräser, Sträucher und flechtbare Teile von Bäumen wurden zu Körben und korbähnlichen Behältnissen verarbeitet, die mit Erdpech abgedichtet und damit selbst zum Transport von Flüssigkeiten eingesetzt wurden.
Auch wenn sich Körbe inzwischen aus unterschiedlichen Werkstoffen maschinell herstellen lassen, hat sich das Korbmacherhandwerk bis heute erhalten. Handgeflochtene Körbe sind im täglichen Einkauf noch immer beliebte und vor allem umweltfreundliche Alternativen zu Papier- und Plastiktüten und zeigen sich teilweise sogar ausgesprochen trendy.

Gestatten, Ballenbinder, erster Facharbeiter der Verpackungstechnik. Eine ebenso wichtige Verpackungsart war der **Ballen,** der in Europa hauptsächlich aus Packleinen war. Sein Name leitet sich vom mittelhochdeutschen „balle" ab, das wiederum seinen Ursprung in „ball" = runder Körper hat. Daraus entstand schließlich das Wort

Körbe, Krüge und Fässer – wichtige Transportverpackungen der Vergangenheit sind hier auf einem Gemälde von Joachim Beuckelaer zu sehen (Auf dem Markt, 1564).

Ein Ballenbinder bei der Arbeit

„Emballage“, das im Duden noch heute für Verpackung steht. Der Ballen diente sehr bald als Handelseinheit, seine Umschnürung war ein Netzwerk aus Stricken, das der Ballenbinder kunstvoll über die Oberfläche des Ballens spann. Damit war er sicher einer der ersten Facharbeiter in der Verpackungstechnik. Seine Aufgabe bestand darin, die Ballen so versandfertig zu machen, dass sie unbeschädigt beim Empfänger ankamen. Eine Aufgabenstellung, an der sich bis heute nichts geändert hat.

Zuhause für exotisches Allerlei. Römischen Kaufleuten haben wir den **Sack** zu verdanken. Sein Name leitet sich vom assyrischen „saccu“ ab. Zu Caesars Zeiten fand er den Weg nach Mitteleuropa, wo er hauptsächlich dem Versand von Kolonialwaren, Gewürzen und sonstigen exotischen Produkten diente. Dieser uralte Transportbehälter wurde Jahrtausende lang aus Leder, Geflechten und Geweben hergestellt, später aus Leinen und Jute. Das Material dafür kam aus Indien. Erst Anfang des 20. Jahrhunderts setzte sich der Papiersack durch, der noch heute für den Transport von Zement, Mehl und Gewürzen eingesetzt wird.

Da wundert sich der Römer – und die Gallier freuen sich. Das **Fass** wird erstmals bereits 77 n. Chr. vom Römer Plinius erwähnt und zwar deshalb, weil er sehr verwundert war, dass Gallier und Illyrier ihren Wein in hölzernen Fässern lagerten. Griechen und Römer kannten zu dieser Zeit nur Amphoren aus Ton, in denen sie Wein und Öl aufbewahrten und transportierten.

Der zunehmende Warenverkehr am Ende des Mittelalters verlangte nach Typenvielfalt und Optimierung und so machten schließlich zwei Fasstypen das Rennen: Das kreisrunde und das ovale. Beide wurden bis zum Beginn des 19. Jahrhunderts manuell von Fassbindern hergestellt. Erst dann waren englische Hersteller in der Lage, maschinell flüssigkeitsdichte Fässer herzustellen.

Seinen Namen hat das Fass vom althochdeutschen „vaz“, was so viel heißt wie fassen, Gefäß.

Der Countdown läuft. Vorläufer heutiger Versandverpackungen ist zweifellos die **Kiste** – auch wenn das, was wir heute darunter verstehen von ihren Ursprüngen weit entfernt ist. Denn „cista“ war für die Römer ein rundes Behältnis aus Geflecht mit überwiegend kultischem Inhalt. Basis waren ungehobelte Bretter, die zu Universalverpackungen verschiedener Größen verarbeitet wurden.

Berufsständisches Zeichen eines Küfers, 19. Jahrhundert. Moderne Fässer sind meist aus Metall oder Kunststoff.

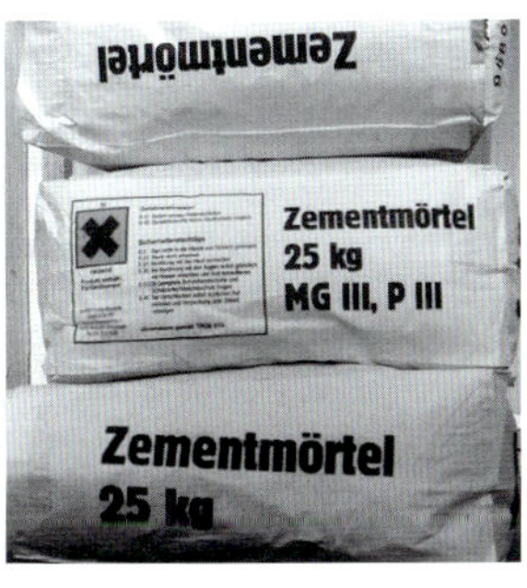

Säcke – schon bei den alten Römern in Gebrauch – sind auch heute noch sinnvolle Transportverpackung für mancherlei Materialien.

Spanschachteln in unterschiedlichen Formen und Größen waren Vorläufer der Pappschachtel, die ab Mitte des 19. Jahrhunderts als Transportverpackung eingesetzt wurde.

Länger werdende Transportwege und gestiegene Ansprüche an die Qualität brachten im 18. Jahrhundert den Beruf des Kistentischlers hervor. Noch heute gilt die Kiste als unentbehrliche Versandverpackung beispielsweise für technische Produkte und Maschinen.

Was hat die Versandschachtel aus Vollpappe mit dem Zuckerhut zu tun? Im Konsum- und Gebrauchssektor eine alte Bekannte, gewinnt die **Schachtel** aus Pappe als Transportverpackung erst ab Mitte des 19. Jahrhunderts an Bedeutung. Der Grund: 1825 werden die ersten Maschinen zur Erstellung von Vollpappe in Betrieb genommen.
Aber erst in den 60er-Jahren des 19. Jahrhunderts ist die Fertigung so ausgereift, dass Vollpappen hergestellt werden können, die sich als Transportverpackung eignen. Die Anfänge ihrer Einsatzbereiche lassen sich nur schwer zurückverfolgen. Einer lässt sich allerdings klar nachweisen: Diese Verpackungsart kam gerade richtig, um Würfelzucker zu verpacken, der zu jener Zeit den Siegeszug gegen den guten alten Zuckerhut antrat.
Rückblickend ist eindeutig, dass mit der Versandschachtel aus Vollpappe und mit der Erfindung der Wellpappe die Geschichte der Transportverpackung eine entscheidende Richtung nahm.

Ihre guten Materialeigenschaften, ihr geringes Eigengewicht und nicht zuletzt ihre Vielseitigkeit hat sie schon bald zum Material Nr. 1 für den Versand gemacht – und ist es bis heute geblieben. Deshalb befassen wir uns in Kapitel 6 ab Seite 92 ausführlich mit dem Thema Wellpappe.

Von den Transportverpackungen zu den Transportwegen: Die Handelsstraßen

Die Entwicklung von Transportverpackung hat ihren Ursprung, wie der Name schon sagt, in der Notwendigkeit, Waren zu transportieren. Stand zunächst die Deckung des täglichen Bedarfs im Mittelpunkt, begann schon bald ein reger Handel von Luxus- und Konsumgütern. Handelsstraßen wurden angelegt, die zwar den Namen „Straße" trugen, aber eher die Güte heutiger Feldwege hatten.
Erst die Römer bauten zum Zweck militärischer Versorgung das erste Straßennetz, das sich über weite Teile Europas erstreckte. Aber zurück zu deren Vorläufer, den Handelsstraßen, auf denen Waren des täglichen Bedarfs, aber auch Luxusgüter meist über sehr weite Entfernungen transpor-

Würfelzucker löst Zuckerhut ab. Die Verpackung in Vollpappe machte es möglich.

Mit der „Santa Maria" suchte Kolumbus den Seeweg nach Indien. Er entdeckte Amerika und brachte den gewürzsüchtigen Europäern Vanille, Chilis und Piment, aber weder Pfeffer, Muskat noch Nelken – was ihm zu schaffen machte. Wenig später umsegelte Vasco da Gama Afrika und läutete damit das Ende des 500-jährigen venezianischen Gewürzmonopols ein.

tiert wurden. Berühmtestes Beispiel ist die **Seidenstraße** von Nepal über Tibet und China bis nach Pakistan. In Ballen, Bündeln und Körben wurden hauptsächlich Seiden und Seidenwaren befördert, die sich die Händler gegen Gold aufwiegen ließen. Heute ist die Seidenstraße ein bedeutender Wirtschaftsfaktor im Tourismus.
Die **Bernsteinstraße** vom Samland an der Ostsee bahnte sich ihren Weg durch ganz Mitteleuropa bis in den Süden. Auf der **Gewürzstraße** vom Inselparadies der Molukken, den Küsten Chinas und Indiens bis nach Lissabon kamen Pfeffer, Zimt, Nelken, Muskat, Kurkuma und Kardamom über Venedig nach Europa. Die Entdeckung des Seewegs nach Indien durch Vasco da Gama begründete Ende des 15. Jahrhunderts das portugiesische Welthandelsimperium. In Deutschland waren Augsburg, Nürnberg, Straßburg und Ulm bedeutende Handelsstädte. Bereits Mitte des 13. Jahrhunderts zogen Händler über Tirol und den **Brenner** bis nach Venedig, um ihre Waren anzubieten.
Für den Seehandel war der Beitritt zur Hanse von großer Bedeutung. Dieser Zusammenschluss von Kaufleuten setzte sich im Ausland für die Vertretung und den Schutz gemeinsamer Interessen ein.

Aufbruchstimmung

Das 19. Jahrhundert bedeutete in vielerlei Hinsicht Revolution und Aufbruch zu Neuem. Das rasante Anwachsen der Städte und der dadurch erhöhte Warenbedarf hatten erhebliche Auswirkungen sowohl auf die Waren- als auch auf die Transportverpackung. So kamen in der zweiten Hälfte des 19. Jahrhunderts erstmals verpackte Waren auf den Markt. Erste patentrechtlich geschützte Marken wurden zum Vorläufer der heutigen Markenartikelindustrie. Aber auch dem Transport- und Verkehrswesen bescherte das 19. Jahrhundert wahre Quantensprünge.
Die Erfindung der Dampfkraft und des Ottomotors, und die Weiterentwicklung des Schiffbaus vom Segel- zum Dampfschiff erschlossen völlig neue Möglichkeiten der Warenbeförderung. Mit diesen drei Transportmitteln stand einem regen internationalen Handel nichts mehr im Wege. Die Verpackungen im Allgemeinen, aber auch die Transportverpackung ging einem neuen Zeitalter entgegen.

Das 19. Jahrhundert brachte differenziertere Verpackungsmöglichkeiten und damit auch die ersten Markenartikel: Die erste Odol-Flasche von 1893 unterscheidet sich von der heutigen nur unwesentlich.

2

Vom Pilger zum Düsenjet: Die Geschichte des Kurier- und Beförderungswesens

Wenn sich ein ganzes Buch mit dem Thema Transportverpackungen beschäftigt, darf die Frage nach den Ursprüngen des Transportwesens nicht fehlen.
Machen wir uns also auf zu einem kleinen Ausflug in die Vergangenheit.
Im Spätmittelalter waren es vor allem Pilger und Reisende, die Nachrichten weiter vermittelten. Allerdings: Garantie gab es keine, wer sie wann und wo erhielt.
Etwas professioneller ging es bei Institutionen zu, die auf einen Nachrichtenaustausch angewiesen waren. Sie beschäftigten eigene Boten. So gab es beispielsweise Klosterboten, Universitätsboten, Boten der Landsherren, der Ämter und Städte, Kaufmannsboten etc. Aber auch hier waren weder Regelmäßigkeit noch allzu große Zuverlässigkeit geboten.

Professionalisierung einer Dienstleistung

Zu Beginn der frühen Neuzeit erforderten politische Gründe eine Verbesserung der Nachrichtenübermittlung. Als Maximilian I. im Jahr 1477 Maria von Burgund das Jawort gab, konnte er damit gleichzeitig die burgundische Niederlande und die Freigrafschaft Burgund für das Haus Habsburg gewinnen. Außerdem erwarb er 1489 von seinem Vetter Sigismund die Grafschaft Tirol. Damit nahm sein Territorium plötzlich ungeahnte Ausmaße an – eine neue Form der Nachrichtenvermittlung und des Informationsflusses waren dringend erforderlich.
Da die Familie Taxis bereits seit Mitte des 15. Jahrhunderts in italienischen Kurierdiensten für den Papst, Venedig und Mailand tätig war, beauftragte Maximilian I. sie im Jahr 1490 mit dem Aufbau eines Postnetzes im Habsburger Reich.
Als Begründer der Taxis'schen Post trat Franz von Taxis in kaiserlichem Auftrag in Erscheinung. Gegen Bezahlung baute er Postwege auf und hatte deren Betrieb zu gewährleisten. Dem herkömmlichen Botenwesen war er in zwei Punkten überlegen: Es wurden Pferde eingesetzt und an festgelegten Stationen wurden Reiter und Pferd gewechselt. Damit konnte die Geschwindigkeit von 25 auf 166 Kilometer pro Tag erhöht werden – und die Geschichte der Post ihren Lauf nehmen.

WUSSTEN SIE SCHON...?

... wie der Begriff „Post" entstand?
Er entwickelte sich aus dem lateinischen Begriff *positae stationes*, womit in den Anfängen der Kurierdienste die Stationen bezeichnet wurden, an denen Pferde und Reiter gewechselt wurden. Später wurde daraus „Posta" (ital. für Poststation).

Stadtbriefkasten
Deutsche Reichspost 1896

Franz von Taxis

Postreiter, 15. Jahrhundert

1490 Maximilian I. beauftragt **Franz von Taxis** mit dem Aufbau eines Postnetzes im Habsburger Reich.

1505/1516 Postverträge zwischen Franz von Taxis sowohl mit dem spanischen König Philipp I. als auch mit dem späteren Kaiser Karl V. machen die Taxis zu freien Unternehmern, die Hoheits- und Monopolrechte genießen, wie beispielsweise die Verwendung des Posthorns, die Wappenführung etc. **Die Taxissche Post wird zu einer europäischen Organisation**, die Südspanien, Frankreich, die Niederlande, Deutschland und Italien miteinander verbindet. Um die Finanzierung der Post zu gewährleisten, bietet die Familie Taxis die Postdienstleistungen auch Privatleuten an. Damit wird sie zum ersten öffentlichen Dienstleister mit regelmäßigen Verbindungen und festgelegtem Tarifsystem. Das Routennetz wird Zug um Zug erweitert.

1595 Leonhard I. von Taxis wird von Kaiser Rudolf II. zum „Generalpostmeister im Reich" ernannt.

1597 Kaiser Rudolf II. erhebt das Postwesen zum kaiserlichen Portal.

1615 Auf Basis eines erblichen Vasallenverhältnisses wird die alleinige Nutzung des **Postrechts an die Familie Taxis** übertragen.

Posthausschild Preußen, 1776

1650 Die Familie Taxis erweitert – mit kaiserlicher Genehmigung, versteht sich – ihren Namen zu Thurn und Taxis. Die Kurierdienste weiten sich über die politischen Zentren Maximilian I. aus und verbinden damit die beiden großen Wirtschaftsgebiete Italien und Niederlande. Nach und nach zweigen sich von der Haupttrasse weitere Kurse in verschiedene Teile Deutschlands, Italiens und auch Frankreichs ab. Auch viele große Städte in Deutschland werden an die Hauptstrecke angebunden und so entsteht nach und nach **ein weit verzweigtes Kuriernetz.**

Ca. 1750 Das Kuriernetz von Thurn und Taxis erreicht seine größte Ausdehnung.

Hauptpost Frankfurt am Main 1895

1806 Mit dem Ende des Heiligen Römischen Reiches Deutscher Nation erlischt auch der Anspruch der Familie Thurn und Taxis auf das Amt des Generalpostmeisters. Die Hoheitsrechte der Post fallen an die Rheinbundfürsten. **Zu dieser Zeit treten zum ersten Mal auch Briefträger in Erscheinung.** Die Verteilung eines Briefes kostet drei Pfennig.

1824 Die ersten **Briefkästen** werden installiert. Aber erst mit der Einführung der **Briefmarke** im Jahr 1849 gewinnen sie an Bedeutung.

1827 Maximilian Karl von Thurn und Taxis tritt sein Amt als Generalpostdirektor der „Thurn und Taxis-Post" in Frankfurt am Main an.

1840 Mit der Beförderung der ersten **Briefe per Bahn** beginnt eine neue Zeitrechnung. Zum Vergleich: Um das Jahr 1700 war ein Brief von Hamburg nach Freiburg per Kurier etwa zwei Wochen unterwegs. 1830 nur noch 7-8 Tage und 1868 nur noch zwei Tage.

Packmeister und Postillion DRP, nach 1879

1850 Die Postverwaltung von Thurn und Taxis sichert sich durch einen Vertrag mit Preußen den **Beitritt zum deutsch-österreichischen Postverein.**

Posthausschilder, 1900 und 1923

1867 Gegen drei Millionen Thaler Entschädigung wird die Thurn und Taxis-Post dem preußischen Staat übereignet.

1871 Durch die Reichsgründung wird die Preußische Post zur **Deutschen Reichspost.**

1880 Die oberste Postbehörde wird zum Reichspostamt erklärt.

1903 Erstmals werden **Kraftwagen** eingesetzt, um Pakete zu verteilen.

1945 Die Deutsche Reichspost bricht zusammen – eine Folge des Zweiten Weltkrieges. Die Besatzungsmächte verwalten die Post.

1950 Die **Deutsche Bundespost** wird ins Leben gerufen.

1995 Privatisierung der Post und Aufhebung des Monopols. Aufteilung in die Bereiche Brief- und Paketpost, Telekom, Postbank. Umwandlung in „Deutsche Post AG". Das Unternehmen ist seit Herbst 2000 an der Börse notiert. Durch den kontinuierlichen Zukauf nationaler und internationaler Frachtdienstleister, wie z. B. Danzas, Nedlloyd, DHL und Amercian Express International bietet das Unternehmen inzwischen ein weltumfassendes Angebot an Brief-, Express-, Logistik- und Finanzdienstleistungen an. Die „Deutsche Post world net" zählt heute zu den internationalen Logistikdienstleistern.

Postplakate, um 1950

DHL-Kurier

3

Verpackung als Visitenkarte des Unternehmens

Wir leben im Zeitalter der Verpackung. Alles wird verpackt. Nicht selten scheint der äußere Schein wichtiger als der Inhalt. Die Verpackung als Marketinginstrument, bei dem Verkaufsstrategien und Zielgruppendefinitionen erheblichen Einfluss auf deren Gestaltung nehmen.
So wird sie mehr und mehr zum stummen Verkäufer, der dem Kunden auf den ersten Blick Markenidentität signalisiert. Das gilt nicht nur für Waren, die in den Regalen von Supermärkten, Warenhäusern, Parfümerien etc. stehen, sondern auch für Transportverpackungen. Auch sie signalisieren eine Art Markenidentität, die in diesem Fall sicher besser bezeichnet werden kann als Corporate Identity, als sofort wiedererkennbares Erscheinungsbild des Absenders.
Genau darum geht es in diesem Kapitel:

- Die Image- und Marketingaspekte der Transportverpackung
- Von Anspruch und Wirklichkeit im Versandhandel
- Verpackungen im Wettbewerb

3

Die Image- und Marketingaspekte der Transportverpackung

Werbetreibende werden nicht müde, immer neue Medien ausfindig zu machen, auf denen sie ihre Botschaften verkünden können. Anzeigen, Großflächen, Plakate, Funk- und Fernsehspots, Fahrzeugbeschriftungen und Leuchtschilder sind dabei noch die bekanntesten Methoden. Aber längst nicht mehr die Einzigen. Raffinierte „Product Placements" in Filmen, Roadshows und Events, aber auch so simple Dinge wie bedruckte Münzen für den Einkaufswagen im Supermarkt oder Postkarten in Szenerestaurants gehören dazu. Die Liste ließe sich beliebig erweitern. Selbst Firmennamen und/oder -logos auf Kleidungsstücken sind nichts weiter, als Werbung für Unternehmen, die meist den Sprung zur „Marke" längst geschafft haben. Unzählige Möglichkeiten, zu werben und auf sich aufmerksam zu machen. Höchste Zeit also, dass auch die Transportverpackung aus ihrem Schattendasein herauskommt und die ihr gegebenen Möglichkeiten der Werbung nutzt. Schließlich hat ein nahe liegendes Familienmitglied, die reine Produktverpackung nämlich, diese Chance längst erkannt.
Stellt sich also die Frage: *Was gehört zu einer professionellen Geschäftsausstattung?* Zugegeben, die Frage lässt sich nicht pauschal beantworten, sondern hängt von Branche, Firmengröße, Kundenschicht und anderen individuellen Faktoren ab. Dennoch gibt es Standards, an denen wohl niemand Zweifel hat. Dazu gehören: Briefbogen, Visitenkarten, Komplimentkarten, (bedruckte) Briefhüllen, Firmen- und Parkplatzschilder, Fahrzeugbeschriftungen und nicht selten firmenspezifische Autonummern. Meist runden Image- und Produktbroschüren, Flyer und die Präsenz im Internet – alles natürlich einem einmal definierten Corporate Design folgend – den Werbeauftritt ab.

Corporate Design – wichtiges Element der Marketingkommunikation

All die oben genannten Werbemaßnahmen führen nur dann zum Erfolg, wenn sie einem einheitlichen Erscheinungsbild folgen, dem so genannten Corporate Design (CD), das Bestandteil der Corporate Identity (CI) eines Unternehmens ist.
Das CI ist die strategisch geplante und operativ eingesetzte Selbstdarstellung und Verhaltensweise eines Unternehmens nach innen und nach außen auf Basis eines definierten (Soll-) Images.

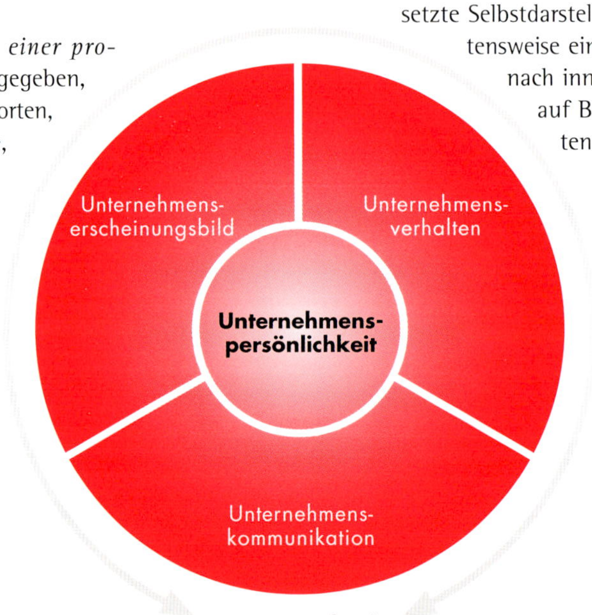

Corporate Identity

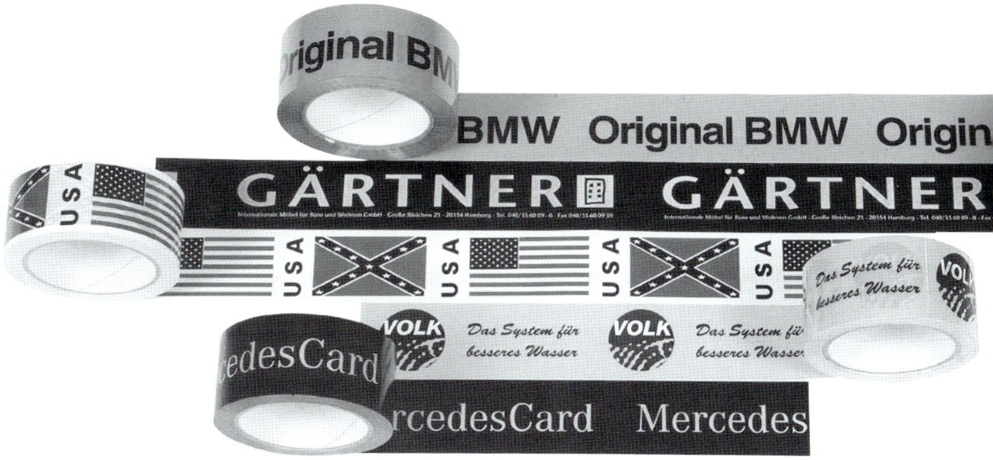

WUSSTEN SIE…?

… dass Sie bereits ab 5 Cent einen Meter Packband mit Ihrem Firmenaufdruck bekommen? Eine geringe Investition, verglichen mit der Wirkung, die Sie dadurch erzielen.

Das CD bringt das CI eines Unternehmens visuell zum Ausdruck mit dem Ziel, das Unternehmen in seiner Außendarstellung markant und unverwechselbar zu präsentieren. Dazu gehören: Firmenzeichen, evtl. Slogan, Firmenschrift, Hausfarbe, Gestaltungsraster für Drucksachen, Fotostil, Formate. Ist das einmal definiert, können interne oder externe Gestalter das CD jederzeit auf beliebige Medien und Werbemittel ausdehnen (z. B. Messestände, Gebäudebeschriftungen etc.). Und nicht zuletzt natürlich auch auf die Transportverpackung. Auch sie bietet zahlreiche Möglichkeiten, das einmal entwickelte Firmen-CD aufmerksamkeitsstark nach außen zu transportieren. Bedrucktes Packband, bedruckte Schachteln, individuell gestaltete Begleitpapiertaschen, farbiges Packband und Packpapier, farbiges Füll- und Polstermaterial sind einige von vielen Möglichkeiten, aus jedem Paket einen Werbe- und Imageträger zu machen.

Die Verpackung – Visitenkarte Ihres Unternehmens

Der Versandhandel boomt. Webshops und Kataloganbieter, die bequemes Kaufen von zu Hause bzw. vom Schreibtisch aus ermöglichen, sind längst eine ernst zu nehmende Konkurrenz für den Einzelhandel. Aber auch im Business-to-Business-Bereich ist der Warenversand nicht mehr wegzudenken.
Im Zuge dieser Entwicklung ist die Transportverpackung kein Selbstzweck mehr, sondern ein Marketinginstrument, eine zusätzliche Möglichkeit, Unternehmen zu repräsentieren.

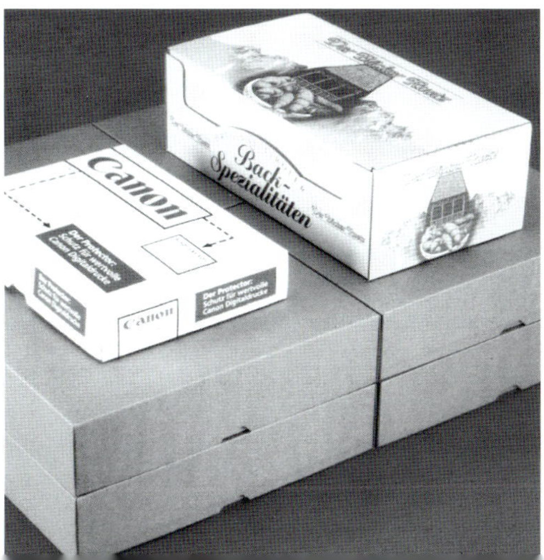

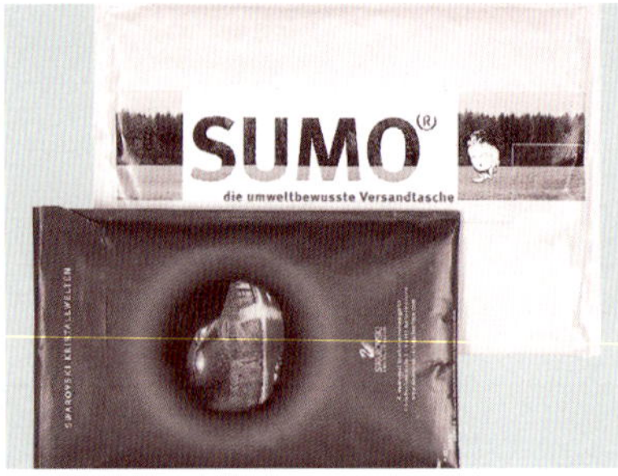

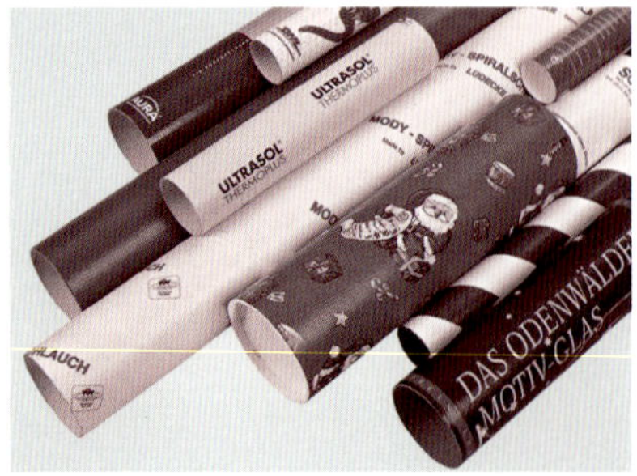

Fast jedes Verpackungsmittel kann heute individuell gestaltet und dem Firmenerscheinungsbild angepasst werden.

Welche Chance: Jedes Paket ein Stückchen Imagewerbung – so ganz nebenbei. Vorausgesetzt, die wichtigsten Grundvoraussetzungen sind erfüllt. Und die gehen über die eigentliche Aufgabe, nämlich den Schutz und das sichere Ankommen hinaus. Das ist selbstverständlich. Und was ehemals Kür war, wird mehr und mehr zur Pflicht: Die Optik. Unternehmen, die das erkannt haben, nutzen daher die Transportverpackung als Möglichkeit, ihr Erscheinungsbild in die Öffentlichkeit zu transportieren – im wahrsten Sinne des Wortes.

Begeistern, überzeugen und einen guten Eindruck machen. Warum sollte, was bei Geburtstagsgeschenken selbstverständlich ist, nicht auch bei Transportverpackungen Schule machen: Individualität? Überall ist die Rede von Customer Relationship Management, Customer Care und sonstigen Maßnahmen, Kunden an das eigene Haus zu binden. Aber haben Sie jemals daran gedacht, dass auch jedes Paket, jeder Brief, der Ihr Haus verlässt, diese Aufgabe haben könnte? Natürlich ersetzen sie keine groß angelegten Strategien zur Kundenbindung. Unterstützend wirken sie aber auf jeden Fall. Denn jede Sendung, die Ihr Haus verlässt, ist ein Mosaikstein im großen Bild, das den Namen trägt: Markenpräsenz, Aufmerksamkeit, Wiedererkennung.

Trotz allem steht der optimale Schutz der Ware gegen die lauernden Gefahren während des Transports nach wie vor im Mittelpunkt. Denn was nützt die schönste Verpackung, wenn sie diesen Anforderungen nicht standhält? Aber auch umgekehrt gilt: Was nützt die schönste Ware, wenn sie nicht so verpackt wird, dass auch das Äußere dem Inneren gerecht wird?
Eine echte Herausforderung – und kein bisschen kompliziert, wenn man sich zur Lösung dieser vielfältigen Aufgabe an einen echten Verpackungsspezialisten wendet. Der Preisunterschied zwischen einer Standardverpackung und einer Verpackung, die zur Visitenkarte des Unternehmens wird, ist unwesentlich. Je mehr Unternehmen diese Möglichkeit wahrnehmen, umso mehr stellt sich die Verpackungsmittelindustrie darauf ein und bietet eine Vielzahl an individuellen Produkten.

Nur oberflächliche Menschen achten nicht auf Äußerlichkeiten.

Oscar Wilde

Ein ansprechendes Paket weckt beim Empfänger die Vorfreude auf den Inhalt und damit positive Assoziationen an den Absender.

Von Anspruch und Wirklichkeit im Versandhandel

Was Sie auf dieser und der folgenden Seite sehen, sind nicht etwa gestellte Fotos, sondern erschreckender Alltag im Transport und Warenumschlag von Paketsendungen. Aber nicht etwa, weil in diesem Wirtschaftszweig die Lust auf Zerstörung besonders groß ist. Vielmehr erlaubt es der raue Alltag in der Paketbeförderung eben nicht, jedes Packstück mit Samthandschuhen anzufassen. Da ist gut beraten, wer seine Pakete diesen Bedingungen anpasst, damit sie unversehrt beim Empfänger ankommen.
Denn in Studien wurde herausgefunden, dass es gerade mal sieben Sekunden braucht, um über Sympathie oder Antipathie, Gefallen oder Nichtgefallen, Anziehung oder Ablehnung zu entscheiden. Das trifft nicht nur auf Menschen zu, sondern auch auf Produkte und damit wohl auch auf Pakete, die das Ziel verfolgen, „anzukommen" – im wahrsten Sinne des Wortes.

Haben Sie eine Vorstellung davon, welchen Eindruck der Empfänger hat, wenn er ein solches Paket bekommt – sofern es überhaupt ankommt?
Die Gedanken dazu liegen auf der Hand:

- Der Absender hat sich keine Mühe gegeben beim Verpacken der Sendung.
- Die Ware ist unzureichend geschützt.
- Wer weiß, ob der Inhalt des Paketes vollständig oder noch brauchbar ist?
- Es macht keinen Spaß, ein solches Paket überhaupt zu öffnen.
- Am liebsten möchte ich es zurückschicken!
- Im schlimmsten Fall stellt der Empfänger sich die Frage, ob er bei diesem Unternehmen noch einmal etwas bestellt.

Oft lässt sich bereits am Zustand der Verpackung oder des Packgutes erkennen, worauf der Schaden zurückzuführen ist.
Die verbliebenen Spuren oder Veränderungen sind wie Fingerabdrücke, die wichtige Hinweise zur Ermittlung eines Täters liefern, bzw. in diesem Fall Auskunft geben über den Grund der Beschädigung.

Einen Kunden zu verlieren, geht also ganz schnell. Dabei ist es um ein Vielfaches einfacher, einen Kunden zu halten, als einen neuen zu gewinnen. Dieser Grundsatz sollte sich durch alle Bereiche eines Unternehmens ziehen – bis hin zum Postausgang und zur Versandabteilung.

Sparen kann ganz schön teuer sein

Aber nicht nur im Versandhandel, sondern auch in der täglichen Korrespondenz oder beim Versand von Firmenunterlagen ist die Verpackung das Erste, was der Empfänger von Ihrem Unternehmen sieht. Nutzen Sie diese Chance und zeigen Sie sich von Ihrer besten Seite.
Denn Verpackung nicht unter dem Aspekt „Botschafter des Unternehmens“ zu betrachten, ist die eine Sache. Sie ausschließlich unter Kostenaspekten auszuwählen, die andere. Und die kann ganz schön teuer werden – noch dazu, wenn man bedenkt, dass im Verpackungsprozess die Materialkosten gerade mal mit 20 % zu Buche schlagen. Der Rest sind Personal- und Handlingskosten (vgl. S. 48).

In Kapitel 7 ab Seite 113 geben wir einen Überblick und eine praxisorientierte Empfehlung über die Basisausstattung für Materialien, die in Büro und Versand benötigt werden. Am Beispiel von zwei verschiedenen Firmen- und Organisationsstrukturen wird aufgezeigt, was Sinn macht und worauf getrost verzichtet werden kann.

Momentaufnahmen aus dem täglichen Verpackungshorror.

Verpackungen im Wettbewerb

Seit 1978 veranstaltet das Deutsche Verpackungsinstitut e.V. jährlich den Verpackungswettbewerb, der seit 1999 noch durch den Verpackungsdesign-Wettbewerb ergänzt wird.
Beide Wettbewerbe sind hilfreiche Wegweiser durch den Verpackungsdschungel und zeigen zukunftsweisende Konzepte auf.
Von den insgesamt 276 Einreichungen aus dem Jahr 2003 entfielen 158 auf den Deutschen Verpackungswettbewerb, 77 auf den Verpackungsdesign-Wettbewerb und weitere 41 auf den Förderpreis, eine Ausschreibung, die sich an Schüler, Auszubildende und Studenten richtet.
Bewertet werden die Arbeiten von einer Fachjury, allesamt Experten aus Handel, abfüllender Industrie, wissenschaftlichen Institutionen sowie Anwendern. Die Ergänzung durch Packstoffexperten macht interdisziplinäres Arbeiten möglich und damit eine Orientierung an der Praxis.

Der Verpackungswettbewerb in Zahlen	
Eingereichte Arbeiten:	158
davon:	
Verkaufsverpackungen	79
Transportverpackungen	32
Displayverpackungen	23
Maschinenkonzepte	6
Prototypen	18
Insgesamt wurden **18 Preise** vergeben.	

Einige der preisgekrönten Verpackungen stellen wir Ihnen auf der folgenden Doppelseite vor.

LUSTIGES AUS DER WELT DER VERPACKUNGSTEXTE

Gebrauchsanweisungen und/oder Bedienungsanleitungen, die einen zum Verzweifeln bringen, kennt wohl jeder. Freuen wir uns zur Abwechslung einmal über amüsante Texte, die wir so auf Verpackungen entdeckt haben. Aus Gründen der Rücksichtnahme verzichten wir darauf, den Hersteller zu nennen. Viel Spaß ...

Auf einem Fön: „Nicht während des Schlafens benutzen." • Auf einem Stück Seife: „Anleitung: Wie normale Seife benutzen." • Auf einem Pudding: „Das Produkt ist nach dem Kochen heiß." • Auf der Verpackung eines Bügeleisens: „Die Kleidung nicht während des Tragens bügeln." • Auf einer Hustenmedizin für Kinder: „Nach der Einnahme dieser Medizin nicht Auto fahren oder Maschinen bedienen." • Auf einem Schlafmittel: „Achtung: Kann Müdigkeit verursachen." • Auf einer japanischen Küchenmaschine: „Nicht für andere Benutzungen zu benutzen." • Auf einer Packung Nüsse: „Achtung: Enthält Nüsse." • Auf einem Supermann-Kostüm für Kinder: „Das Tragen dieses Kleidungsstückes ermöglicht es nicht zu fliegen."

Sechs von 18 Preisträgern des **Verpackungs-Wettbewerbs:**

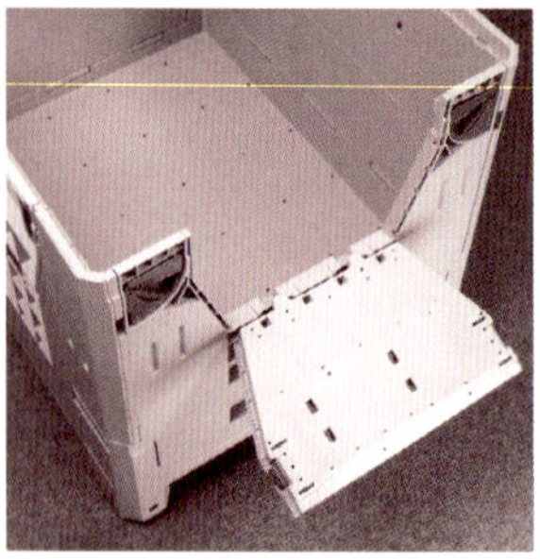

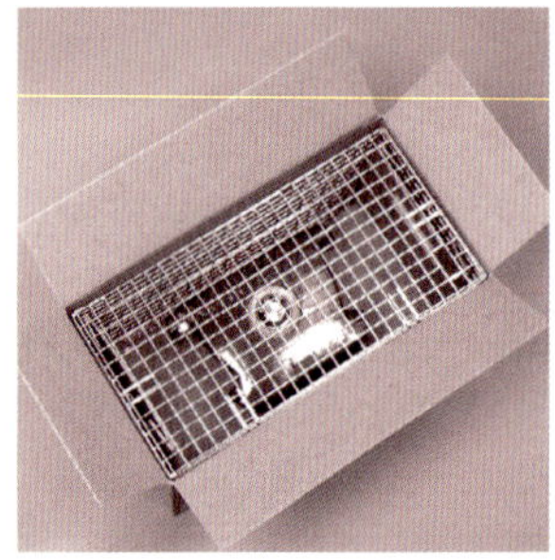

Klappbare Palettenbox aus Kunststoff
Rubrik: Transportverpackungen
Idee: Ergonomische Weiterentwicklung bekannter Behältersysteme. Das Zusammenwirken von Scharnieren und ergonomisch geformten Verriegelungselementen erleichtert die Handhabung beim Einklappen des gesamten Großladungsträgers. Weitere Merkmale: wirtschaftlich, reparatur- und reinigungsfreundlich, reduziertes Volumen beim Leertransport.
Einsender und Gestalter: Schoeller Wavin Systems, Hardenberg/Niederlande
Hersteller: Schoeller Wavin Systems, Hardenberg/NL; Georg Utz GmbH, Schüttorf

Sechseckige Trageverpackung für Wein
Rubrik: Verkaufsverpackungen
Idee: Aus flach liegenden Einzelteilen wird eine stabile, praktikable Verpackung. Die Trennstege aus Doppelwelle und der integrierte Tragegriff bieten Schutz bei Transport und Lagerung. Auch bei Entnahme einzelner Flaschen bleibt die Stabilität erhalten. Und: Die Etiketten sind von außen gut sichtbar.
Einsender, Gestalter und Hersteller: Rondo Ganahl AG, St. Ruprecht (Österreich)

Verpackung mit Kühlsystem
Rubrik: Transportverpackungen
Idee: Kühle Reise für wärmeempfindliche Produkte. Bei Außentemperaturen von 30°C können Produkte in einem Temperaturbereich von 4-18°C bis zu 24 h gekühlt werden. Die Lösung aus Wellpappe ist einfach, wirtschaftlich, leicht zu handhaben und eignet sich für den Versand per Paketdienst oder Spedition gleichermaßen. Die Verpackung besteht zu 100 % aus Wellpappe und kann problemlos entsorgt werden.
Einsender, Gestalter und Hersteller: Hans Kolb Wellpappe GmbH & Co. KG, Lübeck

Transportverpackung für explosive Packgüter
Rubrik: Transportverpackungen
Idee: Ein korrossionsgeschützter, einteiliger Metallgitterkäfig, der sich flach legen und wiederverwenden lässt. Er ist mit angearbeiteten sicheren Verriegelungshaken ausgestattet und ist ohne zusätzliche mechanische Hilfsmittel einsatzbereit. Das Packgut wird darin mit Verpackungspolstern kraftschlüssig fixiert.
Einsender, Gestalter und Hersteller: Duropack Wellpappe Ansbach GmbH, Ansbach

26. Deutscher Verpackungs Wettbewerb 2003

Als die Wellpappe laufen lernte
Rubrik: Displayverpackungen
Idee: Bewegung ins Display und an den POS bringen – auf einem Laufband zeigt der POS-Mover aktuelle Angebote und verkürzt dem Kunden damit die Wartezeit. Er ist für den Langzeiteinsatz konzipiert, die Fertigung ist kostengünstig. Banderole, Frontblende und Sockelmotiv können durch Klettbänder schnell und problemlos ausgetauscht werden. Klemmschienen an der Rückseite bieten Platz für weitere Angebote.
Einsender, Gestalter und Hersteller: STI – Gustav Stabernack GmbH, Grebenhain

Sesam öffne dich
Anerkennungspreis
Idee: Selbstöffnende Verpackung und Teller in einem. Die Tiefkühlverpackung öffnet sich im Ofen von selbst und zeigt damit an, dass das Essen fertig ist.
Die geöffnete Schale ist ästhetisch, appetitlich und lädt ein, direkt daraus zu essen. Eine perfekte Metamorphose von der tragbaren Einheit zur geöffneten Schale. Ein durchdachtes Konzept mit verführerischer Gestaltung, das dem Konsumenten ein Optimum an Convenience bietet.
Einsender und Gestalter: Anne Dreher und Agata Surdziel, Kassel

Drei von fünf Preisträgern des **Verpackungsdesign-Wettbewerbs:**

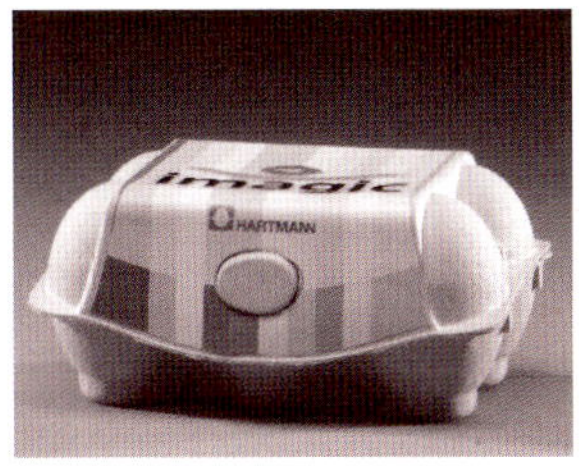

imagic Eierverpackung
Bereich: Design Papier
Die heruntergezogene „Taille" und der neuartige Öffnungsmechanismus machen aus einer herkömmlichen Transportschachtel ein ansprechendes Designerprodukt.
Einsender und Gestalter: Landor Associates GmbH & Co. KG, Hamburg
Auftraggeber und Hersteller: Hartmann Verpackung GmbH, Eschborn

Verpackungstray für Übertöpfe
Bereich: Design Prototypen
Der einteilige Zuschnitt mit seinem Punktdekor lässt sich problemlos zusammenstecken und ist eine preiswerte, moderne Alternative zu Übertöpfen aus Ton und Keramik.
Einsender, Gestalter und Hersteller: Klingele Papierwerke GmbH & Co. KG, Remshalden

4

Die Transportverpackung heute: Jeder Anforderung gewachsen

Die zunehmende Internationalisierung und Globalisierung stellt auch die Transportverpackungen vor neue Herausforderungen.

Einpacken, zukleben, wegschicken – an dieser Basisaufgabe hat sich im Prinzip nichts geändert. Allerdings: Längere Transportwege und komplexe Logistikketten erfordern in vielen Fällen Verpackungen, die unterschiedlichsten Strapazen standhalten. Versandabteilungen, Speditionen und Logistikdienstleister sind also immer wieder mit der Frage konfrontiert, wie die zu befördernde Ware optimal geschützt ans Ziel gelangt.

Antworten darauf finden Sie in diesem Kapitel, in dem es unter anderem um folgende Themen geht:

- Ein anspruchsvoller Job: Die Aufgaben der Transportverpackung
- Gut gewappnet auf die Reise: Die gängigsten Transportverpackungen
- Tatort Transport: Die Belastungen während des Transports
- Die Belastungstests: Vom freien Fall der Transportverpackungen
- Gefahr in Verzug: Gefährliche Güter sicher ans Ziel bringen
- Alles geregelt: Nationale und internationale Normen und Richtlinien

Ein anspruchsvoller Job: Die Aufgaben der Transportverpackung

Das Paket wird beim Absender abgeholt.

Im Logistikzentrum werden die Pakete über Bänder und Rutschen geleitet, gescannt und nach Ziel und Transportart sortiert.

Nun ist das Frachtstück auf seinem Weg – per LKW, Bahn, Flugzeug oder Schiff. Containerumschlagplätze sind weitere mögliche Zwischenstationen.

Im Logistikzentrum in der Nähe seines Bestimmungsortes wird das Paket wieder über Bänder und Rutschen geleitet, gescannt und seinem Zustellbezirk zugeordnet.

Das Paket wird zu seinem Empfänger gebracht. Eine lange, strapaziöse Reise geht zu Ende ...

Transport – der Härtetest für jedes Paket

Die Transportverpackung macht ein Produkt erst fit für die Logistikkette, die mit ihren vielen Stationen so manche Belastungsprobe bereithält – im wahrsten Sinne des Wortes. Denn überall lauern Beanspruchungen, die es zu meistern gilt.
Allein die Abläufe bei den Paketdienstleistern sind logistische Geniestreiche, die ohne modernste Förder- und Verteiltechnik nicht zu bewerkstelligen wären.
Der Weg vom Absender zum Empfänger führt über Umschlagzentren, in denen Automatisierung und manuelles Arbeiten Hand in Hand gehen.
Rein ins Fahrzeug, raus aus dem Fahrzeug. Rauf aufs Förderband, ab auf die Rutschen, und so weiter. Das sind echte Härtetests für jedes Paket.
Während das Ein- und Ausladen meist manuell erfolgt, werden bei der Sortierung in die jeweiligen Zustellbezirke vollautomatisierte Förderbänder, Rutschen, Kippschalen etc. eingesetzt.
Die Beanspruchungen, die dabei auftreten können, sind aus zwei Gründen unvermeidbar. Der eine liegt in den mechanischen Belastungen wie beispielsweise Stoß, Druck oder Schwingungen – sie machen etwa die Hälfte aus. Der andere in der Vielfalt und Unterschiedlichkeit der Packgüter, die befördert werden. Sie reichen von sehr robust bis sehr empfindlich – und durchlaufen dennoch die gleichen Stationen. Denn bei aller Modernisierung lassen es die hohen Handlingkosten nicht zu, eine separate Verteilschiene für besonders empfindliche Waren zu realisieren. So reisen sie Seite an Seite, die höchst empfindliche Designer-Vase und das robuste Paket, randvoll mit Unterlagen, denen nichts etwas anhaben kann.
Es liegt also in der Verantwortung des Absenders, die Ware entsprechend ihrer Empfindlichkeit so zu verpacken, dass sie wohlbehalten am Ziel ankommt – und immer noch richtig gut aussieht.

Sieben auf einen Streich – die Herausforderungen an die Transportverpackung:

- Die Schutzfunktion,
- die Sicherstellung der Transport- und Ladefunktion,
- das optimale Lagern,
- die Informations- und Marketingaspekte,
- die Einhaltung gesetzlicher Anforderungen,
- der Umweltaspekt,
- die Kosten.

Sie alle werden in diesem Kapitel erläutert.

VERPACKT & ZUGEKLEBT!

Kleiner Wegweiser durch die vielen Begriffe rund ums Verpacken.

Packgut: Ware, die zu verpacken (und versenden) ist.

Packmittel: Behältnis, in dem die Ware verschickt wird, also z. B. Kiste, Schachtel, Container etc.

Packung: Packgut und Verpackung

Packhilfsmittel: Alles, was es braucht, um Ware sicher zu verpacken, also z. B. Packband, Umreifungsband, Füllmaterialien etc.

Verpackung: Summe aus Packmittel und Packhilfsmittel.

Verkaufsverpackung: Bringt die Ware zum Endverbraucher. Zum anderen soll sie den Kunden auf das Produkt aufmerksam machen.

Transportverpackung: Verpackung, die ein oder mehrere Packgüter enthält und den Anforderungen des Transportweges entsprechend ausgewählt wird.

Beispiele für die Stoßempfindlichkeit von Produkten

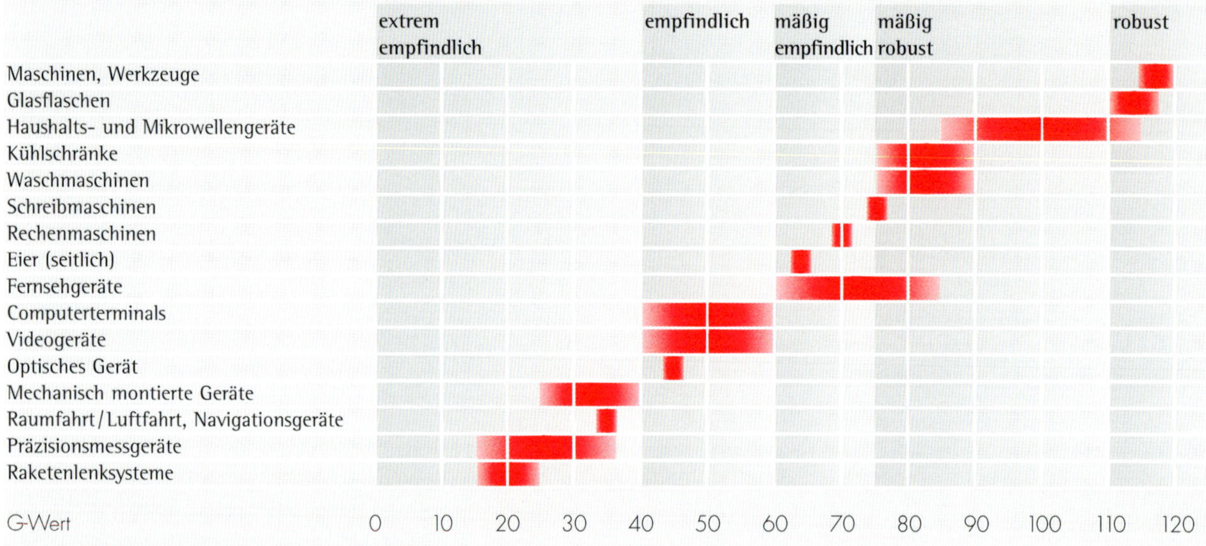

Ein bisschen Physik zum besseren Verständnis der Tabelle:
Die Empfindlichkeit von Waren beim Transport wurde in vielen Falltests geprüft. Messwert ist der G-Wert, der Auskunft gibt über die einfache Erdbeschleunigung (1 G = 9,81 m/sec^2). Beispiel: G-Wert 10 = 10fache Erdbeschleunigung.
Der Einfachheit halber wurden die Produkte in fünf unterschiedliche Empfindlichkeitsstufen eingeteilt, aus der sich verwandte Produkte ableiten lassen. Da die Geschwindigkeit im freien Fall zunimmt, heißt das: Je höher der G-Wert, umso robuster ist das Produkt, umso weniger Schutz ist erforderlich.

Die Schutzfunktion

Durch richtiges Schützen und Polstern im Verpackungsinneren soll die Ware gut und sicher ans Ziel gelangen. Die Außenverpackung ist Schutz gegen Beschädigung, Diebstahl und witterungsbedingte Einflüsse.
Nicht alle Produkte brauchen den gleichen Schutz. Die Bandbreite reicht von robust bis extrem empfindlich. Die Tabelle gibt einen Einblick in unterschiedliche Waren und Materialien und deren Stoßempfindlichkeit während des Transports.

Die Sicherstellung der Transport- und Ladefunktion

Hier werden Forderungen an die äußere Form der Verpackung gestellt, aber auch an Gewicht und an einen möglichst rationellen Einsatz von Transporthilfsmitteln wie Gabelstapler, Hebegeräte etc. Waren sollten also grundsätzlich so verpackt werden, dass sie leicht, rationell und

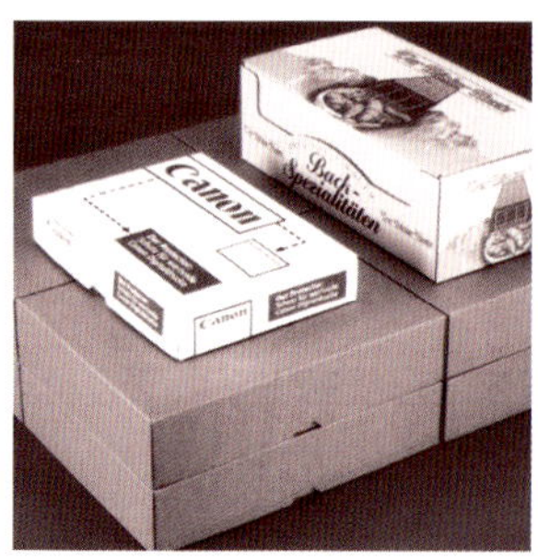

Was Transportverpackungen aushalten müsssen …

sicher gegriffen, abgesetzt und verstaut werden können. Das ermöglicht einen effektiven Transport sowohl mit unterschiedlichen Transportmitteln, als auch auf unterschiedlichen Transportwegen (Straße, Schiene, Wasser, Luft oder einer Kombination daraus). Vielfach erleichtern Ladeeinheiten die Handhabung. Deshalb ist es wichtig, bei Gewicht und Abmessungen der Umverpackungen die Abmessungen standardisierter Paletten und Container zu berücksichtigen. Mehr über das Bilden von Ladeeinheiten und über professionelle Ladungssicherung erfahren Sie in Kapitel 9 ab Seite 154.

Das optimale Lagern

Die Art der Verpackung sollte bestmögliches Lagern, Stapeln und Kommissionieren gewährleisten. Vor allem beim Stapeln, wo sowohl Verpackung als auch Ware zum Teil hohem Druck ausgesetzt sind, ist eine ausreichende Festigkeit der Verpackung wichtig. Hier wird das Zusammenspiel von Schutzfunktion, Lagerfunktion sowie Lade- und Transportfunktion deutlich.

Die Informations- und Marketingaspekte

Was für Verkaufsverpackungen (Lebensmittel, Kosmetik, Geschenkartikel etc.) gilt, trifft auch auf die Transportverpackung zu: Sie ist ein Versprechen. Mehr darüber in Kapitel 3 ab Seite 31.

Die Einhaltung gesetzlicher Anforderungen

Bei Lebensmitteln sind das z.B. Hinweise auf Mindesthaltbarkeitsdatum und Menge sowie die Definition der Inhaltsstoffe. Bei der Transportverpackung geht es vor allem um zwei Dinge. Zum einen, um einen deutlichen Hinweis darauf, wie der Inhalt zu behandeln ist, also z.B. Bruchgefahr, Schutz gegen Feuchtigkeit etc. Diese Kennzeichnung liegt im Ermessen des Absenders, der natürlich großes Interesse daran hat, dass seine Ware gut und sicher ankommt.
Exakte gesetzliche Vorschriften hingegen gibt es dann, wenn Güter transportiert werden, die im schlimmsten Fall eine Gefahr für Menschen und Umwelt darstellen können. Dem Transport von Gefahrgütern widmen wir uns in diesem Kapitel ab Seite 61.

Sieben Funktionen muss die Transportverpackung erfüllen (beginnend ab Seite 44 v. l. n. r.): Schutz des Inhalts, Transport- und Ladefunktion, Lagerfähigkeit, Information und Marketing, gesetzliche, ökologische und ökonomische Anforderungen.

	Transportverpackungen	Umverpackungen	Verkaufsverpackungen
Aufgabe	Transport und Schutz der Waren auf dem Weg von Hersteller/ Lieferanten zum Handel	zusätzliche Verpackung zur Verkaufsverpackung, dient der Selbstbedienung, als Diebstahlschutz oder der Werbung	Transport der Ware und Aufbewahrung bis zum Verbrauch durch den Endverbraucher
Beispiele	Paletten, Versandverpackungen, Transportsicherungen	Schachtel um Dose, Blister um Schachtel	Schachtel, Beutel, Flasche, Dose
Pflichten für Handel und Industrie	▪ Rückgabe an Lieferant oder ▪ für Wiederverwendung oder stoffliche Verwertung sorgen	▪ Entfernen vor Verkauf oder Aufstellen von Sammelbehältern (mit Hinweisschild) ▪ für Wiederverwendung oder stoffliche Verwertung sorgen	▪ Rücknahme von Endverbraucher und Rückgabe an Lieferant oder ▪ für Wiederverwendung oder stoffliche Verwertung sorgen
Pflichten für Lieferant (Vorstufen)	▪ Rücknahme von Handel und ▪ für Wiederverwendung oder stoffliche Verwertung sorgen	keine	▪ Rücknahme von Handel und ▪ für Wiederverwendung oder stoffliche Verwertung sorgen
In-Kraft-Treten	1.12.1991	1.4.1992	1.12.1993
Entsorgungsmöglichkeiten für Handel und Industrie	an Lieferant, private Entsorgungsunternehmen, Entsorgungssystem für Transportverpackungen	an private Entsorgungsunternehmen, eventuell Entsorgungssystem für Transportverpackungen	durch den Endverbraucher über das Duale System der DSD GmbH

Die Verpackungsverordnung im Überblick

Der Umweltaspekt

Die Recyclingstationen in Supermärkten gehören längst zum alltäglichen Bild beim Einkaufen. Was viele nicht wissen: Gebrauchte Transportverpackungen aus Papier und Pappe werden seit jeher in den Kreislauf zurückgeführt - nicht erst seit Einführung der Verpackungsverordnung. Da sie sortenrein ist, lässt sich Wellpappe ohne Trennen direkt zu Rohpapier für neue Wellpappeprodukte verarbeiten. Wellpappe-Verpackungen bestehen heute zu 75 % aus Recyclingpapieren, die restlichen 25 % sind Frischfasern, die erforderlich sind, weil jeder Aufarbeitungsprozess die Papierfasern verkürzt, was zu einer Verminderung der Papierqualität führt. Um mit dem In-Kraft-Treten der Verpackungsverordnung die Einführung neuer, kostenaufwändiger Rücknahme- und Verwertungssysteme zu verhindern, haben sich drei Vereinigungen zusammengeschlossen, um das bislang funktionierende System auch weiterhin zu sichern. Ihr Name: RESY Organisation für Wertstoffentsorgung. Ihre Mitglieder:

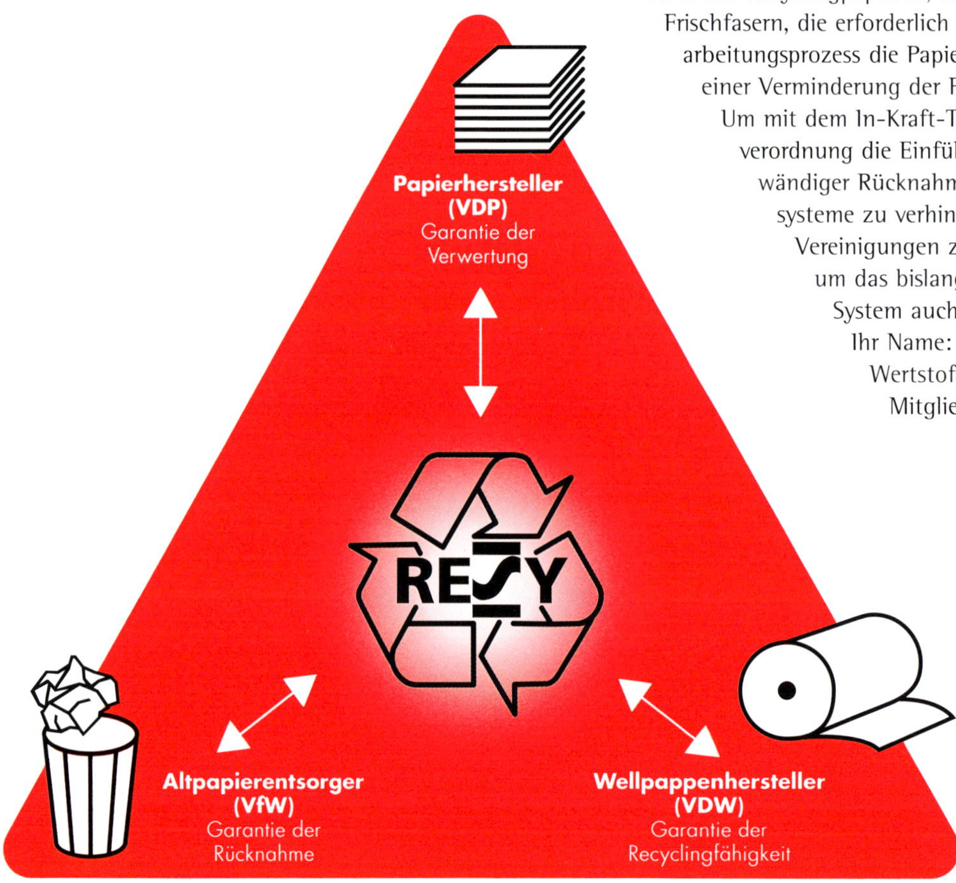

Das RESY-Zeichen: erst vollständig mit der Identifikationsnummer des Herstellers.

- Die VDP, Vereinigung zur Förderung der Interessen der Hersteller von Wellpappenrohpapier aus Altpapier e. V.,
- der VDW, Verband der Wellpappen-Industrie e.V.,
- die VfW, eine im Bundesverband Sekundärrohstoffe und Entsorgung (bvse) organisierte Aktiengesellschaft.

Mit dem Erwerb des RESY-Symbols garantiert der Hersteller die komplette Entsorgung und stoffliche Wiederverwertung aller Transport- und Umverpackungen aus Papier und Pappe und die Rückführung in den Stoffkreislauf. Das RESY-Symbol garantiert, dass die gesetzlichen Vorgaben der Verpackungsverordnung für Transportverpackungen eingehalten werden.
Wir haben nebenstehend die Paragrafen aus der Verpackungsverordnung zusammengestellt, die für Transport verpackungen von Bedeutung sind.

Die Kosten

Transport, Umschlag und Lagerung von Waren sind wesentlicher Bestandteil innerhalb des Wirtschaftskreislaufes und können bis zu 20 % der Gesamtkosten eines Produktes ausmachen. Da sind die Forderungen nach Effizienz berechtigt. Die folgenden Zahlen geben eine eindeutige Antwort darauf, wo effizientes Verpacken beginnt. Denn

RESY UND GRÜNER PUNKT: WAS IST DER UNTERSCHIED?

Das RESY-Zeichen dürfen nur Transport- und Umverpackungen aus Papier und Pappe tragen. Diese Verpackungen werden von den Anfallstellen (Auspackern) auf eigene Kosten entsorgt. Der GRÜNE PUNKT darf nur auf Verkaufsverpackungen eingesetzt werden, die der private Endverbraucher über die öffentlichen Rücknahmestellen kostenlos entsorgen kann (Altpapiercontainer, Altglascontainer, Gelbe Tonne/Gelber Sack). Auch Transportverpackungen, die gleichzeitig Verkaufsverpackungen sind, werden vom Endverbraucher über die öffentlichen Altpapiercontainer entsorgt.

Auszüge aus der Verordnung über die Vermeidung und Verwertung von Verpackungsabfällen

(Verpackungsverordnung-VerpackV vom 21. August 1998)

Abschnitt I: Abfallwirtschaftliche Ziele, Anwendungsbereich und Begriffsbestimmungen

§ 1 Abfallwirtschaftliche Ziele
Diese Verordnung bezweckt, die Auswirkungen von Abfällen aus Verpackungen auf die Umwelt zu vermeiden oder zu verringern. Verpackungsabfälle sind in erster Linie zu vermeiden: im Übrigen wird der Wiederverwendung von Verpackungen, der stofflichen Verwertung sowie den anderen Formen der Verwertung Vorrang vor der Beseitigung von Verpackungsabfällen eingeräumt. Bis zum 30. Juni 2001 sollen von den gesamten Verpackungsabfällen 65 Prozent verwertet und 45 Prozent stofflich verwertet werden. Die Bundesregierung führt die notwendigen Erhebungen durch.

§ 2 Anwendungsbereich
(1) Die Verordnung gilt für alle im Geltungsbereich des Kreislaufwirtschafts- und Abfallgesetzes in Verkehr gebrachten Verpackungen, unabhängig davon, ob sie in der Industrie, im Handel, in der Verwaltung, im Gewerbe, im Dienstleistungsbereich, in Haushaltungen oder anderswo anfallen und unabhängig von den Materialien, aus denen sie bestehen.
(2) Soweit auf Grund anderer Rechtsvorschriften besondere Anforderungen an Verpackungen oder die Entsorgung von Verpackungsabfällen oder die Beförderung von verpackten Erzeugnissen oder von Verpackungsabfällen bestehen, bleiben diese unberührt.
(3) Die Befugnis des Bundes, der Länder und Gemeinden, Dritte bei der Nutzung ihrer Einrichtungen oder Grundstücke sowie der Sondernutzung öffentlicher Straßen zur Vermeidung und Verwertung von Abfällen zu verpflichten, bleibt unberührt.

§ 3 Begriffsbestimmungen (auszugsweise)
(1) Verpackungen: Aus beliebigen Materialien hergestellte Produkte zur Aufnahme, zum Schutz, zur Handhabung, zur Lieferung oder Darbietung von Waren, die vom Rohstoff bis zum Verarbeitungserzeugnis reichen können und vom Hersteller an den Vertreiber oder Endverbraucher weitergegeben werden.
(2) Transportverpackungen: Verpackungen, die den Transport von Waren erleichtern, die Waren auf dem Transport vor Schäden bewahren oder die aus Gründen der Sicherheit des Transports verwendet werden und beim Vertreiber anfallen.

Abschnitt II:
Rücknahme-, Pfanderhebungs- und Verwertungspflichten

§ 4 Rücknahmepflichten für Transportverpackungen
(1) Hersteller und Vertreiber sind verpflichtet, Transportverpackungen nach Gebrauch zurückzunehmen. Im Rahmen wiederkehrender Belieferungen kann die Rücknahme auch bei einer der nächsten Anlieferungen erfolgen.
(2) Die zurückgenommenen Transportverpackungen sind einer erneuten Verwendung oder einer stofflichen Verwertung zuzuführen, soweit dies technisch möglich und wirtschaftlich zumutbar ist, insbesondere für einen gewonnenen Stoff ein Markt vorhanden ist oder geschaffen werden kann. Bei Transportverpackungen, die unmittelbar aus nachwachsenden Rohstoffen hergestellt sind, ist die energetische Verwertung der stofflichen Verwertung gleichgestellt.

Materialkosten = 20 %
Umverpackung, Füll- und Polstermaterial, Verschlussmaterialien wie Pack- oder Umreifungsband, Kennzeichnung/Adressierung
Prozesskosten = 80 %
Porto- und Transportkosten und vor allem Packzeit

4

wenn von Verpackungskosten die Rede ist, muss generell unterschieden werden zwischen Material- und Prozesskosten (s. Grafik oben).
Um Waren während des Transportes zu schützen und zu sichern, werden allein in Deutschland jährlich etwa 2,5 bis 3 Mrd. € für Verpackungsmaterialien eingesetzt. Schätzungen zufolge liegen die Schäden während Transport, Umschlag und Lagerung bei ca. 1 Mrd. € pro Jahr. 20 % davon ließen sich allein durch den Einsatz rationeller, produktgerechter Verpackungen vermeiden. Dass das nicht unbedingt mit höheren Kosten einhergeht, zeigt das folgende Praxisbeispiel:

Qualität schlägt Sparzwang. Angenommen, eine „preisgünstige" Verpackung kostet 1,20 €, erfordert dafür aber 2 Minuten Packzeit. Macht bei 2000 Paketen sage und schreibe 4000 Arbeitsminuten, bzw. 67 Stunden. Bei durchschnittlichen Personalkosten von 30 € pro Stunde entstehen dadurch also etwa 2000 € Lohnkosten. Kommen noch die Materialkosten hinzu, die noch einmal mit 2400 € zu Buche schlagen, eventuell erforderliches Füll- und Polster- und Verschlussmaterial gar nicht mitgerechnet. Macht summa summarum geschätzte 4400 €.

[illegible] jetzt der Gegenbeweis am Beispiel einer „teuren" Verpack[illegible] den Prozess optimiert.
Sie kostet 1,50 €, benötigt [illegible] 1 Minute Packzeit, d.h. es sind plötzlich nur noch etwa 33 Arbeitsstunden erforderlich. Also knappe 1000 € Kosten. Plus 3000 € fürs Material, macht 4000 € und damit insgesamt etwa 400 € weniger. Auch hier sind Füll-, Polster- und Verschlussmaterialien nicht mitgerechnet. Meist sind sie bei den höherwertigen Verpackungen auch nicht erforderlich, da sie sozusagen „all inclusive" bieten.

Fazit: Es geht nicht darum, möglichst billige Materialien einzusetzen oder womöglich sogar am Verpackungsmaterial zu sparen. Die Herausforderung heißt vielmehr: Prozessoptimierung, denn der Prozess ist es, der das Geld verschlingt – oder eben nicht.

Darüber freut sich die Umwelt

Prinzipiell spricht natürlich nichts gegen einen nochmaligen Einsatz bereits gebrauchter Materialien. Vorausgesetzt, Sie beachten dabei nebenstehende Grundregeln, um Ihre Ware auch in diesem Fall gut und sicher ans Ziel zu bringen.

Besseres Verpackungsmaterial spart Arbeitszeit – und damit Kosten.

TIPPS UND REGELN ZUM EINSATZ GEBRAUCHTER VERPACKUNGEN

Ist die Außenverpackung noch in Ordnung? Wellpappe hat wenig Rückstellkraft. Knicke, eine Dehnung, Rundung der Ecken oder Wölbung der Flächen sind Hinweise darauf, dass die Ware nicht mehr ausreichend geschützt ist. *Tipp:* Wenn die Originalverpackung keinen ausreichenden Schutz mehr bietet, packen Sie sie einfach in eine zweite Kartonage.

Ist das Paket noch richtig verschlossen? Sie wissen ja: Die Hersteller-Verschluss-Kanten (Fabrikkanten) werden durch Klebestoffe, -streifen oder Klammern verbunden. Prüfen Sie auf jeden Fall, ob diese Verbindung noch ausreichend ist. *Tipp:* Im Zweifelsfall lieber nachklammern. Auf jeden Fall muss der Deckel bei bereits gebrauchten Kartonagen mit einer Doppel T Klebung verschlossen werden. Das gibt dem gesamten Paket zusätzliche Stabilität.

Sind die Konstruktiv-Polster noch o.k.? Vor allem bei Konstruktivverpackungen – **siehe** Seite 50 – ist es wichtig, dass die eingesetzten Polster (Styropor-Zuschnitte etc.) noch in Ordnung und vor allem auch beim Weiterversand noch an der richtigen Stelle sind. Häufig gibt eine Kennzeichnung Auskunft darüber (z.B. TL = Top left, BR = Bottom right). *Tipp:* Prüfen Sie den richtigen Einsatz der Konstruktiv-Polster.

Was ist mit der Polsterung bei Standardverpackungen? Polstermaterialien wie Styroporchips, Luftpolsterfolie etc. können durch schockartige Einflüsse (s. Beanspruchungen während des Transports) erheblich in Mitleidenschaft gezogen werden. Ergebnis: Der Brems- und Federweg ist nicht ausreichend. Prüfen Sie, ob es sichtbare Spuren wie Risse, Materialbruch etc. gibt. *Tipp:* Im Zweifelsfall neues Polstermaterial verwenden und damit die Ware richtig schützen.

Sitzt die Ware sicher im Paket? Zu viel Spielraum im Paketinneren kann die Ware leicht zerstören. Durch den so genannten „Treibsandeffekt" zerstört die Ware erst das Polstermaterial, woraufhin sie selbst ungeschützt ist gegen Einflüsse von außen. *Tipp:* Die Polsterung zwischen Ware und Außenverpackung muss ausreichend sein, d.h. die Ware sollte keinen Spielraum haben. Seidenpapier, Kartonagenzuschnitte oder bereits gebrauchte Verpackungs-Chips leisten hier gute Dienste.

Last but not least: Denken Sie an die Optik.
Der Empfänger sollte auf keinen Fall den Eindruck haben, dass an der Verpackung gespart wird. Der Eindruck, den das Paket beim Empfänger macht, ist auch und vor allem dann wichtig, wenn mit gebrauchten Materialien gearbeitet wird.

Eine Doppel-T-Klebung gibt dem gesamten Paket zusätzliche Stabilität.

Gut gewappnet auf die Reise: Die gängigsten Transportverpackungen

4

Mit jedem Schritt einer Herstellungskette erhöht sich der Wert des Produktes. Sei es durch verschiedene Komponenten, die zusammengefügt werden oder auch durch weitere Veredelung oder Verfeinerung. Ganz am Ende dieser Kette steht der Transport vom Hersteller zum Händler oder direkt zum Endverbraucher.
Dieser Schritt birgt gleichzeitig die meisten Gefahren, da er für den Hersteller am wenigsten vorhersehbar ist. Logische Konsequenz: Die Transportverpackung muss als wesentlicher Bestandteil des Produktes angesehen werden. Schließlich soll das Produkt einwandfrei beim Empfänger ankommen.
Generell werden zwei Verpackungsarten unterschieden:

- Konstruktivverpackungen
- Universalverpackungen.

Beide stellen wir Ihnen nachfolgend vor.

Konstruktivverpackungen

Darunter versteht man alle Verpackungen, die bereits ab Werk exakt auf das Produkt abgestimmt sind und mit entsprechenden „Inneneinrichtungen“ optimalen Schutz bieten. Solche Produkte sind beispielsweise Monitore, Fernsehgeräte, Laborgeräte, HiFi-Geräte etc. Sie werden mit Styropor, Wellpappe-Zuschnitten, EPS, PE-/PU/PP-Schaum, Halbschalen oder sonstigen Einsätzen in der Umverpackung fixiert. Und zwar so, dass die Ware sie nicht durchschlagen kann, bzw. Produkte, die mit in der Schachtel liegen, beschädigt werden. Wichtig ist eine hohe Rückstellkraft des Polstermaterials, damit das Produkt nicht die Außenwand durchstößt. Empfindliche Produkte dürfen gar nicht erst mit der Außenverpackung in Berührung kommen.
Liegen mehrere Produkte im Paket, ist die Verpackung immer auf das empfindlichste abzustimmen. Bei unempfindlichen Packgütern genügt ein hartes, unnachgiebiges Material zur Lagesicherung.
Bei der Polsterung gilt grundsätzlich: Weiche Polster für leichte Produkte, härtere Polster für schwere Produkte.
Mit dem Einsatz von Konstruktivverpackungen werden gleich zwei Fliegen mit einer Klappe geschlagen, denn die Produktverpackung ist gleichzeitig Transportverpackung und bedarf keiner weiteren Umverpackung.
Allerdings: Auch hier müssen beim Versand in großen Stückzahlen (in Containern, auf LKW etc.) entsprechende Maßnahmen hinsichtlich Druck und Stoß getroffen werden.

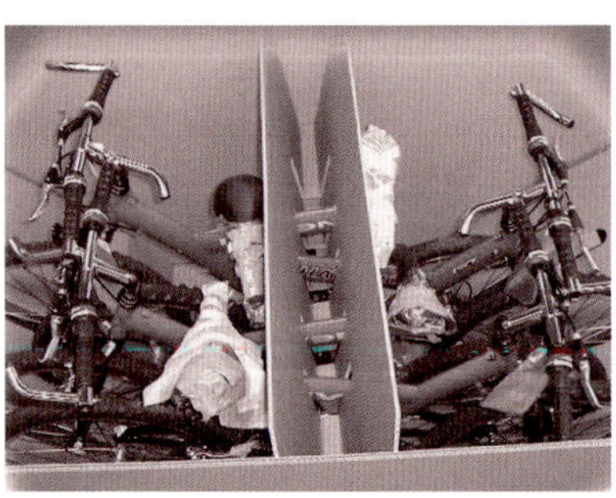

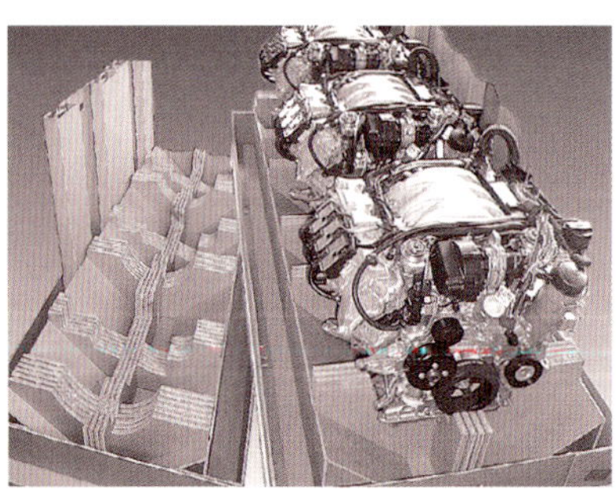

Konstruktivverpackungen – hier z. B. für Fahrräder und einen Motorblock

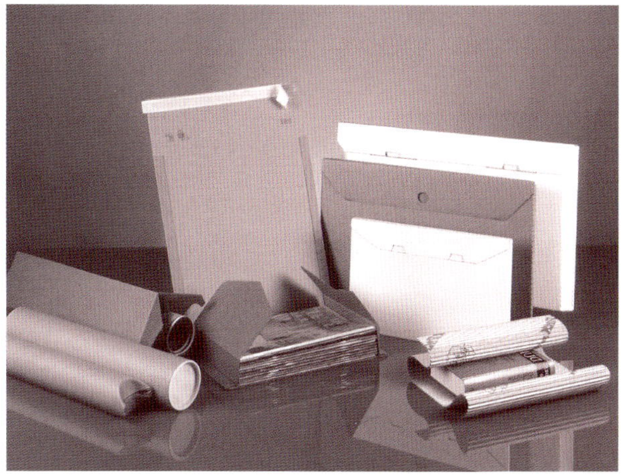

Was hat ein Auto mit einer Konstruktivverpackung gemeinsam? **Hohlräume bei Konstruktivverpackungen sind wichtig für den Brems- und Federweg und sollten daher nicht mit anderen Produkten ausgefüllt werden.** So gesehen erfüllen sie den gleichen Zweck wie der Radkasten beim Auto: Er federt die Karosserie ab.

Universalverpackungen

Darunter fallen alle Packmittel und Packhilfsmittel. Von der Schachtel über Füll- und Polstermaterialien bis hin zu Verschlussmitteln und Kennzeichnungsmöglichkeiten. Sie alle lassen sich universell für unterschiedlichste Produkte einsetzen. Dabei ist ein Höchstmaß an Systematik anzustreben. Das heißt, aus der großen Auswahl der Standardmaterialien und Verpackungen sind die auszuwählen, die das jeweilige Produkt am besten schützen. Dazu gehören die passende Umverpackung, die richtige Innenverpackung samt Füll- und Polstermaterialien. Aber richtig komplett und versandfähig wird die Transportverpackung erst mit der vollständigen Adressierung und einer eventuell erforderlichen Kennzeichnung über den Inhalt. Und auch der optimale Versandweg spielt eine bedeutende Rolle.

Die Transportverpackung ist eine Herausforderung für den Absender, seine Ware bis zum Schluss mit Sorgfalt zu behandeln. Mehr über die 6 Schritte zur perfekten Transportverpackung erfahren Sie in Kapitel 5 ab Seite 70.

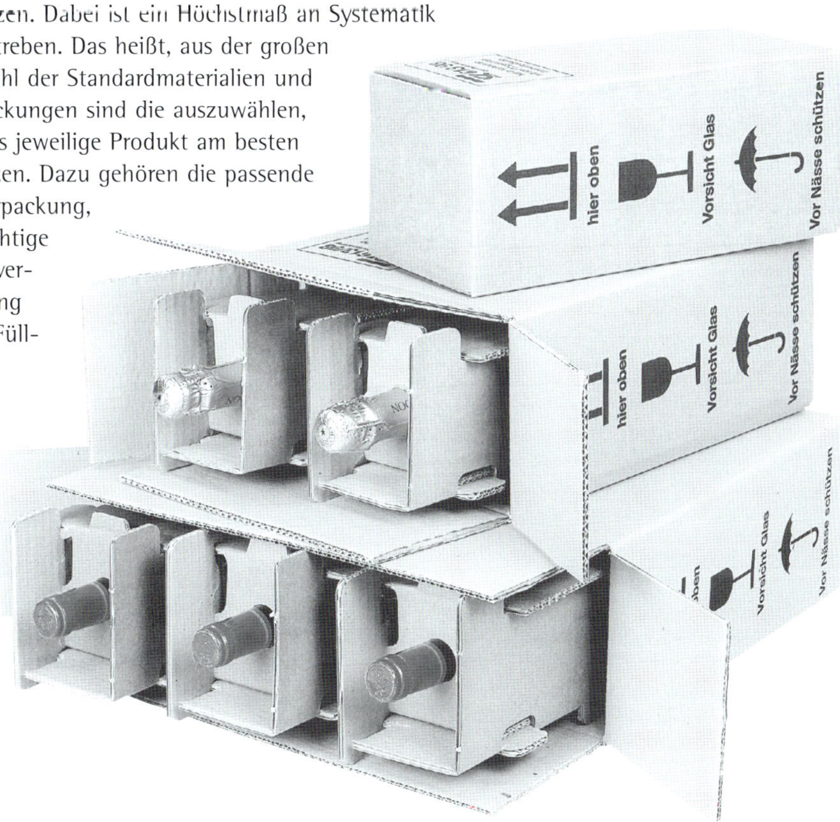

EXTREM EMPFINDLICHE GÜTER

müssen für ihre Verpackungsentwicklung auf jeden Fall einen Falltest überstehen, d. h. die Verpackung sollte DIN- bzw. ISO-geprüft sein.

Mehr über DIN- und sonstige Normen für Transportverpackungen ab Seite 66.

Kisten	Paletten	Behälter	Schachteln
Metall Collico	Euro-Paletten	**Kleinbehälter** Rollbehälter	in verschiedenen Abmessungen und für unterschiedlichste Belastungen
	Gitterboxpaletten		
Holz Seekiste Inlandskiste	Industrie- und Fasspaletten	**Großbehälter** Binnencontainer ISO-Großcontainer	

Typen von Transportverpackungen

Auf der Suche nach der richtigen Transportverpackung

Welche Art von Ware wird verschickt? Welcher Transportweg wird gewählt? Welchen Schutz benötigt die Ware? Das alles sind Fragen, deren Antwort die Basis sind, um die geeignete Transportverpackung zu finden.
Die gängigsten haben wir hier für Sie zusammengestellt:

❶ **Behälter.** Das können Rollbehälter sein, die dem Kunden von der Bahn, aber auch von Speditionen zur Verfügung gestellt werden.

❷ **Boxen.** Stark auf dem Vormarsch sind Mehrweg-Faltboxen aus Kunststoff, mit oder ohne Deckel. Ideal zum Transportieren und Lagern. Optimal auch zum Bestücken von Euro-Paletten. Gut zu stapeln, sowohl in leerem, zusammengeklapptem als auch in befülltem Zustand.

❸ **Collicos.** Die Klassiker unter den Mehrweg-Transportverpackungen blicken auf eine über 50-jährige Geschichte zurück. Die zusammenlegbaren Aluminiumkisten wurden lange Zeit fast ausschließlich für den Transport mit der Bahn eingesetzt. Inzwischen gibt es Collicos auch aus Kunststoff, mit oder ohne Palette. Collicos werden in der Regel vermietet; der Rücktransport der leeren, zusammengelegten Behälter ist im Preis enthalten. Ebenso die Lagerung in einem der vielen Depots.

❹ **Schachteln.** Ohne sie läuft gar nichts: Schachteln aus Wellpappe werden quasi bei jeder Transportart eingesetzt. Deshalb schenken wir diesem vielseitigen Material in Kapitel 6 ab Seite 92 besondere Aufmerksamkeit.

❺ **Kisten.** Sie sind fast immer aus Holz. Prinzipiell wird unterschieden zwischen Inlandskisten und Seekisten.
Die Inlandskiste hat an den Stirnseiten meist verstärkende Kufen (Leisten). Je nach Stärke der Kufen ergibt sich daraus gleichzeitig eine Bodenfreiheit, die das Handling via Hubwagen oder Stapler erleichtert.
Bei der Seekiste dagegen sind lediglich die Stirnseiten verstärkt. Das hat einen ganz klaren Grund: Die Kosten. Denn See- und Luftfracht wird nach Gewicht berechnet, und da können die Leisten ganz schön ins Gewicht fallen – im wahrsten Sinne des Wortes.
Wo es nicht nur um den Transport geht, sondern auch um Logistik und Kommissionierung, leisten Kisten einen wichtigen Beitrag.

❶ Behälter, hier z. B. Faltbehälter mit Mehrweg-Aufsetzrahmen für Euro-Paletten.

❷ Für Mehrweg-Fans: Kunststoff-Faltboxen

❸ Collicos

❺ Kisten

❻ Container

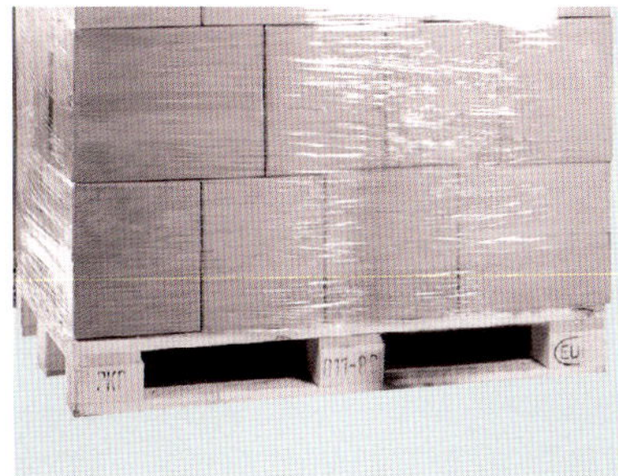

❼ Nur echt mit dem Zeichen: Euro-Palette

❻ **Container.** Was mehr als 3 m^3 bzw. 5 Tonnen Fassungsvermögen hat, wird im Allgemeinen als Container bezeichnet. Dabei unterscheidet man drei Arten:
Mittelcontainer (= 3–16 m^3). Sie werden von der Bahn vermietet und per Schiene oder LKW befördert. Ihre Vorteile:

- Sie lassen sich jederzeit tauschen.
- Sie können vom Boden aufgenommen und abgesetzt werden.
- Sie sind roll- und kranbar und können gekippt werden.
- Sie sparen Verpackungskosten, da die Fracht nur nach Nettogewicht berechnet wird.

Großcontainer (20 bzw. 40 Fuß-Container). Sie werden wiederum unterschieden in **Binnencontainer**, die nur innerhalb Deutschlands eingesetzt werden, und **ISO-Container**, die im internationalen Transport eingesetzt werden und daher auch den hier geforderten Richtlinien entsprechen.

❼ **Paletten.** Generell werden zwei Typen unterschieden:
Flachpalette = ohne Seitenwände. Mit Aufsetzrahmen werden sie zum variablen Großraumbehälter.
Boxpalette = gibt dem Ladegut auch seitlich Halt.
Unveränderliches Merkmal aller Paletten: Sie haben Füße oder Kufen, damit sie von einem Hubwagen oder Gabelstapler unterfahren werden können.

Die Palette ist ein vielseitig verwendbares Transport- und Lagermittel, auf dem unterschiedliche Waren und Verpackungseinheiten Platz haben (Eimer, Fässer, Schachteln, Säcke etc.).
Die bekannteste ist die **Europalette** mit einer genormten Grundfläche von 1200 x 800 mm und 1000 kg Traglast. Aber sie ist nicht die Einzige ihrer Art. Die hohen Anforderungen in der Logistik haben inzwischen dazu geführt, dass sie erheblichen Familienzuwachs bekommen hat:
Gitterboxpalette (L x B: 1200 x 800 mm Grundfläche). Sie hat vier Wände aus Stahlgitter, daher ihr Name. Die Vorderwand lässt sich zum Be- und Entladen öffnen.
Euro-Gitterboxpalette (L x B x H: 1200 x 800 x 970 mm)
Weitere Mitglieder der Großfamilie:

- Euro-Paletten mit faltbarem Mehrweg-Aufsetzrahmen.
- Stapelbare (nestbare) Paletten aus gepresstem Altholz. Zum Klassiker im Einweg-Bereich hat sich inzwischen die so genannte Inka-Palette entwickelt – eine leichte, handliche Version, die zu 90 % aus gepresstem Altholz besteht.
- Einweg-Paletten mit Holz-Unterkonstruktion und Auflagefläche aus Spezialwellpappe.
- Paletten-Container aus Wellpappe.
- Wellpappe-Transportbehälter mit integrierter Palette aus mehrfach geklebten Wellpapp-Lagen.

❹ Schachteln gibt es in allen erdenklichen Größen und Ausstattungen

KARTON ODER SCHACHTEL?

Fast immer, wenn von Karton gesprochen wird, handelt es sich um eine Schachtel. Fachleute meinen mit der Bezeichnung Karton immer den Werkstoff. Geht es um das fertige Packmittel, lautet die richtige Bezeichnung Schachtel.

Womit auch immer Ihr Transportgut befördert wird – für jeden Weg gibt es optimale Verpackungslösungen.

Einweg oder Mehrweg? Was ist die richtige Entscheidung?

Jede der vorgestellten Transportverpackungen hat andere Qualitätsmerkmale und kann deshalb die Ware besser oder schlechter schützen. Bei der Wahl des richtigen Verpackungssystems sollte daher immer die Eigenschaft, vor allem aber die Empfindlichkeit des Produktes im Mittelpunkt stehen.

Generell gilt: Mehrwegverpackungen machen erst ab einem bestimmten Mindesttransportvolumen Sinn, denn je höher die Umlaufzahlen, desto mehr relativieren sich die Anschaffungskosten.

Außerdem ist zu beachten, dass die Transportentfernung im Schnitt unter 200 km liegen sollte, um hohe Redistributionskosten zu vermeiden. Ansonsten ist die Teilnahme an einem Poolsystem zu prüfen. Die Kosten hierfür können erheblich verringert werden, wenn die Verpackung nicht immer zum Ausgangsort zurückgeführt werden muss.

Weiteres Kriterium für die Auswahl der Transportverpackung sind die Prozesse, die zu durchlaufen sind. Hier ist klar zu unterscheiden zwischen innerbetrieblichen Transportsystemen und einem Transport im Rahmen einer umfangreichen Logistikkette.

Welche Transportverpackung für welche Transportart? Ein schneller Überblick

Die Übersicht zeigt, welche Transportverpackung für den jeweiligen Transportweg am besten geeignet ist:

	Straße	Schiene	Luft	Wasser
(Mehrweg-)Behälter	●	●		
Boxen	●			
Container	●	●	●	●
Collicos		●		
Schachteln	●	●	●	●
Kisten	●	●	●	●
Paletten	●	●		

Wenn der Vater mit dem Sohne …

… gemeinsame Sache macht, können schon mal Welten aufeinandertreffen. Man nennt das Generationenkonflikt – wer kennt das nicht? Es geht aber auch anders. Und zwar dann, wenn der Senior dem Junior freie Hand lässt und ihm damit die Chance gibt, mit eigenen Ideen das fortzusetzen, was er geschaffen hatte. Dass dies der Beginn einer rasanten Entwicklung war, hätten sich wohl beide nicht träumen lassen …

Sie wollen mehr erfahren über die Firmenentwicklung eines Marktführers in Deutschland? Dann schauen Sie mal in Kapitel 8 „Menschen und Verpackungen“, ab Seite 136.

	Mehrwegverpackungen	Einwegverpackungen
Vorteile	■ Durch Wiederverwendung insgesamt geringere Produktion und dadurch weniger Umweltbelastung ■ Mehrweg-Behälterpool verringert Kapitalbindung ■ Das Pooling-Konzept reduziert Leertransporte ■ Entsprechen gesetzlichen Anforderungen ■ Steigende Kundenakzeptanz durch höheres Ökologiebewusstsein	■ Geringere Produktionskosten, da geringere Qualität und Haltbarkeit ■ Geringere Transportkosten, da weniger Gewicht ■ Kein Kosten- und Energieaufwand für die Reinigung ■ Spezifische Packstoffe für spezifische Anforderungen ■ Einfachere Distributionsstruktur ■ Individuelle Gestaltungsmöglichkeiten
Nachteile	■ Zum Teil erhebliche Kapitalbindungskosten ■ Strukturen zur Redistribution müssen entwickelt werden ■ Reinigung und Sortierung der Mehrweg-behälter nicht immer ökologisch sinnvoll ■ Einsatz in unterschiedlichen Handelsstufen ■ Durch standardisierte Behälter geht Imageaspekt verloren ■ Durch standardisierte Außen- und Innen-maße nicht mehr modulgerecht	■ Ökologische Belastung durch Produktion und Wegwerfverhalten ■ Problem der Entsorgung ■ Sinkende Kundenakzeptanz ■ Depotbelastung

Quelle: DVI/WGFV Dresden, Dr. Monika Kaßmann

Tatort Transport: Die Belastungen während des Transports

4

Ursache für Beschädigungen während des Transports sind meistens Stöße. Dabei gilt generell: Kräftige Stöße erfährt das Paket während des Handlings (Be- und Entladen, Sortieren, Umpacken).
Schwache Stöße während des Transports, wobei hier – je nach Transportart – mit unterschiedlichen Belastungen zu rechnen ist.
Ganz gleich, ob per Straße, Schiene, Luft oder Wasser befördert wird – Gefahren lauern überall. Und unabhängig von der Empfindlichkeit des Inhalts, sind Pakete während des Transportes generell unterschiedlichsten Belastungen ausgesetzt. Sie alle wirken, mal einzeln, mal zusammen auf die Verpackung und natürlich auf das Packgut ein. Wie's innen aussieht, hängt einzig und allein davon ab, wie sorgfältig ge- bzw. verpackt wurde. Klar ist, dass das Nichtbeachten dieser äußeren Einflüsse verantwortlich ist für zerstörte oder beschädigte Verpackungen bzw. für Transportschäden an der Ware selbst.
Dabei wurde festgestellt, dass in vielen Fällen erst mehrere Einflüsse zur Zerstörung oder Beschädigung führen. Das kann mit der Zerstörung der Außenpackung beginnen, die zur Minderung des Füllmaterials führt und damit zur Folge hat, dass die Ware weniger oder gar nicht mehr fixiert ist.

Man unterscheidet (siehe auch Grafik unten)
- **mechanische Belastungen** – statische und dynamische (50 %),
- **klimatische** (33 %) und
- **biotische Belastungen**, die vor allem im Lebensmittelbereich mit seinen strengen Vorschriften wichtig sind.

Da sich dieses Buch ausschließlich mit Transportverpackungen beschäftigt, vernachlässigen wir die biotischen Belastungen. Stattdessen schauen wir auf die mechanischen und klimatischen Belastungen, die beim Lagern, Transportieren und Verladen am meisten auftreten.

Wie kommt es zu den jeweiligen Belastungen?

Die meisten der nachfolgend genannten Einflüsse ereignen sich vor allem beim manuellen Handling und in den Umschlagzentren der Paketdienstleister, wo überwiegend vollautomatisch gearbeitet wird. Kommt z.B. ein Förderband ruckartig zum Stehen, besteht die Gefahr, dass die Pakete aufeinander knallen oder möglicherweise vom Band fallen. Aber auch unsachgemäße Ladungssicherung oder falsches Lagern kann zu Schäden führen. Die unterschiedlichen Schäden geben meist schon Hinweise auf ihre Entstehung.

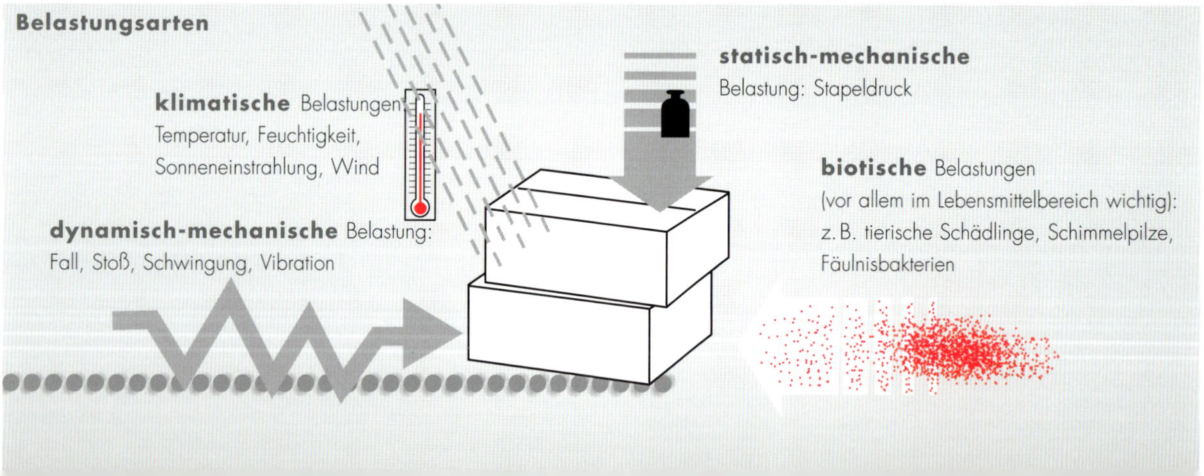

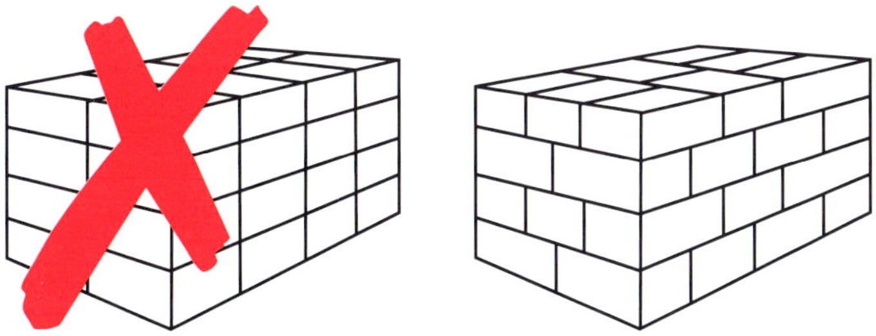

Durch Verbundstapeln (rechts) verzahnen sich die Pakete ineinander und haben dadurch einen stabileren Zusammenhalt.

Stapeldruck

Bei verschiedenen Lager- bzw. Transportverfahren lässt sich ein Stapeln der Ware nicht vermeiden, um möglichst platzsparend zu lagern bzw. zu transportieren. Dabei ist die Verpackung einer großen Belastung an den Druckstellen ausgesetzt. Folge: Verpackung und Ware können beschädigt werden. Schutzmaßnahmen:

- strapazierfähige Verpackung, die z.B. an den Druckstellen verstärkt ist
- schwere Waren unten lagern
- ordnungsgemäß stapeln (z.B. im Verbund, s. Grafik)
- Einsatz von Paletten, Regalen und Zwischenböden
- Vorsichtsmarkierungen

Stoßkraft

Sie kann eine Verpackung mit einem Schlag zerstören. Die Folge: Die Ware geht zu Bruch, läuft aus oder ihre Umverpackung wird beschädigt.
Anders als beim Stapeldruck ist hier also vor allem auf eine gute Sicherung des Inhaltes zu achten. Die Polsterung leistet hier einen wichtigen Beitrag, Stöße abzufangen, die Stoßkraft sozusagen auszubremsen. Stoß-, Beschleunigungs- und Bremskräfte werden in G-Werten gemessen. Mehr darüber in der Tabelle auf Seite 44.

Vibration und Rütteln

Ganz gleich, wie die Ware unterwegs ist, fast alle Transportmittel sind bei ihrer Fortbewegung Erschütterungen und/oder Schwingungen ausgesetzt. Über die Ladefläche haben sie Auswirkungen auf die Verpackung und auf die Ware. Auslöser für Rüttelbewegungen und Vibrationen sind

- Schlechter Straßenzustand, Kopfsteinpflaster, Löcher in der Straße, Fahrbahnrillen,
- Vibrationen des Motors,
- Rangier- und Schienenstöße beim Transport mit der Bahn.

Beim Verpacken sollte also immer auch die Transportart berücksichtigt werden.

Schubbewegung

Ebenfalls eine Bewegung, die bei allen Verkehrsmitteln gleichermaßen auftritt – bei der Notbremsung eines LKW z.B. können die Packstücke auf der Ladefläche verrutschen und/oder umkippen. Verpackung und Ware können aber auch durch weitere Faktoren beschädigt werden, wie

Typische Belastungen: Stöße (linkes Bild, im Prüflabor) sowie Stapeldruck und Schubbewegungen (rechtes Bild, im Paketzentrum)

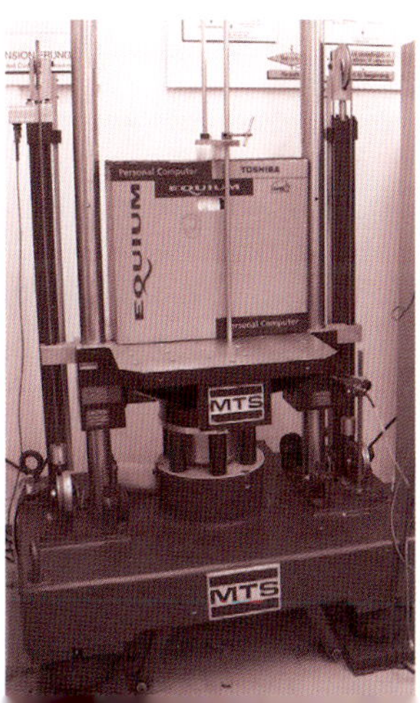

BEANSPRUCHUNG ODER BELASTUNG?

Unter Beanspruchung versteht man alles, was das Paket aushalten muss. Alles, was während des Transports auftritt, sind Belastungen.

- schnelles Anfahren,
- starkes Bremsen,
- starkes Gefälle oder starke Steigung,
- starke Kurvenlage,
- Stoß beim Rangieren (vor allem beim Transport auf Schienen).

Neben der richtigen Verpackung können natürlich auch am Transportmittel selbst entsprechende Vorkehrungsmaßnahmen getroffen werden, um Schäden vorzubeugen. Hier einige Möglichkeiten:

- Einbau von Trennwänden,
- Sicherung durch Gurte und Seile,
- Richtiges Verstauen auf der Ladefläche,
- Einsatz von Keilen,
- Transportsicherungsstangen,
- Ausfüllen von Leerräumen mit Luftkissen, leeren Paletten etc.

Mehr über Ladungssicherung in Kapitel 9 ab Seite 159.

Klima

Unterschiedliche Klimabedingungen sind vor allem bei Transporten nach Übersee und beim Transport per Schiff zu beachten. Die Transportverpackung spielt daher eine wichtige Rolle. Witterungseinflüsse wie Kälte, Nebel, Regen, Schnee, Sonne verlangen eine entsprechende Verpackung, um die Ware zu schützen. Aber nicht nur die Umverpackung, sondern auch der Schutz innerhalb der Verpackung muss auf die zu erwartenden klimatischen Bedingungen abgestimmt sein. Da Luftfeuchtigkeit im Paket eingeschlossen bleibt, kann sich Schwitz- bzw. Kondenswasser bilden und Rost ansetzen.
Durch eine luftdurchlässige Verpackung oder durch das Beilegen von Trockenmittelbeuteln, die die Feuchtigkeit absorbieren, lässt sich das vermeiden.

Fallvorgänge

Hier hat die Art des Umschlags Einfluss auf den Grad der Beschädigung, denn sie ist ausschlaggebend für die Fallhöhe. Das heißt: Pakete, die manuell bewegt werden, fallen wesentlich tiefer als Pakete, die in großen Umschlagszentren maschinell transportiert werden. Der Aufprall nach dem freien Fall führt zu Schäden an der Verpackung selbst oder am Inhalt. Ursache dafür ist die kinetische Energie, die beim Aufprall auf das Packgut wirkt. Die erhebliche Beschleunigung setzt große Kräfte frei, die zerstörerisch auf die Ware einwirken können.

Es sieht dramatischer aus, als es ist: Maschinell transportierte Frachtstücke fallen nicht so tief wie Pakete, die von Menschenhand bewegt werden!

Die Belastungstests: Vom freien Fall der Transportverpackungen

Die Kriterien für die Sortenbezeichnung von Wellpappe sind in der übergeordneten DIN 55 468/Teil 2 definiert. Sie ist die Basis für alle weiteren Bestimmungen. Um eine gleich bleibende Qualität sowohl des Rohmaterials Wellpappe als auch der fertigen Verpackung (Schachtel) sicherzustellen, werden auf jeder Stufe der Produktion Qualitätskontrollen durchgeführt. Sie lassen sich in zwei Kategorien einteilen.

Kategorie 1: Güte- und Prüfbestimmungen für den Packstoff Wellpappe

Hier gibt es drei Prüfungen:
Der **Berstwiderstand** (BST = Bursting strength) des Rohmaterials wird nach DIN 53 141 geprüft. Das Ergebnis definiert die spätere Zähigkeit der Wellpappe. Dieser Berstdruck wird sowohl von der Oberseite als auch von der Rückseite der Wellpappe aus gemessen.
Der **Kantenstauchwiderstand** (ECT = Edge crush test), auch Kantenwiderstand genannt (DIN 53 149) ist die wichtigste Messgröße für Wellpappe. Er gibt Auskunft über die Stabilität des Wellkartons in Richtung der stehenden Welle.
Die **Durchstoßarbeit** (DIN 53 142) ist eine weitere Prüfung zur Definition der Zähigkeit des Materials.
Mehr über das Material Wellpappe ab Seite 92.

Kategorie 2: Die Packmittel- bzw. Packstückprüfung

Der BCT-Test nach DIN 55 440. BCT steht für Box-Compression-Test zur **Prüfung des Stapelstauchwiderstands**. Dabei wird das fertig montierte und verklebte Packmittel (Schachtel) unter einer Stauchpresse belastet, bis es einknickt oder ausbaucht, d. h. bis es keine Kraft mehr aufnehmen kann.
Die Größe dieses Wertes, die Dicke der Schachtel sowie der Umfang des Packmittels bestimmen die Belastungsstärke. Auf Basis dieser Ergebnisse entwickeln die Hersteller Verpackungen in unterschiedlichen Qualitäten, die diesen Belastungen standhalten. Erkennbar sind diese Verpackungen an verschiedenen Sortenbezeichnungen.

Der Falltest nach DIN 22 248

Bei der vertikalen Fall- oder Stoßprüfung werden versandfertige Prüfstücke von einem so genannten Falltisch in freiem Fall auf unterschiedliche Ecken, Kanten und Flächen geworfen.
Dabei richtet sich die Fallhöhe nach dem Gewicht des Packstückes – man geht von der Ergonomie bei manueller

Erst die Pappe, dann das Paket: Die wichtigsten Tests

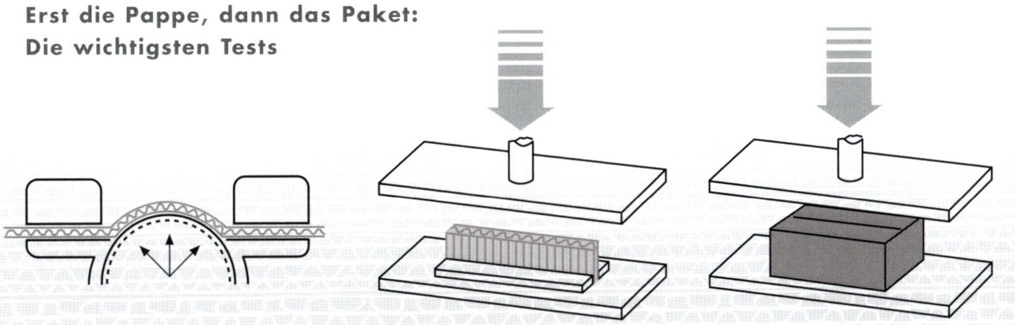

BST (links) und ECT (Mitte) für Wellpappe, BCT für Wellpappeschachteln (rechts)

Hier werden im Labor Paletten und Schachteln aus Pappe Falltests unterzogen.

Handhabung aus. Je höher das Gewicht, desto niedriger die Fallhöhe:

Gewicht des Packstückes:	Fallhöhe:
bis 10 kg	80 cm
10 – 20 kg	60 cm
30 – 40 kg	40 cm
40 – 50 kg	30 cm
50 – 70 kg	20 cm

Die zu prüfende Packung wird mit dem entsprechenden Packgut oder einem vergleichbaren Ersatz gefüllt, der dem vorgesehenen Original-Packgut in seinen Abmessungen und auch physikalischen Eigenschaften möglichst nahe kommen muss. Voraussetzung für den Falltest ist eine normierte Nummerierung von Flächen, Kanten und Ecken des versandfertigen Packstückes. Sie wird mit der DIN ISO 2206 definiert. Geprüft wird zehnmal im freien Fall, und zwar: 1 x Ecke, 3 x Kante, 6 x Fläche.

Prüfungsfolge bei quaderförmigen Packstücken	
Eckenfall	2-3-5 (= Ecke zwischen Flächen 2, 3 und 5)
Kantenfall	2-5, 3-5, 2-3
Flächenfall	5, 6, 2, 4, 1, 3

Prüfungsfolge bei zylinderförmigen Packstücken	
Flächenfall	Deckel, Boden
Punktfall	1, 3, 5, 7
Linienfall	1-2, 3-4, 5-6, 7-8

Prüfungsfolge bei Säcken und Beuteln	
Flächenfall	1, 3 (= Ober-/Unterseite)
Fall auf Ende	5, 5, 6, 6
Schmalseite	2, 2, 4, 4

Die Ergebnisse geben Auskunft über die Widerstandsfähigkeit von gefüllten und verschlossenen Verpackungen gegenüber Stößen, die durch freien Fall entstehen. Die Verpackung gilt als ausreichend, wenn der Inhalt nach den Tests keinerlei Beschädigung aufweist und die Verpackung immer noch einen Transport zulässt.
Damit können gesicherte Aussagen hinsichtlich der Transporteignung einer Verpackung sowie deren Verschlusssicherheit gemacht werden.
Darüber hinaus gibt es unabhängige Prüfinstitute. Hier können Unternehmen Tests durchführen lassen, die individuell auf ihr Produkt und die dafür benötigte Spezialverpackung abgestimmt sind. Einige dieser Institute finden Sie im Adressverzeichnis ab Seite 188.

Die rot markierten Kanten, Linien, Punkte/Ecken und Flächen werden im Falltest geprüft.

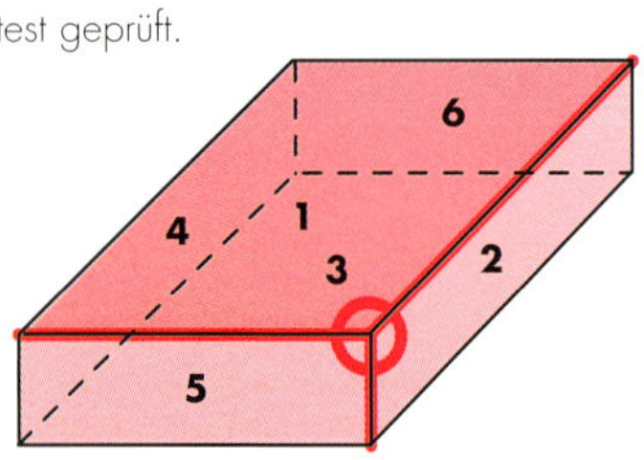

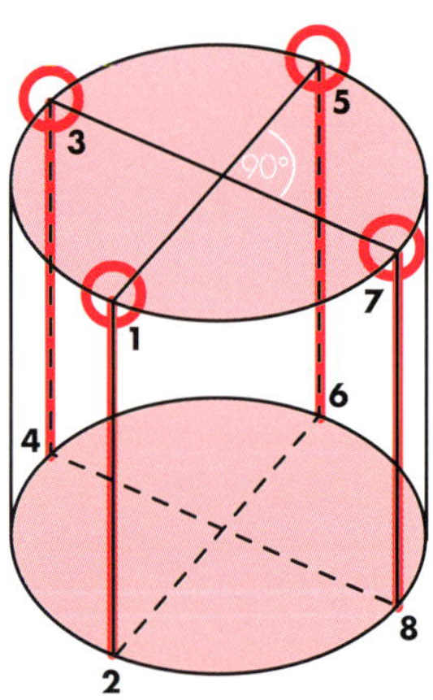

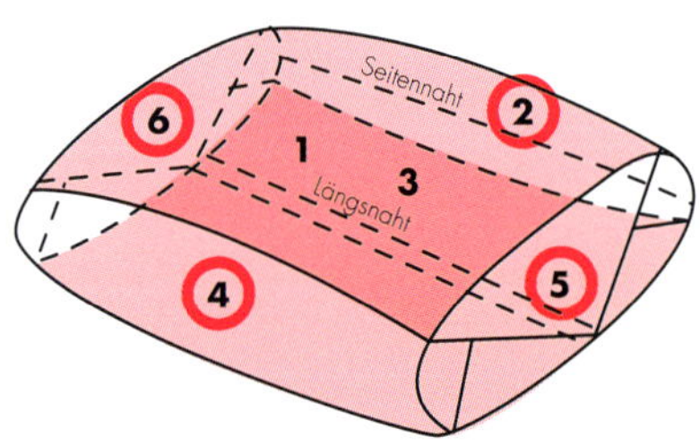

Gefahr in Verzug: Gefährliche Güter sicher ans Ziel bringen

Wer hat nicht schon einmal eine Durchsage in den Verkehrsnachrichten gehört, die etwa folgenden Wortlaut hatte: „Vorsicht: Auf der A soundso ist ein LKW mit gefährlicher Ladung verunglückt."
Manchmal gibt es noch Zusätze wie „keine Gefahr für die Bevölkerung" oder „Türen und Fenster müssen geschlossen bleiben".
Wer beruflich nicht mit gefährlichen Gütern zu tun hat, wird sich dann schon das eine oder andere Mal gefragt haben, was es mit diesen gefährlichen Gütern auf sich hat.
Denn nicht nur Tanklaster sind Gefahrgut-Transporter. Auch Lacke, Reinigungsmittel, giftige Stoffe, Säuren oder beispielsweise Zündhölzer fallen in die Gruppe der gefährlichen Güter. Sie alle sind so zu transportieren, dass kein Risiko für Mensch und Umwelt besteht. Zwar sind sie beim Transport den gleichen mechanischen Belastungen ausgesetzt wie normale Waren und Güter – bei Transportschäden oder Unfällen kann das allerdings katastrophale Folgen haben. Daher gibt es umfangreiche internationale Regelungen für den Transport dieser Güter.
Die folgenden Seiten geben einen kleinen Einblick in einen Bereich, der durch verschiedene Normen zum regelrechten Hochsicherheitstrakt wird.

Allgemeine Richtlinien über den Transport gefährlicher Güter

Dass Waren auf dem Transport- und Logistikweg einer Vielzahl an Strapazen ausgesetzt sind und welche das sind, haben wir ausführlich besprochen.
Dabei ging es bislang ausschließlich um Waren, die vor allem deshalb geschützt werden müssen, um unbeschädigt beim Empfänger anzukommen.
Auf den folgenden Seiten geht es um eine ganz besondere Art von Waren, und zwar um Gefahrgüter. Denn die müssen während des Transports nicht nur besonders geschützt, sondern auch entsprechend gekennzeichnet werden.

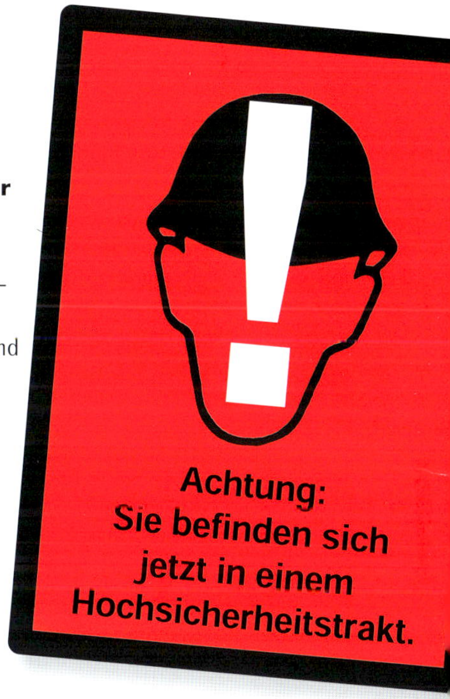

Entzündbare flüssige Stoffe | Entzündbare Gase | Entzündbare feste Stoffe | Gefährliche Stoffe und Gegenstände | Giftig | Ätzende Stoffe | Leicht entzündlich (orange) | Ätzend (orange) | Gesundheitsschädlich (orange) | Reizend (orange)

Gefahrgutetiketten zur Kennzeichnung – die englischen Zusätze sind für die Luftfracht notwendig.

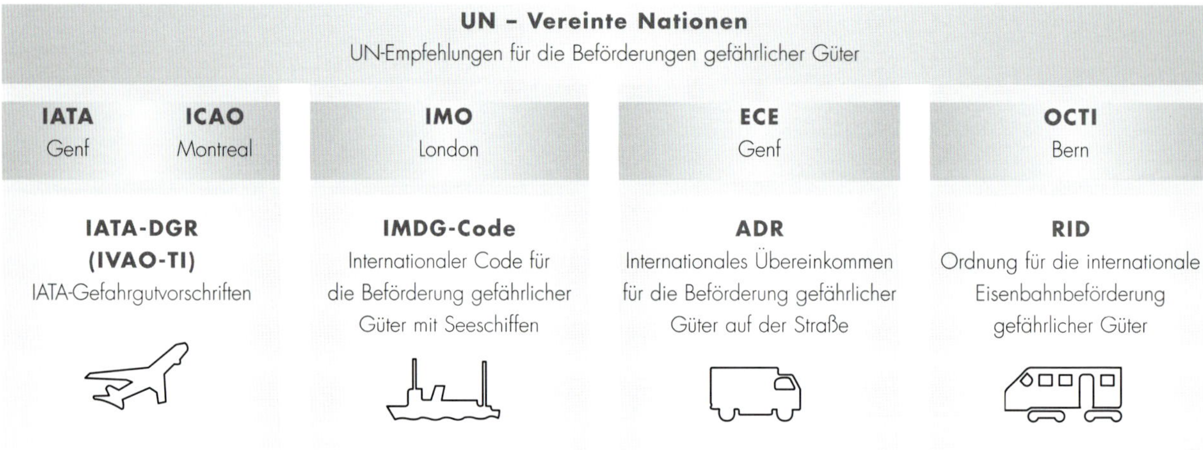

Für die Kennzeichnung gefährlicher Güter reicht nicht etwa eine einzige Bezeichnung aus. Vielmehr sind sie in neun so genannte Gefahrenklassen eingeteilt:

Klasse 1	Explosive Stoffe und Gegenstände mit Explosivstoff
Klasse 2	Verdichtete, verflüssigte oder unter Druck gelöste Gase
Klasse 3	Entzündbare Flüssigkeiten
Klasse 4	Entzündbare feste Stoffe, selbstentzündliche Stoffe und Stoffe, die in Berührung mit Wasser entzündbare Gase entwickeln
Klasse 5	Entzündend (oxidierend) wirkende Stoffe und organische Peroxide
Klasse 6	Giftige (toxische) und ansteckungsgefährliche Stoffe
Klasse 7	Radioaktive Stoffe
Klasse 8	Ätzende Stoffe
Klasse 9	Verschiedene Stoffe und Gegenstände, die nicht eindeutig einer der aufgeführten Klassen zugeordnet werden können.

Wer definiert, was gefährlich ist?

Seit 1956 geben die Vereinten Nationen (UN) Empfehlungen und umfassende Regelwerke über den Transport gefährlicher Güter heraus, die seit 1976 im so genannten „Orange Book“ definiert sind. Es enthält sämtliche Vorschriften für die jeweiligen Transportwege (Eisenbahn, LKW, Schiff, Flugzeug). Die Rechtsgrundlage dafür bildet das „Gesetz über die Beförderung gefährlicher Güter“. Das Schaubild oben gibt einen Überblick über die beteiligten Organisationen und Vorschriften.
Nachdem jahrelang unterschiedliche Vorschriften für kombinierte Transportwege (also beispielsweise Schiene plus Straße) galten, sind seit 2003 allgemein gültige Regelungen für alle Beförderungswege verbindlich gültig.
Im Luftversand kann bereits seit Januar 2003 das Symbol „air eligibility“ auf der Paket-Außenseite angebracht werden, und zwar in der Nähe des Absenders/Empfängers. Die Markierung muss haltbar, gut les- und sichtbar und der Größe des Packstücks angemessen sein. Das Packstück kann die Worte „Air eligible“/luftfrachtgeeignet tragen, muss es aber nicht. Die Muss-Bestimmung wurde seit 15. Dezember 2003 durch die Kann-Bestimmung ersetzt. In den USA gilt eine Übergangsfrist bis 1. Oktober 2004.

„air eligibility“-Symbol für luftfrachtgeeignete Gefahrgüter

WUSSTEN SIE...?

Werden mehr als 50 t Gefahrgüter pro Jahr befördert, ist das Unternehmen verpflichtet, einen Gefahrgutbeauftragten zu bestimmen, der mit den Vorschriften vertraut ist und sie entsprechend umsetzt.

Gleiche Verpackung für alle Gefahrenklassen? Von wegen

Unterschiedliche Transportwege und die unterschiedliche Gefährlichkeit der Güter verlangen auch eine Differenzierung der Verpackung. Das heißt: Je gefährlicher ein Stoff ist, desto höher sind auch die Anforderungen an die Verpackung, die im Rahmen der Bauartprüfung entsprechenden Tests unterzogen wird.
Die Einteilung erfolgt in drei Verpackungsgruppen:

Gefährlichkeit der Stoffe	Verpackungsgruppe	Kennzeichnung der Verpackung
Sehr gefährliche Stoffe	I	X
Stoffe mittlerer Gefährlichkeit	II	Y
Stoffe geringer Gefährlichkeit	III	Z

Die Verpackungsmittelindustrie hat sich darauf eingestellt und bietet Standard-Verpackungen für den Transport gefährlicher Güter an. Diese Kartonagen müssen geprüft und von der BAM (Bundesanstalt für Materialforschung und -prüfung) zugelassen sein. Das gilt auch für die Art des Verschließens, das nach bestimmten Vorgaben erfolgen muss. Eine zugelassene Verpackung erkennen Sie an der UN-Kennzeichnung. Was sich genau dahinter verbirgt, wird hier anhand von zwei Beispielen aufgezeigt:

Auf der folgenden Seite finden Sie eine Übersicht über zugelassene Standardverpackungen mit den Standardgrößen sowie mit Angaben über die jeweilige Verschlussart.

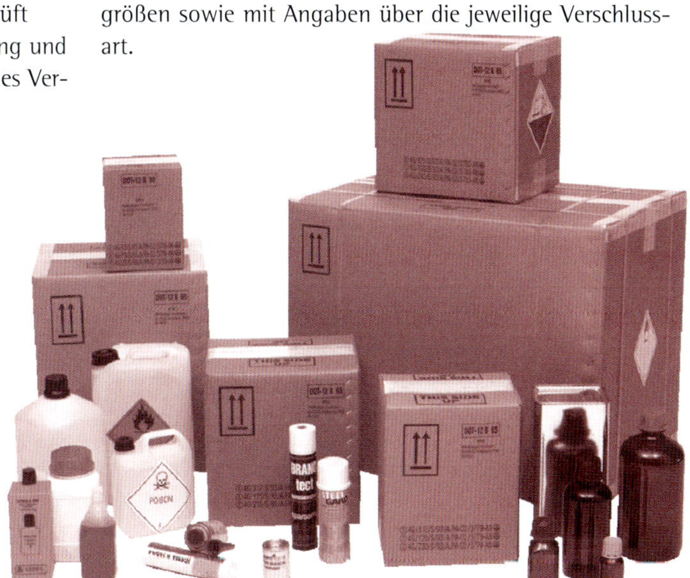

4

Eine Übersicht über Standardverpackungen für den Transport gefährlicher Güter:

Größe	Innenmaße mm	Inhalt dm³	max. Brutto* bei Verpackungsgruppe I(X) kg	II(Y) kg	III(Z) kg	Verschlussart Die Ziffern im grauen Kreis verweisen auf die Abbildungen oben.
6/5	175/155/213	6	5	8	8	① Boden- und Deckelklappen sind als Schlitzverschluss mit einem 75 mm breiten faserverstärkten Kunststoff-Klebeband zu verschließen.
16/12	275/195/300	16	12	20	30	
23/17	325/245/300	23	17	25	35	
28/21	360/260/300	28	21	30	40	② Boden- und Deckelklappen mit Doppel-L-Verschluss, ebenfalls mit faserverstärktem Kunststoff-Klebeband verschließen.
40/30	430/310/300	40	30	40	45	
65/43	390/390/430	65	43	60	70	③ Boden- und Deckelklappen als Doppel-L-Verschluss mit faserverstärktem Kunststoff-Klebeband verschließen. Zusätzlich das Packstück zweimal senkrecht zur Längsseite mit einem mindestens 11,5 mm breiten Kunststoffband umreifen.
90/60	570/370/430	90	60	75	85	
241/106	770/570/550	241	106	150	200	④ Boden- und Deckelklappen als Doppel-L-Verschluss mit faserverstärktem Kunststoff-Klebeband verschließen. Zusätzlich viermal kreuzweise mit Kunststoffband umreifen. Oder: ⑤ Die Standard-Gefahrgutverpackung der Größe 241/70 ist eine Faltkiste mit integrierter Palettenbox. Die Bodenklappen der Palettenbox werden durch das Einschieben von drei Wellpappe-Kufen verschlossen. Die Deckelklappen als Schlitzverschluss mit faserverstärktem Kunststoffband verschließen. Zusätzlich zweimal senkrecht zur Längsseite mit Kunststoffband umreifen.

* Zu beachten sind evtl. vorhandene verkehrsträger- und produktspezifische Bruttogewichtsbeschränkungen der Packstücke.

Industrie und Verpackungshandel bieten (Gefahrgut-) Etiketten für jeden Bereich an.

Die Kennzeichnung gefährlicher Güter erfolgt gleich dreimal:

- Erstens: **Auf dem Packstück** mithilfe von Warn- und Gefahrenetiketten.
- Zweitens: **In den Begleitpapieren**, in denen die Ware genau definiert ist.
- Drittens: **Auf dem jeweiligen Transportmittel.** Hier gibt eine orangefarbene Warntafel am Fahrzeug Auskunft über
  - die Art der möglichen Gefahr
  - die Art der beförderten Ware.

Wenn Sie das nächste Mal auf der Autobahn unterwegs sind, achten Sie einmal darauf. Und damit Sie mit den Zahlen auch etwas anfangen können, hier die Information, was sich dahinter verbirgt:

Die **obere Zahl** kann zwei oder dreistellig sein. Sie gibt Auskunft über die mögliche Gefahr. Das kann sein:

2 Entweichen von Gas durch Druck oder chemische Umsetzung
3 Entzündbarkeit von flüssigen Dämpfen oder Gasen
4 Entzündbarkeit fester Stoffe
5 Oxydierende (brandfördernde) Wirkung
6 Giftigkeit
7 Ätzwirkung
8 Gefahr einer spontan heftigen Reaktion

Folgt der ersten Zahl eine Null, besteht normale Gefahr. Zweimal die gleiche Zahl bedeutet: erhöhte Gefahr. Ein X vor der Zahl gibt einen Hinweis darauf, dass der Stoff nicht mit Wasser in Verbindung gebracht werden darf. Die **untere Zahl** ist die vierstellige Stoff-Nummer (UN-Nummer), die Auskunft über die Art der Ware gibt.

Ein komplexes Thema, das wir Ihnen nur in Grundzügen vorstellen. Nähere Auskunft erhalten Sie unter anderem beim Bundesministerium für Verkehr, Bau- und Wohnungswesen (BMVBW), beim Bundesamt für Güterverkehr (BAG), beim Eisenbahn-Bundesamt (EBA) sowie bei der Bundesanstalt für Materialforschung und -prüfung, Berlin (BAM). Die Anschriften finden Sie im Adressverzeichnis ab Seite 188.

Wenn Verpackung zur Kunst wird…

Beim Stichwort „Verpackungskunst" fallen einem meist so spektakuläre Projekte ein wie der verhüllte Reichstag in Berlin, pinkfarben umsäumte Inseln in Florida, der verhüllte Pont Neuf in Paris oder der laufende Zaun in Kalifornieren. Allesamt Kunstwerke eines Künstlerpaares, dessen Namen zu erwähnen allein schon teuer kommen kann. Also lassen wir es lieber und stellen Ihnen stattdessen einen Verpackungskünstler ganz anderer Art vor, der nicht minder spektakuläre Werke vorzuweisen hat. Und auch ihn hat die Kunst schon durch die ganze Welt geführt. Wenn Sie jetzt wissen möchten, wer sich dahinter verbirgt, hilft nur eins: Weiterblättern bis Kapitel 8 „Menschen und Verpackungen", Seite 126, und lesen. Viel Spaß dabei.

Alles geregelt: Nationale und internationale Normen und Richtlinien

Europa wächst zusammen. Anzeichen dafür gibt es viele. Eines davon ist die Zunahme europäischer und internationaler Normen, die es wiederum in das deutsche Normenwerk zu übernehmen gilt.
Ob uns das gefällt oder nicht: Die nationale, europäische und internationale Normung macht vor keinem Lebensbereich Halt. Kaum etwas, das nicht genormt ist.
Bekannteste Norm-Institute in Deutschland sind

- DIN – Deutsches Institut für Normung e.V.
- RAL – Deutsches Institut für Gütesicherung und Kennzeichnung e.V.

Bitte nicht verwechseln: Als Normeninstitut gilt lediglich das DIN. RAL dagegen zeichnet ausschließlich für die Kennzeichnung verantwortlich.
In beiden Instituten sitzen Hersteller, Handel, Verbraucher, Wissenschaft, Dienstleistungsunternehmen und Technische Überwachungsvereine zusammen, um den aktuellen Stand der Technik zu ermitteln und in entsprechenden Dokumenten niederzuschreiben.
Die jeweiligen Gütezeichen basieren auf produkt- und leistungsspezifischen Anforderungstests und geben Auskunft darüber, dass das gekennzeichnete Produkt oder die gekennzeichnete Dienstleistung diesen Qualitätsanforderungen entspricht.

Ein weiteres Unternehmen ist die ISO (International Standardisation Organisation) mit Sitz in Genf. Ihre Beschlüsse haben den Charakter international verbindlicher Verträge. Ihr Ziel ist es, internationale Standards zu schaffen. So werden inzwischen weltweit in mehr als 130 Ländern die Standards der ISO anerkannt. Auch in Deutschland sind immer mehr Unternehmen DIN-ISO zertifiziert. Sie wollen damit ihr hohes ganzheitliches Qualitätsbewusstsein dokumentieren, das sich von der Produktion über die Mitarbeiter bis hin zur Kundenorientierung durchzieht.
DIN ISO-zertifiziert zu sein, galt lange Zeit als Wettbewerbsvorteil in einem hart umkämpften Markt und damit als Erfolgsfaktor. Heute ist auch diese Zertifizierung nicht zwangsläufig ein Garant für die Qualität eines Unternehmens.

Über deutsche Grenzen hinaus

Auf europäischer Ebene gibt es zwei Institutionen, die sich für Normen, vor allem aber für eine Vereinheitlichung von Definitionen und damit für Vereinfachungen in der Produktion von Transportverpackungen aus Pappe stark machen:

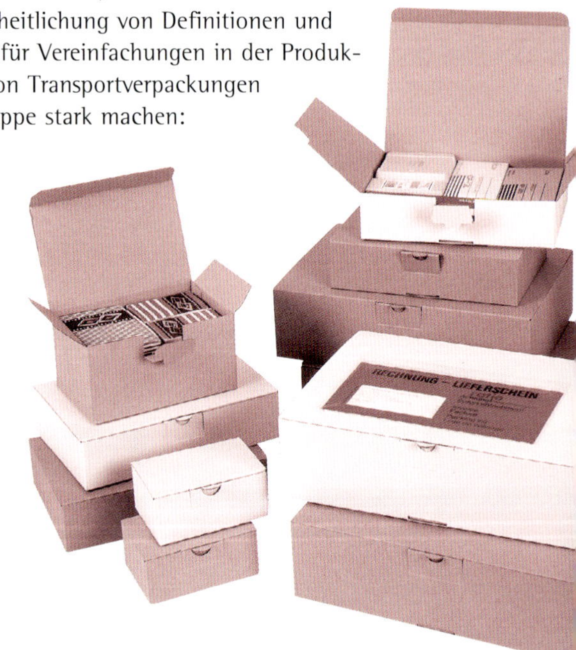

- FEFCO, das sind die europäischen Verbände der Wellpappefabrikanten
- ESBO (European Solid Board Organisation), bis September 2002 bekannt unter ASSCO.

Gemeinsam haben sie einen Code ausgearbeitet mit dem Ziel, umständliche Definitionen von Verpackungskonstruktionen durch einfache, international gültige Symbole zu ersetzen, die eine sprachliche Erklärung überflüssig machen. Darüber hinaus kann dieser Code auch für Aufträge und Spezifikationen von Versandverpackungen eingesetzt werden.
Da wir uns an dieser Stelle mit der fertigen Schachtel befassen, nicht aber mit Produktionsverfahren, hier nur ein kleiner Einblick, was in diesem Code alles definiert ist:

- Die Art der Rill- und Schneidlinien, Schlitze, Ausstanzungen etc.,
- die Art der Fabrikkanten- und Laschenverbindungen,
- die Art der Handgriff-Öffnungen,
- der Lauf der Wellenrichtung.

Beim Ausmessen und Bestellen von Schachteln sind immer die Innenmaße, und zwar wie folgt, anzugeben: Länge (L) x Breite (B) x Höhe (H). L = das größere Maß an der Schachtelöffnung, B = das kleinere Maß an der Schachtelöffnung, H = das Maß von der Oberkante der Schachtelöffnung bis zum Boden.

Schachteln – ein Produkt, das nicht so schlicht ist, wie es auf den ersten Blick aussieht. Oder hätten Sie all diese Normen dahinter vermutet?

Die FEFCO-Codes für Versandverpackungen

Schneid- und Rill-Linien, Schlitze, Ausstanzungen usw.:

Konturen fertig geformter Schachteln bzw. Schneidlinien von Schachtelzuschnitten

Ausgestanzte Schlitze

Rill-Linien der Zuschnitte (nach innen faltend)

Rill-Linien der Zuschnitte (nach außen faltend)

Ritzlinien der Zuschnitte (nach innen faltend)

Ritzlinien der Zuschnitte (nach außen faltend)

Doppelte Rill-Linien der Zuschnitte

Perforationslinien der Zuschnitte

Weiche Schnittkanten der Zuschnitte (nur Wellpappe)

Aufreißperforation

Fabrikkanten- und Laschenverbindungen:

Verbindung durch Drahtheftung

Verbindung durch Klebestreifen

Verbindung durch Laschenklebung

Handgriff-Öffnungen:

Handgriff-Öffnung, ausgebrochen

Handgriff-Öffnung, nicht ausgebrochen

Handgriff-Öffnung, nicht ausgebrochen

Wellenrichtungsanzeiger

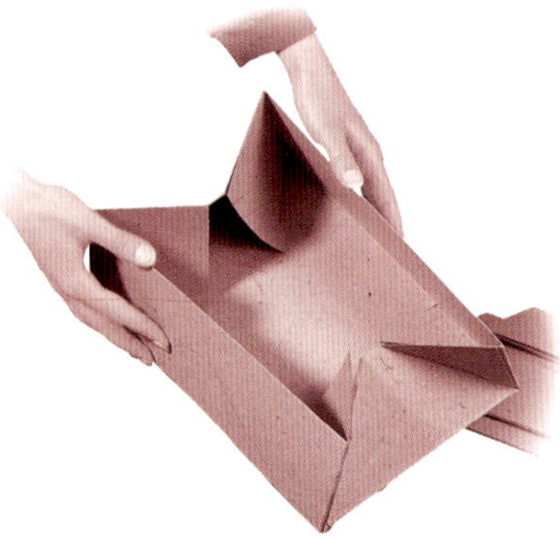

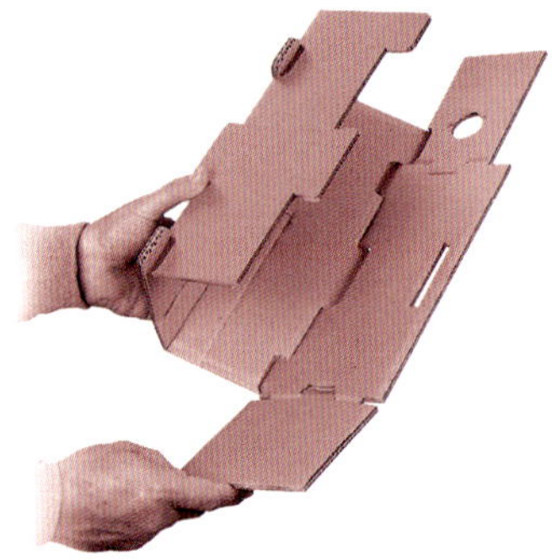

Für Stülpdeckelschachteln wird die Höhe (h) des Oberteils (Deckels) als viertes Maß nach einem Schrägstrich aufgeführt, also beispielsweise: 355 x 205 x 120/40 mm.

Allgemeiner Leitfaden der Grundbauarten von Schachteln

Laut FEFCO/ESBO gibt es über 100 verschiedene Schachtel-Arten, aufgeteilt in sechs Gruppen. Sie unterscheiden sich durch Größe, Falttechnik, Verschlussart, unterschiedliche Kantenlängen etc. In jeder Gruppe gibt es eine bestimmte Anzahl unterschiedlicher Typen, die normiert und damit in Form und Ausstattung immer gleich sind. Eine siebte Gruppe definiert „Inneneinrichtungen" wie Stege, Trennwände etc.
Auch wenn Sie sich natürlich in erster Linie für die fix und fertige Transportverpackung interessieren, stellen wir Ihnen diese sieben Gruppen auf der folgenden Seite kurz vor. Sie geben Ihnen einen kleinen Einblick in die sehr differenzierte Produktionswelt von Schachteln.

Aber die ganze Verpackungskonstruktion ist hinfällig, wenn das Packstück nicht richtig verschlossen wird. Auch dazu gibt es verschiedene Möglichkeiten:

- Laschenklebung, kalt oder heiß
- Klebestreifenklebung
- Verriegelung durch Umreifungsband
- Draht- oder Klammerheftung

Die gängigsten Beispiele sind unten auf dieser Seite abgebildet.

So, das wäre geschafft. Ein komplexes Kapitel liegt hinter Ihnen. Aber mit Sicherheit eines, das Ihnen einen guten Überblick gibt über all das, was beim professionellen Transportieren zu berücksichtigen ist. Und das ist, wie Sie gesehen haben, eine ganze Menge. Schließen wir also im Sinne der Kapitel-Überschrift: Die Transportverpackung heute: Jeder Anforderung gewachsen.
Was es alles braucht, damit sie das wirklich ist – jetzt wissen Sie's.

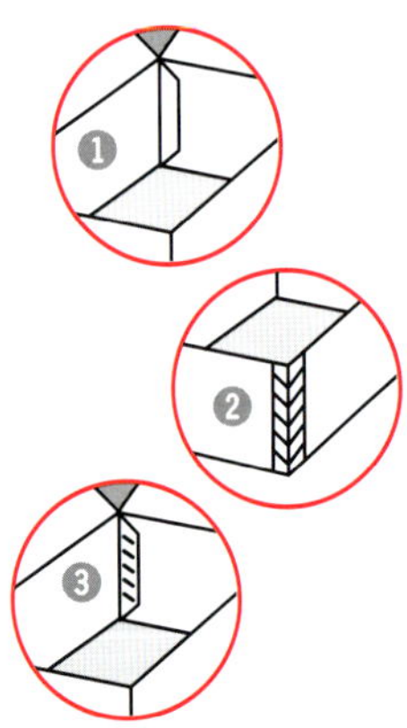

WAS SIE NOCH WISSEN SOLLTEN

Im Bereich der Kartonagen taucht immer wieder der Begriff Fabrikkante auf. Gemeint sind damit die Hersteller-Verschlusskanten, die auf drei verschiedene Arten verbunden werden.
❶ Laschenklebung (wird auch als „gluen" bezeichnet, von engl. *to glue* = kleben, leimen). Dabei liegt die Klebelasche meist auf der Innenseite der Wellkiste.
❷ Bei großen Wellpappe-Kartonagen oder Kartonagen mit glatten Innenwänden werden die Fabrikkanten meist mit Klebestreifen verschlossen, die häufig auch mit Fasern verstärkt sind. Diese Verschlussart wird auch „tapen" genannt, von engl. *tape* = Band.
❸ Verschluss der Fabrikkanten durch veredelten Banddraht oder Klammerheftung.

Die sieben FEFCO/ESBO-Gruppen

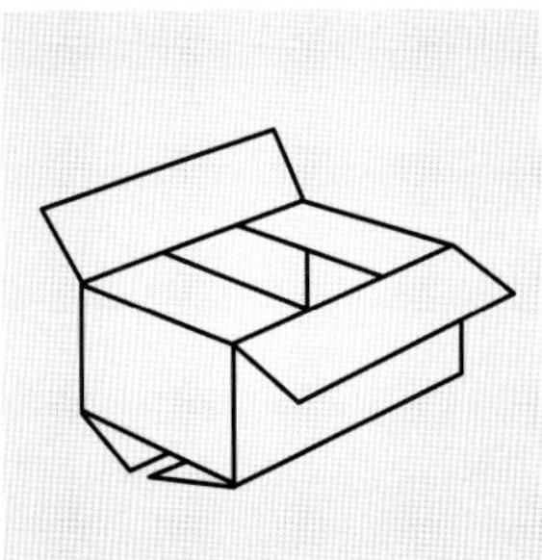

Faltschachteln/Faltkisten
FEFCO-Gruppe 02
Eigenschaft: Ein Stück mit je vier Verschlussklappen für Boden und Deckel. Anlieferung flachliegend und gebrauchsfertig.
Handling: Die Fabrikkanten werden durch Drahtheftung, Laschenklebung, Klebestreifen oder Kombination miteinander verbunden und damit geschlossen.

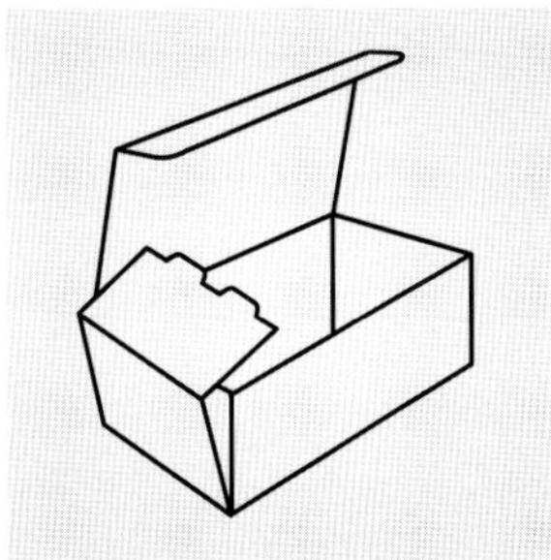

Falthüllen und Trays (Tabletts)
FEFCO-Gruppe 04
Eigenschaft: Ein Zuschnitt, bei dem zwei oder mehr Seitenwände sowie der Deckel per Nut mit dem Boden verbunden sind.
Handling: Aufrichten ohne Kleben oder Heften.

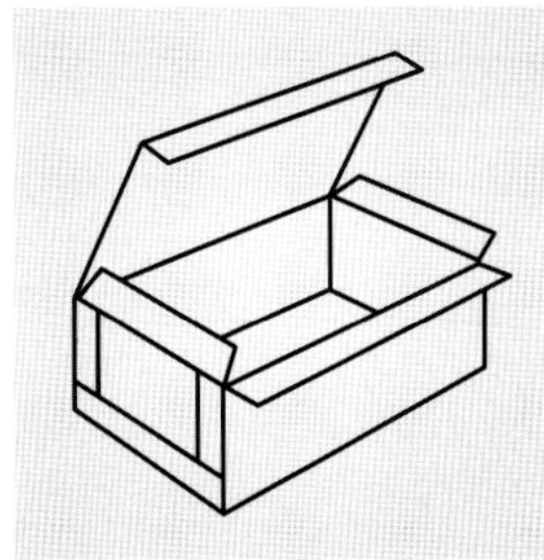

Formfeste Schachteln
FEFCO-Gruppe 06
Eigenschaft: Zwei Seitenteile plus ein Mittelteil, das Boden und Deckel bildet. Lieferung als vorbereitete Zuschnitte.
Handling: Verbindung per Drahtheftung.

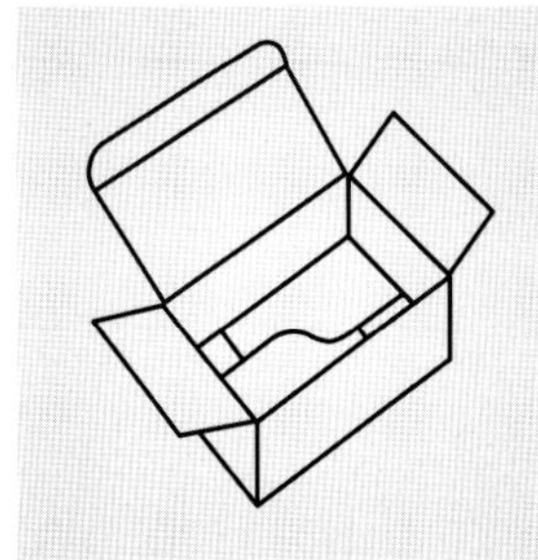

Aufrichte-Schachteln
FEFCO-Gruppe 07
Eigenschaft:
Ein Stück, vorgeleimt. flache Anlieferung.
Handling: Durch einfaches Aufrichten sind sie schnell einsatzbereit.

Deckelschachteln/Stülpschachteln
FEFCO-Gruppe 03
Eigenschaft: Zwei oder mehr Teile.
Handling: Ein Oberteil (Deckel) wird über ein Unterteil (Boden) gestülpt oder beide über einen Rumpf.

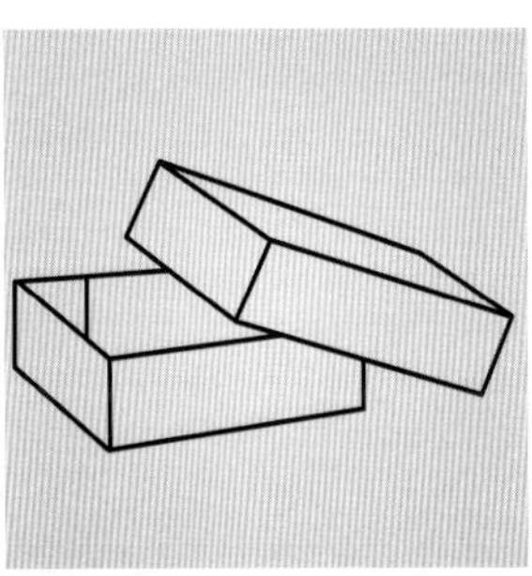

Schiebeschachteln/Gürtelschachteln
FEFCO-Gruppe 05
Eigenschaft: Mehrere Ringeinsätze und Manschetten.
Handling: Ineinanderschieben der Einzelteile.

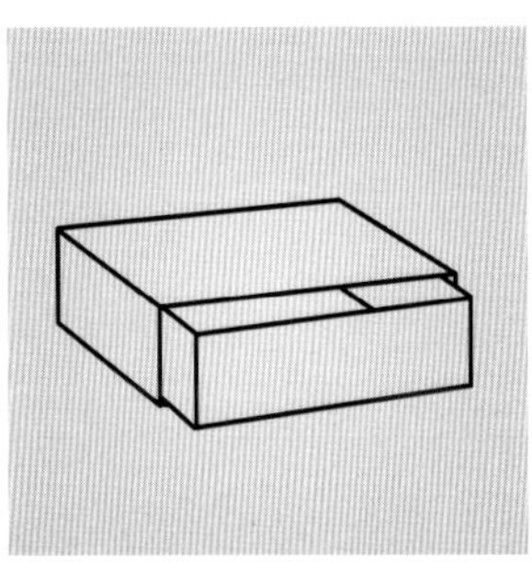

Inneneinrichtungen
FEFCO-Gruppe 09
Dazu gehört alles, was Ordnung in die Schachtel bringt: Ringeinsätze, Einlagen, Stegeinsätze, Zwischenwände etc.

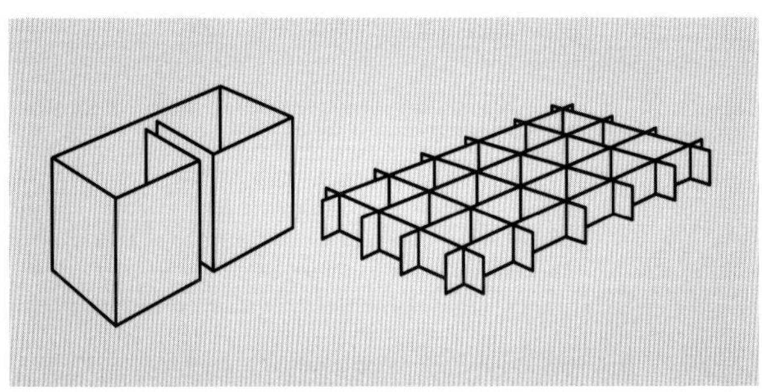

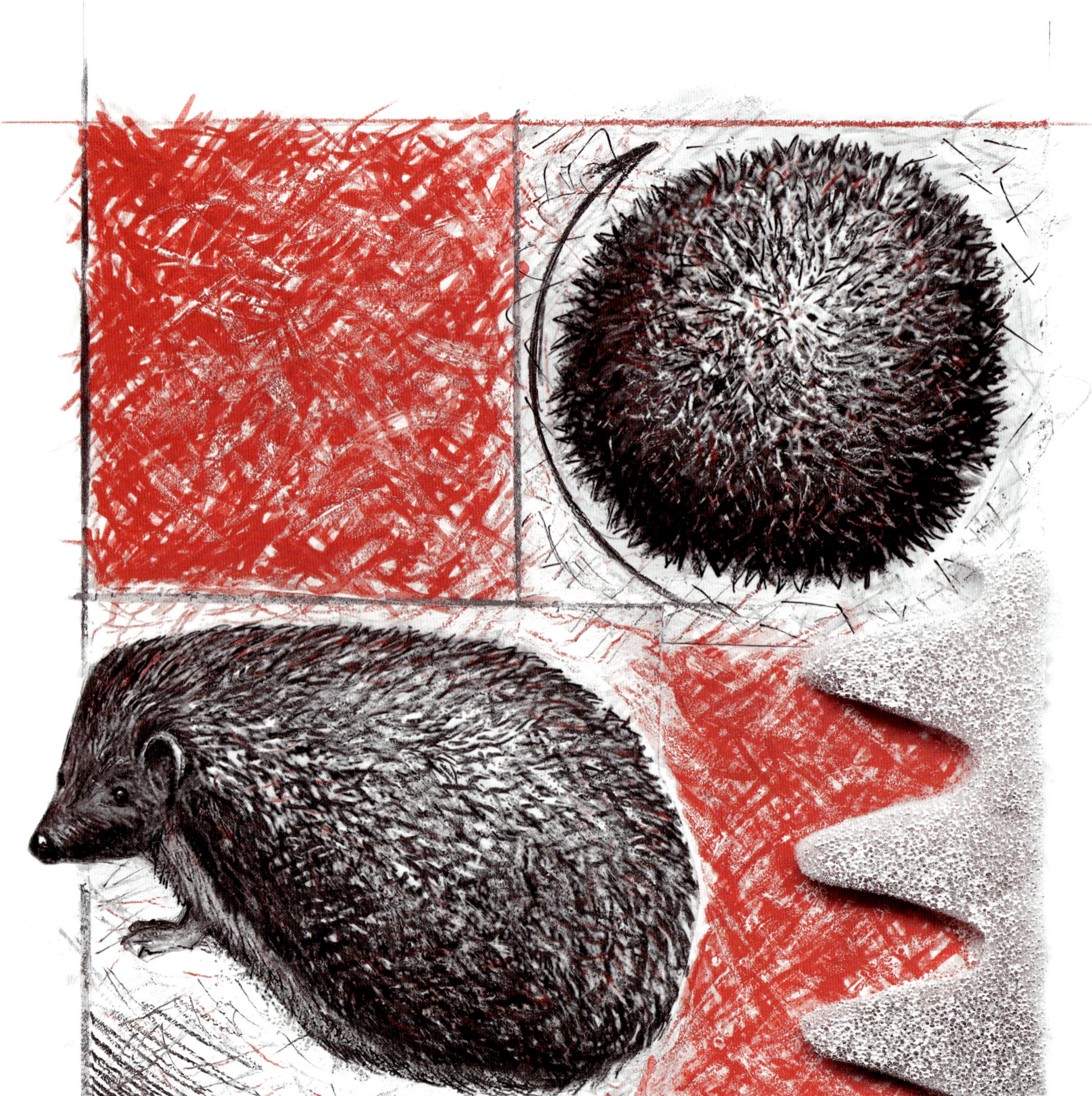

5

In 6 Schritten zur perfekten Transportverpackung. Ein Praxis-Ratgeber

Die sechs Schritte, die wir Ihnen in diesem Kapitel vorstellen, sind ein logischer, praxisorientierter Leitfaden für professionelles Verpacken. Wer sich daran orientiert, ist auf der sicheren Seite. Denn die Ware kommt unbeschädigt und so ans Ziel, dass der Empfänger den besten Eindruck Ihres Unternehmens hat. Bevor wir in den Praxisalltag einsteigen, ein Überblick über die 20 Warengruppen, die am häufigsten verpackt und verschickt werden. Und los geht's:

- Profi-Packen vermeidet teure Fehler
- Alles drin und dran: Die Komplettverpackung
- Gegen alles gewappnet: Die Um- oder Außenverpackung
- Wie in Watte gepackt: Füllen, polstern, schützen und fixieren
- Für die Einheit unverzichtbar: Das sichere Verschließen
- Information ist alles: Adressieren und Kennzeichnen
- Viele Wege führen ans Ziel: Der richtige Versandweg
- Checkliste: Ist Ihr Paket ready for Takeoff?

- Bilder, Bilderrahmen
- Brillen
- Bücher, Drucksachen, Verlagsunterlagen
- EDV-Hardware (Monitore, Tableaus etc.)
- Elektro-, Elektronikgeräte und -teile
- Flaschen, Dosen
- Gefahrgüter
- Glas, Porzellan, Keramik
- HiFi-Geräte, Fernsehapparate
- Klein- und Einzelteile
- Lebensmittel, Back- und Süßwaren
- Maschinen, Maschinenteile
- Medienträger (CDs, DVDs, Videos)
- Möbel und Kleinmöbel
- Optische Geräte, Fotoapparate
- Schmuck, Uhren
- Schwergüter
- Sportgeräte (Skier, Surfbretter etc.)
- Textilien
- Werbeartikel, Wohnaccessoires

Eine alphabetische Übersicht der 20 reisefreudigsten Waren.

Profi-Packen vermeidet teure Fehler

Für jede Anforderung im Lager- und Versandbereich die passende Verpackung verfügbar zu haben, ist die eine Seite professionellen Verpackens. Produkt- und Materialwissen die andere. Denn es vermeidet Fehler, die schnell richtig ins Geld gehen können.
Beispiel 1: Schwergewichtige Güter, die in Kartonagen verschickt werden, die den Druckkräften von außen und innen nicht in erforderlichem Maß widerstehen können. Da nützt das ganze Polstern und Füllen im Paketinneren nichts. Die Folge: Beschädigte Schachteln, defekte Produkte, verärgerte Kunden.
Beispiel 2: Zerbrechliche, aber leichte Güter, die in viel zu robusten Schachteln „über"-verpackt werden. Die Folge: Hohe Materialkosten. Produktadäquates Polstern und Schützen im Paketinneren würde hier die Kosten senken und das Produkt ausreichend schützen.
Diese einfachen Beispiele zeigen, wie wichtig ein Basiswissen an Materialkunde ist, wenn es um professionelles Verpacken geht. Deshalb geben wir Ihnen in Kapitel 6 ab Seite 90 einen „Crash-Kurs" in Materialkunde. Doch bevor wir Ihnen die 6 Schritte zur perfekten Transportverpackung vorstellen, links eine alphabetische Übersicht über die Waren und Warengruppen, die am häufigsten verpackt und verschickt werden.

FÜLLGUT ODER STÜCKGUT: KENNEN SIE DEN UNTERSCHIED?

Ein *Packgut* ist ein zu verpackendes Gut (Ware). Es wird unterteilt in:
Füllgut = schütt-, riesel- und fließförmiges oder gasförmiges Packgut.
Stückgut = alle Gegenstände, die nach Stück gehandelt werden.

1. SCHRITT

Alles drin und dran: Die Komplettverpackung

Sie hat, quasi „von Haus aus", alles, um Unterlagen, Drucksachen oder Waren gut geschützt ans Ziel zu bringen. Das heißt: Um- oder Außenverpackung, Polsterung, Fixierung, Verschlussmittel – alles inklusive. Deshalb werden sie auch komplett versandfertige Verpackungen genannt, oder kurz: Komplettverpackung.
Eigentlich sollten sie Komfortverpackung heißen, denn mit ihnen zu arbeiten, ist wirklich sehr komfortabel. Ein Handgriff, ein Arbeitsgang und das Produkt ist gut, sicher und schnell verpackt.
Sie ahnen, was das an Arbeitszeit spart – und damit auch an Geld. Da lohnt ein Blick auf die Produkte in Ihrem Haus, die ständig verschickt werden. Bestimmt gibt es im einen oder anderen Fall noch Optimierungsmöglichkeiten, sprich, Produkte, die in Zukunft in einer Komplettverpackung auf die Reise gehen.

Die gängigsten Komplettverpackungen

- Briefumschläge in unterschiedlichen Ausführungen und allen Standardformaten (mit oder ohne: Fenster, Selbstklebeverschluss, Seiten- oder Bodenfalte, Papprückwand)
- Universal/Buchverpackungen mit stufenloser Füllhöhe,
- Flaschenverpackungen,
- Kalenderverpackungen,
- Medienverpackungen für CDs, LPs, MCs, DVDs, Videos, Disketten, Bänder zur Datensicherung,
- Ordnerverpackungen,
- reißfeste Versandtaschen mit Seiten- und Bodenfalte,
- selbsthaftende Wellpappe (Feinwelle),
- transparente Versandtaschen aus Polyethylen,
- Versandrohre,
- Versandtaschen in verschiedenen Ausführungen: mit gerippten Innenseiten, mit Kantenschutz, mit Polsterschutz aus Luftpolsterfolie, Papier, Schaum etc.,
- Wellpapp-Verpackungen für DIN-Formate.

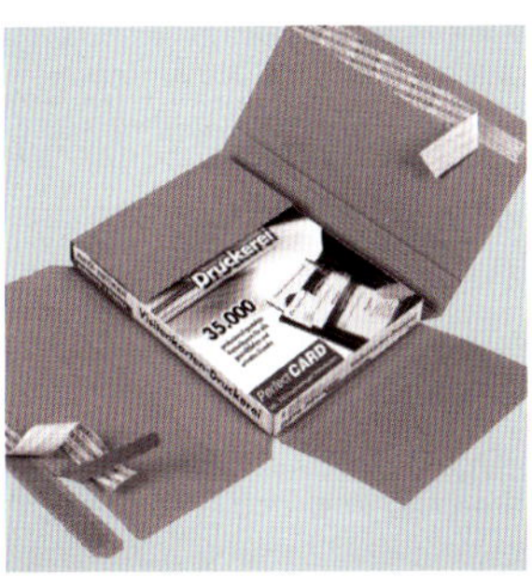

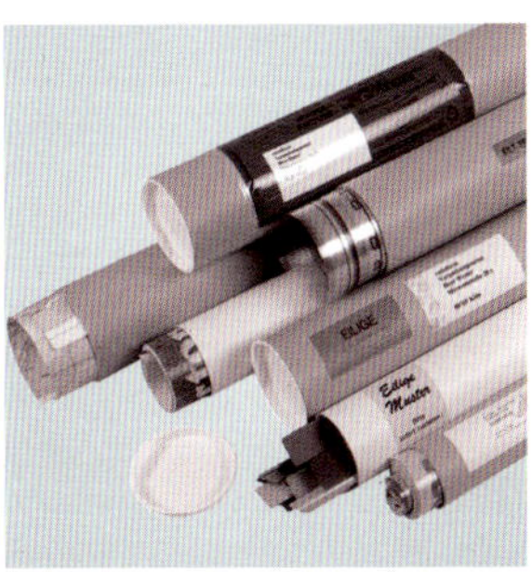

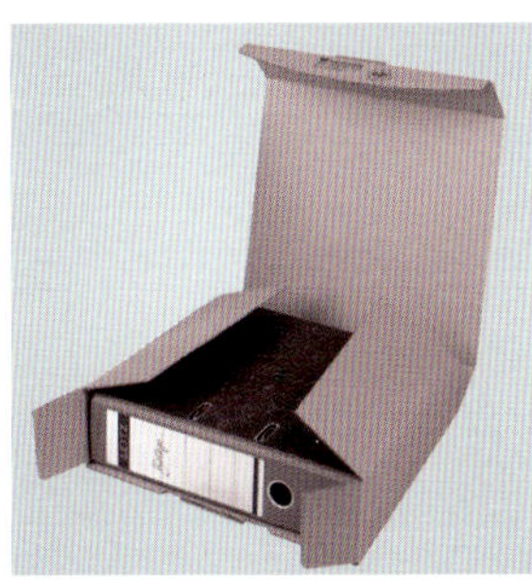

Nur einige Beispiele aus dem großen Sortiment von Komplettverpackungen, die es in vielen Qualitäten und Ausführungen gibt: Versandtaschen mit Selbstklebeverschluss (oben rechts), Buchverpackungen, Rollen, Ordnerverpackungen (links).

2. SCHRITT

Gegen alles gewappnet: Die Um- oder Außenverpackung

Aufgabe der Um- oder Außenverpackung ist es, Waren gegen Einwirkungen von innen und außen zu schützen. Umverpackungen, meist Schachteln, sollten in ihrer Stärke und Qualität also immer auf den jeweiligen Inhalt abgestimmt sein. Studien belegen, dass sich mit einer sachgemäßen Verpackung rund 70 % aller Transportschäden vermeiden ließen.
Die richtige Größe allein reicht für den optimalen Schutz nicht aus - der Blick auf die Qualität ist unverzichtbar. Wählen Sie unter den vielen am Markt verfügbaren Umverpackungen die aus, die am besten zu Ihrem Produkt passt.

Hier eine Auswahl an Um- und Außenverpackungen:

- Blitzboden-Aufrichteschachteln,
- Boxen und Schachteln,
- Gefahrgut-Kartons,
- Postboxen,
- Klappschachteln,
- Stülpdeckel-Aufrichteschachteln,
- Stülpdeckelschachteln,
- Wellpapp-Faltschachteln,
- Wellpapp-Schachteln in verschiedensten Ausführungen.

Mehr über das Material, die Qualitäten und Herstellungsverfahren von Wellpappe im Kapitel 6 „Materialkunde“ ab Seite 92.

Erst fragen, dann packen. Bevor das Packen beginnt, müssen die wesentlichen Eckpunkte abgeklärt sein.
Sie schaffen die Voraussetzungen dafür, eine Transportverpackung zu wählen, die dem Produkt und seiner Versandart entspricht.

Frage Nr. 1: Welche Art von Ware verpacke ich?

Ist der Inhalt leicht oder schwer? Denn davon hängt die Wahl der Kartonqualität ab.
Ist die Oberfläche empfindlich? Dann sollte sie mit entsprechenden Materialien zusätzlich geschützt werden.
Ist der Inhalt zerbrechlich? Dann muss das Paketinnere ausreichend gepolstert sein. Und auch der Hinweis auf dem Paket außen darf nicht fehlen.
Ist es ein Teil oder sind es mehrere Teile?
Achten Sie bei mehreren Teilen bitte darauf, die einzelnen Produkte gut voneinander zu trennen, damit sie nicht gegeneinander schlagen.

DER PROFI-TIPP:

Schneiden Sie nur Schachteln ein, die bereits vorgegebene Nuten oder Höhenrillung haben. Alles andere sieht nicht nur unschön aus, sondern die Schachtel verliert auch ihre Stabilität und Schutzfunktion.
Handelsübliche Schachteln mit Höhenrillung oder Nut dagegen ermöglichen ein exaktes Anpassen an den Inhalt.

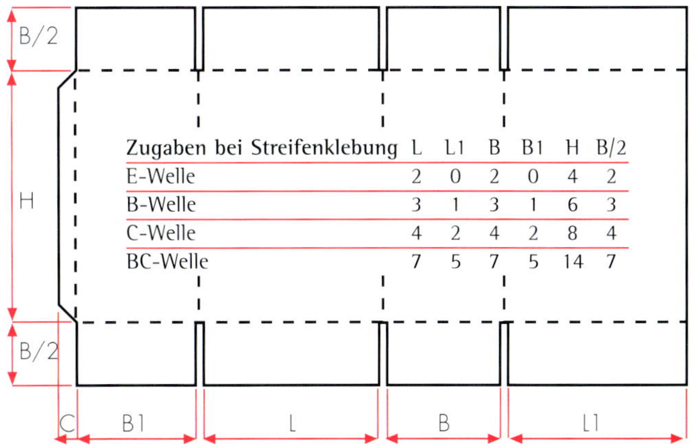

Zugaben bei Streifenklebung	L	L1	B	B1	H	B/2
E-Welle	2	0	2	0	4	2
B-Welle	3	1	3	1	6	3
C-Welle	4	2	4	2	8	4
BC-Welle	7	5	7	5	14	7

Aufgeschnittene und flachliegende Schachteln werden so ausgemessen.

DER PROFI-TIPP:

Mit der Belastbarkeit ist es so eine Sache. Denn nicht immer zählt allein nur das Gewicht. Beispiel: 20 kg Schrauben haben eine andere Durchstoßkraft als ein einziges Packstück. Passen Sie die Kartonage also immer auch der jeweils zu verpackenden Ware an.

Hat das Produkt empfindliche Ecken oder Kanten? Dann leistet Kantenschutz einen wichtigen Beitrag zum Schutz und gleichzeitig gegen Durchstoßen.
Wie viel Polsterschutz „drumrum" braucht das Produkt? Danach richtet sich die Größe der Umverpackung.
Ist eine zusätzliche Fixierung erforderlich? Bitte achten Sie darauf, jegliches „Spiel" in der Verpackung zu vermeiden, da es unkontrolliertes Beschleunigen des Packgutes auslöst und zu Zerstörungen führen kann.

Wenn diese Fragen geklärt sind, können die entsprechenden Verpackungsmaterialien zusammengestellt bzw. bestellt werden. Und auch beim Bestellen gibt es einige Dinge, die zu beachten sind. Deshalb ist der Bestell-Check Frage Nr. 2 vor dem Verpacken.

Frage Nr. 2: Wie berechne ich die richtige Größe der Versandverpackung?

So, die Checkliste bei Frage 1 hat Ihnen geholfen, für unterschiedliche Produkte die jeweils geeignete Transportverpackung zu definieren. Komplettverpackung oder Kartonage? Stülp-, Falt- oder Aufrichteschachtel? Tasche oder Beutel? Die Auswahlkriterien stehen fest.

Jetzt geht es noch darum, die richtige Größe zu berechnen. Auch dabei unterstützen wir Sie.

Tipps fürs richtige Ausmessen:
a) *Taschen, Beutel und Verpackungen* aus Vollpappe, Papier oder Folien werden nach Arbeitsmaßen berechnet, also von Rand zu Rand. Bei Maßangaben gilt, dass in der Regel das erste angegebene Maß die Öffnung ist.
b) *Schachteln aus Wellpappe* werden immer nach Innenmaßen festgelegt, das heißt von Rillung zu Rillung (abzüglich Material) und in der Reihenfolge: Länge–Breite–Höhe.
Sie haben die passenden Schachtel gefunden, kennen aber die Daten für die Nachbestellung nicht?
Dann hilft nur eins: Schachtel aufschneiden und flachliegend abmessen – und nicht vergessen, die Materialstärke zu beachten.

Das Ausmessen von Taschen aller Art geschieht von Rillung zu Rillung außen – das erste Maß bezeichnet die Öffnung.
1 Breite
2 Höhe
3 Tiefe, Inhaltsdicke

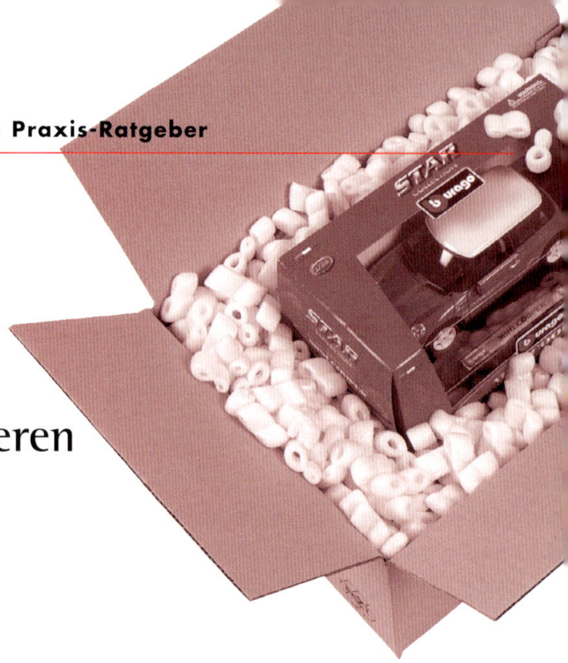

Wie in Watte gepackt: Füllen, polstern, schützen und fixieren

3. SCHRITT

5

Die wahren Herausforderungen lauern im Paketinneren, wo die Ware zusätzlich gegen Belastungen geschützt werden muss.

Der Falltest in Kapitel 4, Seite 59, spricht eine klare Sprache: Fällt ein Paket, landet es meist auf der Kopffläche. Deshalb heißt die Aufgabe: Schützen, polstern und fixieren Sie die Waren – und zwar nach allen sechs Seiten. **Faustregel dabei: Weiche Polster für leichte Produkte, härtere Polster für schwere Produkte. Vermeiden Sie, dass die Ware mit der Außenverpackung in Kontakt kommt.**

Für ein schweres Produkt wäre der Bremsweg zu lang. Dagegen hat ein leichtes Produkt bei einem harten Polster keine Chance. Warum? Es hat nur eine geringe statische Belastung und ist daher nicht in der Lage, den so wichtigen Bremsweg zu erzeugen.

Der Bremsweg verhindert das Durchschlagen der Ware aus der Schachtel oder eine Konfrontation mit anderen Produkten, die im gleichen Paket mitreisen.

Für einen optimalen Bremsweg müssen Hohlräume ausgefüllt und das Verrutschen der Ware im Paket weitestgehend ausgeschlossen werden. Die Tabelle rechts zeigt Ihnen, welches der vielen handelsüblichen Polstermaterialien für Ihr Packgut geeignet ist.

Werden mehrere Produkte in einem Paket verschickt, ist der Schutz immer auf das empfindlichste abzustimmen. Trennelemente leisten hier meist zusätzliche Hilfe.

Bei Konstruktivverpackungen ist es wichtig, die Freiräume, die der Bremsweg braucht, auch tatsächlich so zu lassen – nämlich frei, da sie als Federweg dienen. Werden in diese Freiräume beispielsweise Kleinteile gepackt, besteht die Gefahr, dass sie Transportstöße weitergeben.

Deshalb ist neben dem Füllen, Polstern und Schützen ein weiterer Punkt zu beachten: **Das richtige Fixieren. Das Packgut darf innerhalb der Verpackung nicht hin- und herrutschen.** Warum? Weil es zu unkontrollierten Beschleunigungen des Packgutes kommen kann. Das Ergebnis: Diese Kräfte wirken mit einem vielfachen Druck des Eigengewichts zerstörend.

Ganz wichtig: Loses Füllmaterial (Verpackungschips etc.) nur zum Schützen und Polstern einsetzen, nicht zum Fixieren – die Ware kann durch die Vibrationen während des Transports leicht Richtung Außenverpackung „wandern“ und diese durchstoßen. Im Fachjargon wird dabei von **Treibsandeffekt** gesprochen. Ausnahme: Verpackungschips in 8er Form, die die Hohlräume auffüllen und das Durchschlagen verhindern. Die Abstimmung auf das jeweilige Produkt steht also auch hier an erster Stelle.

Treibsandeffekt:

❶ Schweres Packgut, das nur in losem Füllmaterial liegt, wandert durch die beim Transport unvermeidlichen Schub- und Stoßbewegungen in der Umverpackung und ❷ durchschlägt sie im schlimmsten Fall.

❸ Hier ist das Packgut durch ein festes Polster (z. B. Konstruktivverpackung) fixiert, das stark genug ist, um die Bewegungen aufzufangen.

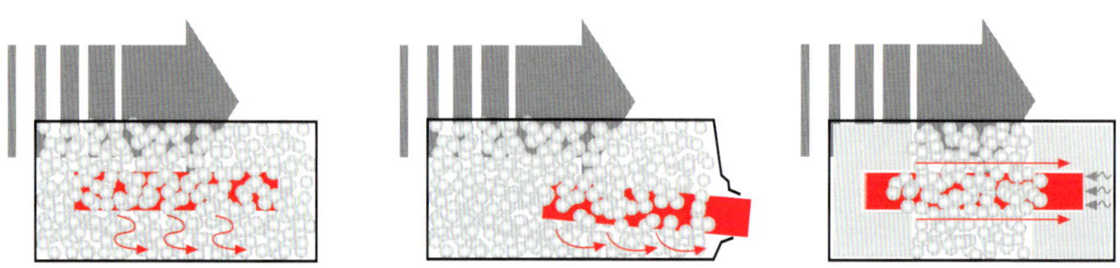

❶ ❷ ❸

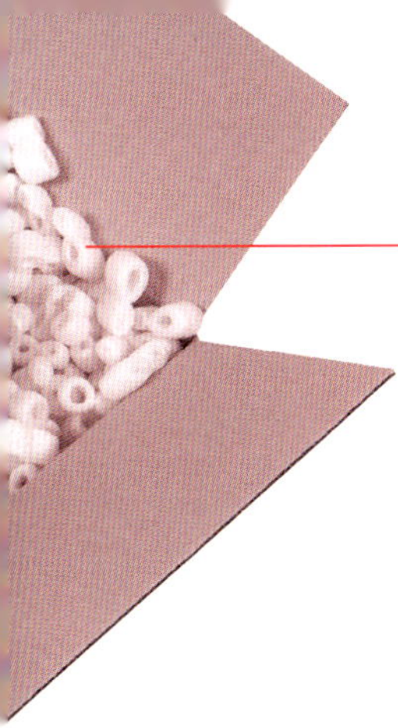

Die wichtigsten Materialien zum Füllen, Polstern, Schützen und Fixieren und ihre Einsatzbereiche

	Bilder/Bilderrahmen	Brillen/optische Geräte	Bücher/Drucksachen/Verlagsunterlagen	EDV-Hardware (Monitore, Tableaus etc.)	Elektro/Elektronikgeräte und -teile	Flaschen/Dosen	Glas/Porzellan/Keramik	HiFi-Geräte/Fernsehapparate	Klein- und Einzelteile	Lebensmittel, Back/Süßwaren	Maschinen/Maschinenteile	Medienträger (CDs, LPs, DVDs, Videos)	Möbel/Kleinmöbel	optische Geräte/Fotoapparate	Schmuck/Uhren	Schwergüter	Sportgeräte (Skier, Surfbretter etc.)	Textilien	Werbeartikel/Wohnaccessoires
Antistatische Luftpolsterfolie		■		■	■														
Beutel, div. Ausführungen		■			■				■	■				■	■				
Elektrisch leitfähige Luftpolsterfolie				■	■														
Geknüllte Papierpolster		■			■	■	■		■		■		■	■			■		■
Holzwolle						■	■				■								■
Jiffy Polsterpads						■	■							■					■
Kantenschutz	■							■					■						■
Kombi-Folie (Papier/Luftpolster)	■						■	■					■						■
Konstruktivverpackung				■	■	■		■			■		■	■					
Luftpolsterbeutel	■	■			■				■		■			■	■				
Luftpolsterfolie	■	■		■	■		■	■	■		■	■	■	■	■		■		■
Luftpolsterkissen		■					■		■		■		■	■					■
Natronkraftpack											■						■		
Natronpapier			■																
Noppenpapier	■						■				■		■						
Ölpapier											■								
Packseide			■				■								■			■	■
Packtauen																	■		
Papier-Schüttgut (loses Schüttgut)						■	■												■
PE-Schaumprofile	■			■				■					■						
PE-Schutznetze											■			■			■		
Polybeutel																			■
Rollenpapier (aus Altpapier)	■										■								
Schaumfolie	■			■			■	■	■				■		■				■
Schaumpolster-Schutzecken/Pads	■	■		■				■					■						■
Schlauchfolie									■	■				■	■		■		■
Trockenmittelbeutel		■								■	■			■					
Verpackungs-Chips (loses Schüttgut)					■	■	■		■								■		■
Wellpappe	■							■			■		■				■		■

Quelle: ratioform Verpackungsmittel GmbH

Verpackungschips in 8er Form

4. SCHRITT

Für die Einheit unverzichtbar: Das sichere Verschließen

5

Erst wenn das Paket ausreichend verschlossen ist, bilden Ware, Schutz- und Polstermaterial plus Außenverpackung eine sichere, schützende Einheit.

Nummer eins zum Verschließen von Schachteln jeglicher Art ist das Packband. Die Auswahl ist entsprechend groß. Reißfestigkeit, Klebkraft und die Frage, ob das Band beim Abrollen laut oder leise ist, spielen bei der Auswahl eine wichtige Rolle. Aber auch Farbe ist für viele ein Entscheidungskriterium. Und natürlich die Möglichkeit, das Packband mit Ihrem Firmeneindruck zu versehen. Damit jedes Paket gleichzeitig zur Visitenkarte Ihres Hauses wird.

Schwere Kartonagen oder auch Gefahrgutkartons müssen generell mit reißfestem, fadenverstärktem Spezialband (Filamentband) verschlossen werden.

Kein „Muss", sondern lediglich eine Empfehlung ist es, auch Schachteln aus 3-welliger Wellpappe mit verstärktem Band zu verschließen. Denn wo eine so starke, stabile Umverpackung gewählt wird, ist der Inhalt meist ebenfalls gewichtig und verlangt einen entsprechend stabilen, sicheren Verschluss. Alternativen könnten aber auch Verschlussklammern oder Umreifungsband sein.

Wo Umreifungsband auf jeden Fall zum Einsatz kommt, ist beim Bilden von Ladeeinheiten mittels Paletten, Containern und Kisten oder beim Bündeln mehrerer Packstücke. Hier empfiehlt sich zusätzlich ein Kantenschutz, damit das Band nicht in die Umverpackung einschneidet. Darüber hinaus bietet Stretchfolie die Möglichkeit, palettierte und gestapelte Ware zusätzlich zu sichern – gegen Verrutschen und gegen Diebstahl.

Mehr über das Bilden von Ladeeinheiten und über Ladungssicherung erfahren Sie in Kapitel 9 ab Seite 154. Mehr Informationen über Materialien und Qualitäten von Packband und Umreifungsband erfahren Sie in Kapitel 6 ab Seite 106.

DER PROFI-TIPP:

Die klassische Art, ein Paket mit Packband zu verschließen ist das Doppel-T an Decken und Boden der Verpackung. Es schließt gut und schützt gleichzeitig die Kanten.

Bestens verschlossen –
die wichtigsten Verschlussmittel auf einen Blick:

Bindfäden, hier mit Abroller

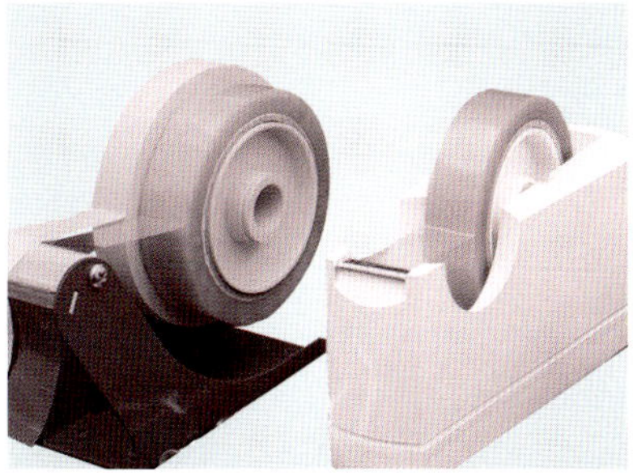

Packbänder aus PP oder PVC in verschiedenen Farben und Qualitäten, mit oder ohne Verstärkung

Kordeln, hier mit Abroller

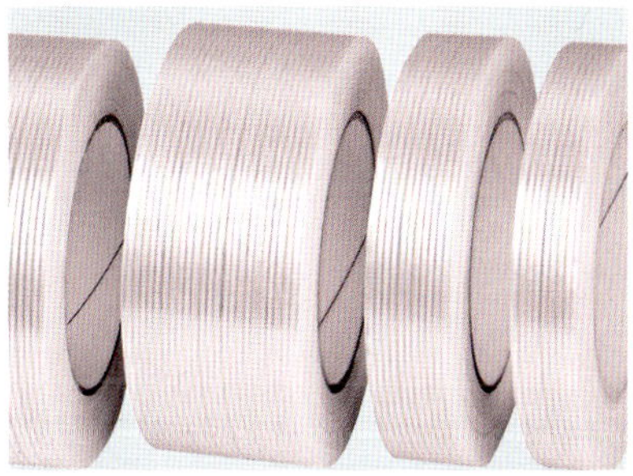

Filamentband mit Glasfaserverstärkung

Gewebeband, auch in verschiedenen Farben

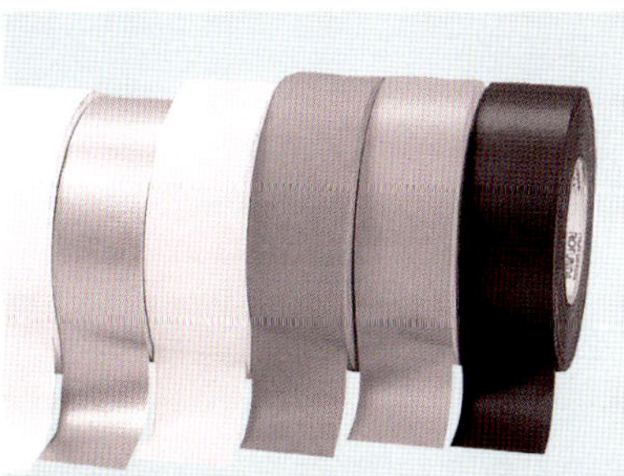

Stretchfolie. Dafür gibt es halb- und vollautomatische Wickelsysteme.

Nassklebeband

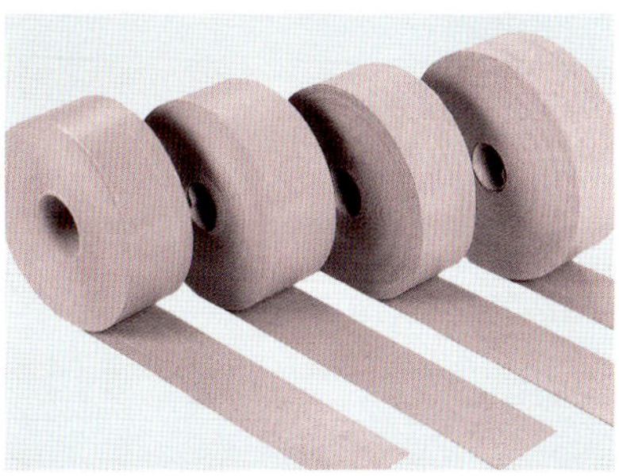

Umreifungsband. Auch hier sind verschiedene Hilfsmittel erhältlich.

Papier-Packband, fadenverstärkt

Verschlussklammern zum Umreifen.

5. SCHRITT

Information ist alles: Adressieren und Kennzeichnen

Nur Pakete, die richtig adressiert sind, kommen auch ohne Umwege beim Empfänger an. Gut lesbar beschriftete Adressaufkleber sollten also eine Selbstverständlichkeit sein. Wer auf Nummer sicher gehen möchte, schützt die Adresse zusätzlich mit Adress-Schutzfolie gegen Beschädigung, Verschmutzung oder Witterungseinflüsse. Darüber hinaus müssen besondere Waren (Gefahrgut, zerbrechliches Gut, feuchtigkeitsempfindliche Ware etc.) auch besonders gekennzeichnet werden. Dafür gibt es ein breites Standardsortiment an Warn- und Gefahrenetiketten. Ein zusätzlicher Service für den Empfänger sind so genannte Begleitpapiertaschen. Sie werden außen auf dem Paket gut sichtbar angebracht und enthalten wichtige Dokumente wie Lieferschein und/oder Rechnung. Damit ist gewährleistet, dass Dokumente nicht in der Innenverpackung „verschwinden“, sondern, meist noch bevor das Paket geöffnet wird, entnommen und entsprechend weitergeleitet werden können.

Alles fürs professionelle Adressieren und Kennzeichnen:

- Adress-Schutzfolie
- Begleitpapiertaschen
- Frankieretiketten
- Gefahrgut-Etiketten
- Warn- und Sicherheitsbänder
- Warnetiketten

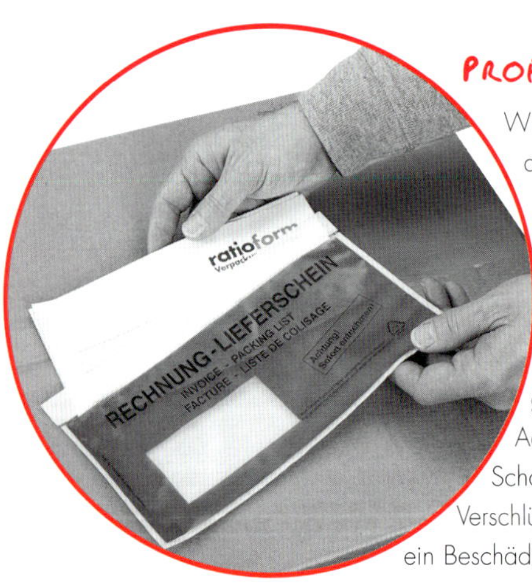

PROFI-TIPPS:

Wichtige Dokumente lassen sich am besten in Begleitpapiertaschen unterbringen, die einfach außen auf die Verpackung geklebt werden. So ist gewährleistet, dass sie beim Auspacken nicht verloren gehen.
Adressaufkleber immer auf der Schachtel anbringen, nie auf Verschlüssen oder Klammern, da dort ein Beschädigen möglich ist.

Kleiner Sprachkurs für professionelles Kennzeichnen.

Die wichtigsten Vorsichtsmarkierungen haben wir in fünf weiteren Sprachen für Sie zusammengestellt.

Deutsch	Englisch	Französisch	Spanisch	Portugiesisch	Italienisch
ätzend	caustic, corrosive	corrosif	corrosivo	corrosivo	acido, corrosivo
aufrecht transportieren	keep upright	à transporter débout	transportarlo de pie	transportar ão alto	transportare in pidi
auf Rollen transportieren	use rollers	à transporter sur rouleaux	transportar sobre rollos	transportar sobre rolos	trasportare su rulli
Bruttogewicht	gross weight	poids brut	peso bruto	peso bruto	peso lordo
explosiv	explosive	explosif	explosivo	explosivo	esprosivo
feuergefährlich	inflammable	inflammable	inbflamable	inflamável	inflammabile
Flüssigkeiten	liquids	liquide	liquidos	liquido	liquido
Gift	poison	poison	veneno	veneno	veleno
Glas	glass	verre	vidrio	vidro	vetro
hier anheben	lift here	soulever par ici	levantar aqui	levantar aqui	sollevare qui
hier anschlagen	sling here	pour soulever fixer ici	apuntar aqui	apontar aqui	per sollevare attacare qui
hier öffnen	open here	ouvrir ici	abrir aqui	abrir aqui	aprire qui
kopflastiq	heavy weight	le poids est à la partie	centro de gravedad	centro de gravidade	peso in testa
kühl aufbewahren	keep cool	garder en lieu frais	guardar en lugar fresco	guardar em lugar fresco	immagazinare al fresco
Nettogewicht	net weight	poids net	peso neto	peso liquido	peso netto
nicht mit Haken anheben	don't use hooks	à manipuler sans crochtes	no levantar con ganchos	não ganchos	non maneggiare con uncini
nicht kanten, sondern rollen	to be rolled, not tipped	rouler, ne pas culbuter	rodar, no volcar	rolar, não virar	non spigolare ma trasportare su rulli
nicht stürzen	don't drop	ne pas laisser tomber	no tumbar	não tombar	non lasciar cadere
nicht umlegen	keep upright	ne pas renverser	no volcar	não deitar	non rovesciare
nicht werfen	don't throw	ne pas jeter	no tirarlo	não atirar	non gettare
oben	top this side up	haut	arriba	em cima	alto
radioaktiv	radio-active	radioactif	radioactivo	radio-activo	radioattivo
Stechkarre hier	blade of handtruck here	ici emplacement pour engin de levage	poner carretilla aqui	carreta aqui	carello qui
trocken aufbewahren	keep dry	garder in lieu sec	guardar seco	manter seco	immagazzinare al secco
unten	bottom	bas	abajo	em baixo	basso
vor Hitze schützen	keep cool	craint la chaleur	proteger contra el calor	proteger do calor	proteggere dall'calore
vor Nässe schützen	keep dry	craint l'humidité	presérvese de la humedad	proteger da humidad	proteggere all'umidatà
Vorsicht	handle with care	attention	cuidado	cuidado	attenzione
zerbrechlich	fragile	fragile	frágil	fragil	fragile

Quelle: Deutsche Post

Ein Markt auf dem Vormarsch: Die Kennzeichnungstechnologie in der Logistik

Der EAN/Strichcode auf Lebensmitteln gehört längst zum Alltag in Supermärkten. Kaum ein Produkt, dessen Artikelnummer, Preis, Gewicht, Haltbarkeitsdatum etc. sich nicht per Scanner auf dem Display ablesen lassen.
Diese Karriere hat der Barcode den geringen Kosten für Aufdruck und Lesetechnik zu verdanken. Da der Strichcode allerdings nur eine begrenzte Menge an Informationen aufnehmen kann, ist seine Technologie nahezu ausgereizt. Das Zauberwort der Zukunft heißt: Elektronische Kennzeichnung und arbeitet auf Basis der Radio-Frequency-Identification-Technik, besser bekannt unter RFID.
Die unter **Transponder**, oder „Tags" bekannten winzigen Mikrochips können ihre gespeicherten Daten via Funk über mehrere Meter an die Lesegeräte weitergeben. Bekanntes, weit verbreitetes Beispiel: Die Sicherheitsetiketten in der Bekleidungsindustrie.
In der Logistik bieten Transponder völlig neue Möglichkeiten, Waren zu sichern und Abläufe zu rationalisieren. Bei Paketdienstleistern, in der Logistik von Behälter-Mehrwegsystemen oder auch in der Abfallentsorgung wird bereits erfolgreich damit gearbeitet. Weitere Einsatzmöglichkeiten:

- Fahrzeugavisierung,
- Kennzeichnung von Gepäckstücken,
- intelligente Formulare/Begleitpapiere,
- Paletten- und Produktkennzeichnung,
- Erfassung von Serien- und Produktinformationen im Wareneingang,
- Qualitätskontrolle in der Kommissionierung,
- Seriennummern-Verfolgung und Dokumentation des Warenflusses beim Warenausgang,
- Navigationssysteme in der Lagerverwaltung.

Praxis-Beispiel 1: Werden Waren mit elektronischem Frachtbrief verschickt, erhält der Empfänger sofort bei der Ankunft alle Informationen über Herkunft, Menge, Transportdauer und Lagerbedingungen – ein Auspacken der Waren ist dazu nicht erforderlich.
Durch den Einsatz moderner Kennzeichnungs- oder Identifikationssysteme lassen sich in Zukunft betriebliche Abläufe erheblich optimieren – und damit Kosten senken. Das gilt im Übrigen nicht nur für Großbetriebe. Auch kleine und mittelständische Unternehmen nutzen die Identsysteme bereits: Im Lager, bei der beleglosen Kommissionierung oder bei der Erfassung von Produktions- und Qualitätsdaten.
Praxis-Beispiel 2: Ein Akten-Archiv ließe sich per Barcode einfach, Platz sparend und übersichtlich verwalten.
Marktforscher gehen davon aus, dass sich der Markt der Identifikationssysteme in den kommenden Jahren auf ein Wachstumsplus von 20 % freuen kann.

Quelle: Transportlogistik München

WOHER KOMMT DER BEGRIFF TRANSPONDER?

Es ist eine Wortkombination aus *transmit* = übertragen und *response* = antworten und erklärt damit gleichzeitig das Funktionsprinzip: Daten werden auf ein Lesegerät übertragen und dort angezeigt.

Mobiles Transponder-Lesegerät und Innenleben eines Transponderlese- und Schreibgerätes.
Quelle: ZeitControl cardsystems GmbH, Minden

6. SCHRITT

Viele Wege führen ans Ziel: Der richtige Versandweg

Die Pakete sind gepackt, bleibt die Frage: Wie wird die Ware am besten auf den Weg gebracht? Entscheidende Kriterien dabei sind natürlich Anzahl und Größe der zu verschickenden Schachteln, Kisten oder Paletten sowie das Gewicht. Wenn beides definiert ist, beginnt die Wahl des richtigen Transportmittels und Versandweges. Ein Abwägen lohnt sich auf jeden Fall. Vor allem bei Sammellieferungen. Denn die gängigste Verpackungsart oder der gewohnte Versandweg sind nicht immer die geeignetsten. Oft bringt der Einsatz von Großraumbehältern beispielsweise erhebliche Kosteneinsparungen.
Jedes Unternehmen hat andere Anforderungen an die Leistungen eines Paket- oder Kurierdienstes oder an eine Spedition. Mal steht der Preis im Vordergrund, mal die Zuverlässigkeit, mal das Procedere. Auf Grund dieser unterschiedlichen Leistungs-Schwerpunkte ist es nicht möglich, eine Empfehlung abzugeben, welche Versandart bzw. welcher Versandweg der Richtige ist.

Stellen Sie Ihren persönlichen Anforderungskatalog zusammen

Eine Hilfestellung möchten wir Ihnen allerdings geben, und zwar hinsichtlich der Kriterien, die zu berücksichtigen sind. Dabei greifen wir auf eine Umfrage zurück, die forsa im Auftrag der Zeitschrift „Impulse“ von Dezember 1999 bis Januar 2000 zur Zufriedenheit mittelständischer Unternehmen mit Paket- und Expressdienstleistern durchgeführt hat. Befragt wurden 202 Unternehmen aus folgenden Bereichen: Einzelhandel (74), Großhandel (66), Produktionsbetrieb (40), Versandhandel (22).
Ihnen die Inhalte und Ergebnisse im Einzelnen und komplett vorzustellen, würde zu weit führen. Ein Thema haben wir jedoch herausgegriffen, und zwar die 22 Kriterien, die für die Zusammenarbeit eine Rolle spielen.
Die Befragten konnten dabei Noten vergeben von
1 = sehr wichtig bis 6 = völlig unwichtig.
Die Tabelle auf der nächsten Seite gibt einen Überblick über die wesentlichen Kriterien – und nennt die Durchschnittsnote der Nutzer im Gesamten.
Wir sind sicher, dass Sie daraus einen Anforderungskatalog erstellen können, der auf Ihr Unternehmen und Ihren Bedarf zugeschneidert ist.

DER PROFI-TIPP:

Lassen Sie sich von den gängigsten Paketdienstleistern ein Angebot unterbreiten, das auf Ihren Bedarf zugeschnitten ist. Sie werden überrascht sein, was alles möglich ist.

	Mittelwert/Note
Preis	1,3
Einfache Abwicklung und Abholung	1,5
Präzise Einhaltung des Zustellermins	1,5
Behandlung von Reklamationen	1,6
Einfache Tarifstruktur	1,7
Weitergehende Haftung bei Verlust/Beschädigung	1,7
Garantierter Zustelltermin	1,8
Freundlichkeit am Telefon	1,9
Auf Anforderung promptes Abholen	2,1
Einheitlicher Ansprechpartner	2,1
Kompetente Beratung	2,1
Auftritt des Boten	2,5
Service-Hotline	2,5
Umfassender Transport-Versicherungsschutz	2,5
Europaweite Zustellung	2,8
Zustellung über Nacht	3,1
Verfolgung der Sendung per Internet	3,2
Weltweite Zustellung	3,7
Zustellung am Wochenende	3,9
Abholservice nach 17 Uhr	4,3
Abholservice am Wochenende	4,7
Spezialtransporte	4,8

Quelle: forsa, Berlin

Wenn Sie Ihre Anforderungen kennen, kommt Schritt Nummer 2 – ein Preis/Leistungsvergleich der Anbieter. Dafür haben wir unten die bundesweit tätigen Paket- und Kurierdienste in alphabetischer Reihenfolge für Sie aufgelistet.

Preisvergleiche mit Gegenüberstellungen der jeweiligen Serviceleistungen finden Sie auch im Internet unter

- www.postsitter.de
- www.letmeship.de
- www.posttipp.de

Der Vergleich lohnt sich. Die Preise differieren für die gleiche Dienstleistung (z.B. Paket bis 1 kg, bei Anlieferung) um über 230 %. Allerdings gilt es hier wieder zu beachten, dass es Einschränkungen gibt hinsichtlich der maximalen Größen, die die einzelnen Anbieter befördern.

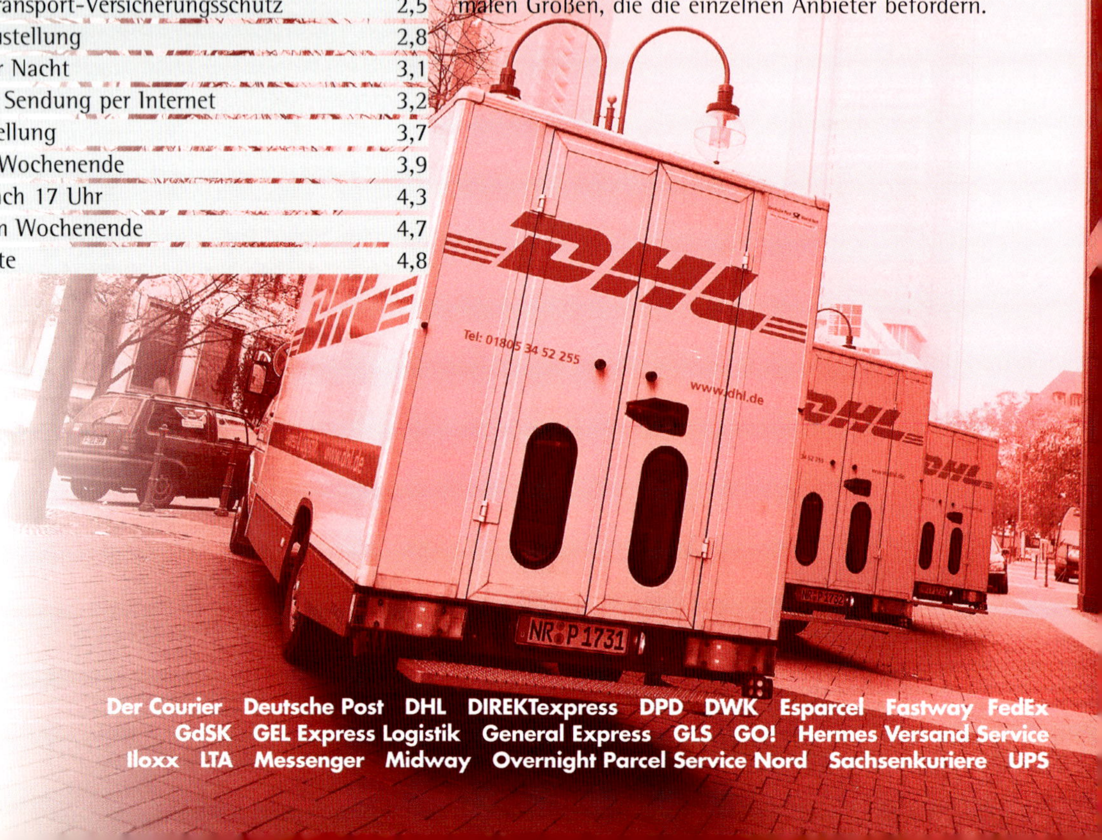

Der Courier   Deutsche Post   DHL   DIREKTexpress   DPD   DWK   Esparcel   Fastway   FedEx
GdSK   GEL Express Logistik   General Express   GLS   GO!   Hermes Versand Service
Iloxx   LTA   Messenger   Midway   Overnight Parcel Service Nord   Sachsenkuriere   UPS

EIN PAAR WORTE ZUM THEMA LOGISTIK

Während in vorindustrieller Zeit die Versorgung der Menschen vor allem dazu diente, die Grundbedürfnisse wie Nahrung, Kleidung, Unterkunft abzudecken, hat die Industrialisierung einen grundlegenden Wandel herbeigeführt. Mehr und höhere Ansprüche erfordern ein massenhaftes Produzieren von Waren, die über ein ausgeklügeltes Netz an Transportwegen und -mitteln von A (nicht selten über B, C, D etc.) nach F oder sonstwohin befördert werden müssen. Kurz: sie durchlaufen eine lange Logistikkette, bis sie an Ort und Stelle ankommen.
Ein Schlüsselwort dieses Buches und dieser Zeit überhaupt heißt daher *Logistik*.
Was dahinter steckt, ist klar: Die flächendeckende und reibungslose Versorgung mit Waren und Gütern aller Art. Das sind nicht selten betriebswirtschaftlich-organisatorische Meisterwerke.
Aber wissen Sie auch, woher der Begriff kommt?
Es leitet sich aus zwei Worten ab.
Zum einen aus dem griechischen *logos* (Verstand, Rechenkunst). Zum anderen aus dem germanisch-französischen *loger* (versorgen, unterstützen).
Fasst man die beiden Bedeutungen zusammen, trifft man inhaltlich den Kern der Logistik.

Logistik anno dazumal

Der französische General Jomini (1779-1869) schuf mit dem Begriff „maréchal de logis“ eine Position von zentraler Bedeutung innerhalb des napoleonischen Heeressystems. Als Quartiermacher war er für die ausreichende Versorgung seiner Truppen verantwortlich. Dieser Aufgabenbereich wurde immer umfangreicher und umfasste mehr und mehr die Planung des Transport- und Verkehrswesens der Militäreinheiten.

Logistik heute

Als Begründer der „industriellen Logistik“ gilt Prof. Dr. Reinhardt Jünemann (†), Ehrenkurator und Initiator des Diplom-Studiengangs Logistik an der Universität Dortmund. Sein Lehrsatz lautet: „Das richtige Objekt, zur richtigen Zeit, am richtigen Ort, in der richtigen Qualität, in der richtigen Zusammensetzung, zu den richtigen Kosten.“ Na, wenn's sonst nichts ist ...

Versorgungskette am Beispiel von Waschmittel

Die „letzte Meile“ – eine echte logistische Herausforderung

5

In Zeiten von E-Commerce und Web-Shops freuen sich Kurier- und Paketdienste über stetig wachsendes Paketaufkommen. So weit, so gut.
Weniger gut sieht der Alltag aus, denn die meisten Online-Shopper sind berufstätig, nicht jeder kann oder mag sich die Ware an den Arbeitsplatz schicken lassen. Das Ende vom Lied: Der berühmte Abholzettel im Briefkasten oder die freundliche Nachricht des Paketdienstleisters, dass er da war und nochmal vorbeikommt – das kann bis zu dreimal sein. Da hilft auch der schnellste Lieferservice nicht, wenn auf der so genannten „letzten Meile“ die Organisation an der Realität scheitert. Webshops und Versandhandel kennen das Problem. Immerhin nimmt diese letzte Meile, also der Weg bis zur Haustür des Empfängers 55 % der gesamten Logistikkosten in Anspruch.

Hier sind innovative Konzepte für die Zustellung gefragt. Einige davon gibt es bereits. Teils als Pilotprojekt, teils als erste Versuche, hier neue Strukturen zu schaffen. Allen gemeinsam ist der Gedanke, den Kunden einen mehr oder weniger „rund um die Uhr“-Service zu bieten und damit die Voraussetzung zu schaffen, Pakete dann abzuholen, wann es in den persönlichen Zeitplan passt.
Drei interessante Projekte stellen wir Ihnen hier vor:

tower 24

Diese Logistikidee zur Warenübergabe ist eine Entwicklung des Fraunhofer Institutes für Materialfluss und Logistik, Dortmund. Hier steht auch das Pilotprojekt, ein markanter Turm in Rundbauweise mit 4,50 m Durchmesser, 11 m Höhe und mit einer Lagerkapazität von bis zu 600 Paketen. Seine Besonderheit: In einem separaten Temperaturbereich können auch empfindliche Lebensmittel auf ihre Abholung warten. Der futuristisch anmutende, vollautomatische Paket-Terminal wurde Anfang 2003 in Betrieb genommen – ein Jahr später verzeichnet er bereits rund 1000 Nutzer.
Das Procedere: Die Partner (Kunden, Webshops und Logistikdienstleister) werden einmalig registriert. Damit haben Kunden die Möglichkeit, an den tower 24 liefern zu lassen und die Ware rund um die Uhr dort selbst abzuholen. Über den Paketeingang werden sie per SMS oder E-Mail benachrichtigt. Über diese Medien haben sie auch die Möglichkeit, Retouren zu veranlassen.
Das Konzept findet europaweite Anerkennung. Sowohl der Bundesverband Logistik (BVL) als auch die European Logistic Association (ELA) hat den tower24 bei der Suche nach der innovativsten Logistik-Idee mit dem zweiten Platz ausgezeichnet.

Im tower 24 werden empfindliche Lebensmittel in einem Frischebereich bei 2–7° C fachgerecht gelagert.

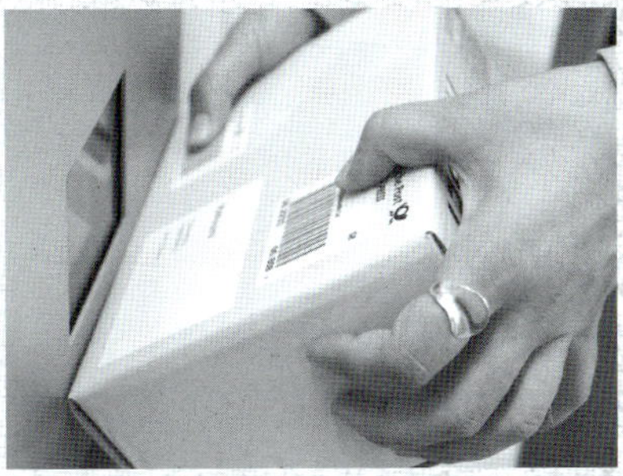

Post- und DHL-Kunden können an den Packstationen mit Kundenkarte Tag und Nacht Pakete abholen und auch verschicken.

PickUp-Stationen

Grundgedanke ist es, an Orten mit möglichst durchgehenden Öffnungszeiten so genannte PickUp-Points einzurichten. Tankstellen, Videotheken und Kioske sind daher bevorzugte Partner. PickUp-Point ging im Herbst 2000 an den Start. Inzwischen gibt es bundesweit rund 1700 dieser PickUp-Stationen, an denen die Empfänger sowohl nach Feierabend als auch am Wochenende die Möglichkeit haben, ihr Paket in Empfang zu nehmen.
Das funktioniert nach dem gleichen Prinzip wie beim tower24: Webshops, Versandhändler, aber auch Firmen mit Außendienstmitarbeitern, Handelsvertretern oder Servicetechnikern, die oft über Nacht Ware oder Ersatzteile bekommen, lassen sich kostenlos registrieren und bieten ihren Kunden und Mitarbeitern damit die Möglichkeit, die Ware an PickUp-Stationen selbst abzuholen. Sofort bei Paketeingang erhält der Empfänger eine SMS oder E-Mail. Danach hat er zehn Tage Zeit, sein Paket abzuholen. Neben einer kleinen Provision sollen PickUp-Point-Betreiber aber vor allem durch die zusätzliche Laufkundschaft profitieren.

Packstation

Die Deutsche Post AG und der DHL-Zustelldienst vereinen mit diesem Projekt die bislang häufigste Art der Paketzustellung (Lieferung direkt an die Haustür) mit der Möglichkeit dezentraler Paketabholung. Packstation heißt der automatische Postschalter, an dem Pakete rund um die Uhr abgeholt und verschickt werden können.
Nachdem das bundesweit in fünf Städten (Dortmund, Mainz, Frankfurt/Main, Offenbach, Bad Vilbel) durchgeführte Pilotprojekt erfolgreich abgeschlossen wurde, sind ab Frühjahr 2004 bundesweit in weiteren sechs Städten Packstationen geplant (München, Köln, Berlin, Hamburg, Wiesbaden, Darmstadt).
Nach schriftlicher Anmeldung erhält der Packstation-Nutzer alle erforderlichen Unterlagen, um diesen kostenlosen Service nutzen zu können. Damit ist die Paketzustellung an die Haustür aber noch lange kein „Schnee von gestern". Nach wie vor wird Ihr Paket nach Hause geliefert. Ist niemand zu Hause, informiert der Packstation-Aufkleber am Briefkasten den Zusteller darüber, dass er die Sendung dort deponiert. Es folgt das bekannte Procedere: Sie erhalten eine Nachricht per SMS oder E-Mail und können Ihr Paket zum nächstmöglichen Zeitpunkt dort selbst abholen.

MEHR ZU DIESEM THEMA...

Hier gibt es weitere Informationen zu den vorgestellten dezentralen Konzepten:
www.tower24.de
www.pickup.de
www.packstation.de

Ist Ihr Paket ready for Takeoff?
Checkliste

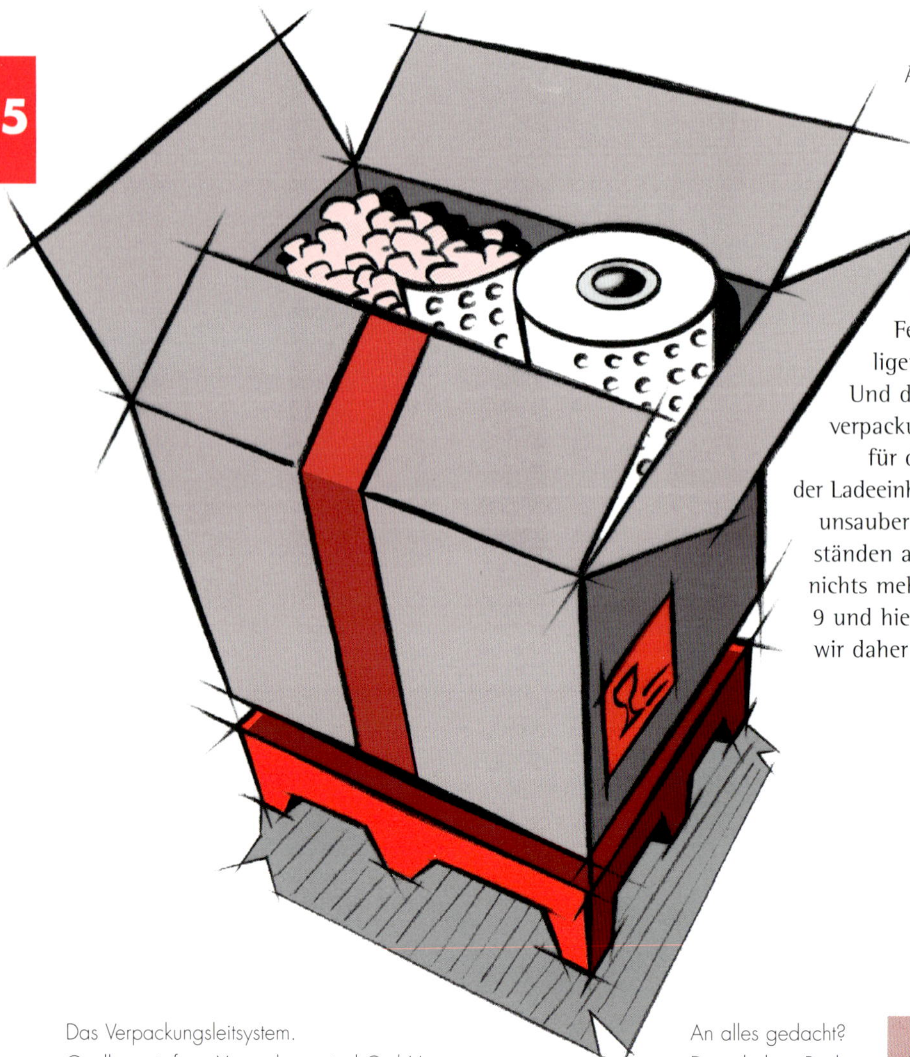

Alle 6 Schritte durchlaufen? Dann hilft Ihnen die folgende Liste für einen letzten Check, bevor Sie Ihre Ware auf die Reise schicken. Vorher werfen wir allerdings noch einen Blick auf die Hitliste der in Versand und Packerei „beliebtesten" Fehler, die immer wieder zu kostspieligen Schäden führen.

Und denken Sie daran: Die Transportverpackung ist zwar der wichtigste Schutz für den Inhalt, wenn aber beim Bilden der Ladeeinheiten und bei der Ladungssicherung unsauber gearbeitet wird, kann unter Umständen auch die beste Transportverpackung nichts mehr retten. Einen Blick in Kapitel 9 und hier vor allem ab Seite 154 empfehlen wir daher auf jeden Fall.

Das Verpackungsleitsystem.
Quelle: ratioform Verpackungmittel GmbH

An alles gedacht? Dann haben Packer und Empfänger gut lachen …

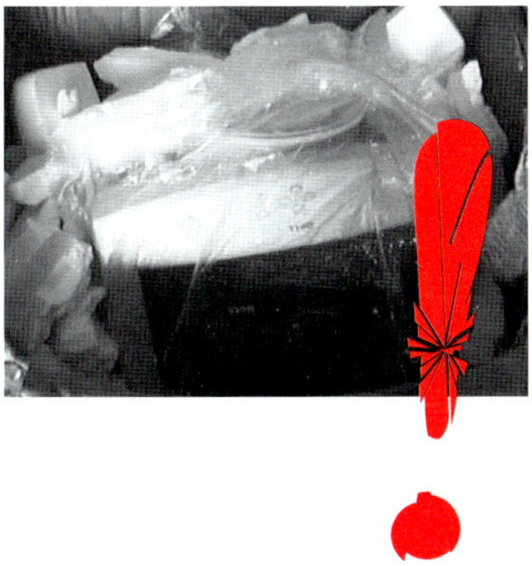

Die Top 10 der häufigsten Verpackungsfehler

1. Zu kleine Verpackung – Packgut ist nicht ausreichend geschützt
2. Zu große Verpackung – Packgut bewegt sich im Paketinneren
3. Ungenügende Polsterung und damit unzureichender Schutz gegen mechanische Belastungen.
4. Nicht berücksichtigen der klimatischen Bedingungen
5. Mangelnde Stapelfähigkeit der Packstücke
6. Ungenügende Ladungssicherung
7. Unzureichender Kantenschutz der Transportverpackungen
8. Keine oder nicht ausreichende Kennzeichnung sowie fehlende Handling-Informationen auf der Außenverpackung
9. Ungeeigneter Ladungsträger
10. Überhänge an Ladungsträger

UNSER PRAXIS-TIPP:

Eine Kopie dieser Seite am Arbeitsplatz Packtisch und dieser kurze Check wird zur Selbstverständlichkeit.

Checkliste: Wie gut ist meine Transportverpackung?

Komplettverpackung

Gibt es möglicherweise eine maßgeschneiderte Verpackung für das Produkt, die keine zusätzlichen Materialien erfordert?

Umverpackung

Entspricht die Qualität der Schachtel dem Gewicht der zu verpackenden Ware?

Wurde die Schachtelgröße so gewählt, dass genügend Platz ist für eine ausreichende, aber auch nicht überdimensionierte Polsterung?

Ist die Umverpackung stapelfähig?

Füllen, Polstern, Schützen

Entspricht die Polsterung in Härte und Qualität der Produktempfindlichkeit?

Vermeiden Sie PUR Schaumpolster (Schaumgummi) für empfindliches Packgut über 5 kg.

Ist die Fixierung des Packgutes innerhalb der Außenverpackung ausreichend?

Ist die Innenverpackung so stabil, dass sie auch Stapeldruck aushält?

Ist das Produkt nach allen sechs Seiten ausreichend fixiert, gepolstert und geschützt?

Bitte denken Sie daran: Zur Fixierung ist loses Schüttgut ungeeignet.

Vermeiden Sie Spielraum zwischen Produkt, Innenverpackung und Umverpackung.

Wichtig bei mehreren empfindlichen Produkten: Achten Sie darauf, dass zwischen den einzelnen Produkten genügend Trennelemente sind.

Bei Konstruktivverpackungen: Sind die Original-Zuschnitte noch in Ordnung?

Wurde darauf geachtet, dass die Feder- und Bremswege nicht ausgefüllt sind?

Verschlussmittel

Ist das Paket ausreichend verschlossen?

Für leichte Produkte ein leichter Verschluss, am besten PVC-Packband mit Doppel-T-Verschluss.

Schwere Güter zusätzlich klammern oder umreifen.

Ist das Umreifungsband so angelegt, dass die Schachtel nicht eingeschnitten wird?

Ist Kantenschutz erforderlich?

Entspricht der Verschluss dem Inhalt Ihres Paketes?

Selbstklebendes PVC-Packband (Doppel-T-Verschluss für leichte Waren)

Adressierung und Kennzeichnung

Ist die Anschrift vollständig? (Bitte kein Postfach!)

Falls erforderlich: Ist das Paket mit den entsprechenden Hinweisen für besondere Handhabung gekennzeichnet?

(z. B.: Nicht stürzen, Bruchgefahr, Gefahrgut, Vor Nässe schützen etc.)

Der richtige Versandweg

Gibt es in Ihrem Unternehmen eine Aufstellung der wichtigsten Kriterien, die für eine Zusammenarbeit mit Paket- oder Expressdienstleistern entscheidend sind?

Haben Sie einen festen Vertragspartner im Versandbereich oder wird dieses Thema immer wieder neu diskutiert?

Ist Ihr Paketaufkommen so hoch, dass sich die feste Zusammenarbeit mit einem Paket- oder Expressdienstleister lohnt? Wenn ja: Machen Sie sich die Mühe, einen Anforderungskatalog für Ihr Unternehmen aufzustellen und sich für einen festen Vertragspartner zu entscheiden.

AND ZWIEBELN
€1,39
HKL. I
1Kg

6

Die Stoffe, aus denen Transportverpackungen entstehen. Eine kleine Materialkunde

Vielen Produkten und Materialien, mit denen wir mehr oder weniger täglich zu tun haben, begegnen wir auch im Bereich der Transportverpackungen. Was hier beispielsweise Umverpackung, Luftpolsterfolie, Stretchfolie, Pack- oder Umreifungsband heißt, trägt dort die Namen Verkaufs- oder Geschenkverpackung, Tragetasche, Lebensmittelverpackung, Klebestreifen, Schleife etc.
Die Materialien sind im Prinzip die Gleichen. Allen voran Karton und Kunststoff.
So gesehen ist ein Blick hinter die Kulissen nicht nur für Verpackungsprofis interessant. Schließlich sind es Materialien, mit denen wir auch im täglichen Leben ständig zu tun haben.
Vier davon haben wir herausgegriffen und so bearbeitet, dass Sie schnell und anschaulich ein bißchen Hintergrundwissen bekommen:

- Ein Material schlägt hohe Wellen: Wellpappe
- Contra Vorurteile: Kunststoff ist besser als sein Ruf
- Vom Wundkissen zum Tausendsassa: Klebebänder
- Eine reife Leistung: Umreifungsbänder

Ein Material schlägt hohe Wellen: Wellpappe

Bevor wir Sie in die Geheimnisse der Wellpappe mit all ihren Qualitätsmerkmalen, und Herstellungsdetails einweihen, ein bisschen Geschichte. Denn die ist mindestens genauso interessant.
Architektur-Liebhaber mögen zu Recht annehmen, der Erfinder der Wellpappe habe sich an die klassische Form des Rundbogens an Brücken und Kathedralen angelehnt, der diese Bauwerke so tragfähig macht. Weit gefehlt. Albert L. Jones, amerikanischer Ingenieur, kam beim Anblick von plissiertem Stoff an Halskrausen und Rüschen der Gedanke, nach diesem Faltprinzip auch Papier stabiler und elastischer zu machen. Diese Idee ließ er sich 1871 patentieren.
Drei Jahre später stellte sein Landsmann Oliver Long erstmals einseitige Wellpappe her, in dem er das gewellte Papier mit einem glatten verklebte.
1882 schließlich erhielt Robert H. Tompson ein Patent für doppelseitige Wellpappe.

So, jetzt sind Sie ein wenig eingestimmt und hoffentlich fit, in die Welle einzutauchen. Und schon geht's los, und zwar mit der **Definition Wellpappe:** Sie ist Basis der meisten Kartonagen und hat mindestens eine gewellte Papierbahn (Welle), die zwischen glatte Papierbahnen (Decken) geklebt wird.

In die Welle eintauchen – und alles wird klar

Man unterscheidet zwischen einwelliger, zweiwelliger und dreiwelliger Wellpappe. Die Anzahl der Wellen bestimmt das Maß der stoßdämpfenden Schutzwirkung.
Darüber hinaus gibt es einseitig geklebte Wellpappe, auch Rollenwellpappe genannt. Sie dient dem Schutz von Oberflächen oder zum Füllen von Zwischenräumen. Fünftes im Bunde ist das einwellige Papier, das ebenfalls in diesem Bereich Verwendung findet.
Zwei Werte geben Auskunft über die Größe einer Welle und damit über ihre Stabilität und Stoßfestigkeit:
1. **Die Wellenteilung = t.** Sie bezeichnet den waagrechten Abstand zwischen zwei Wellenbergen.
2. **Die Wellenhöhe = h.** Damit ist das senkrechte Maß von Scheitelpunkt zu Scheitelpunkt der Welle gemeint.

Die Mode war Ideengeberin für die Entwicklung der Wellpappe. Nicolaes Maes, Margarethe de Geer, Gemahlin des Jacop Trip (um 1660, Ausschnitt).

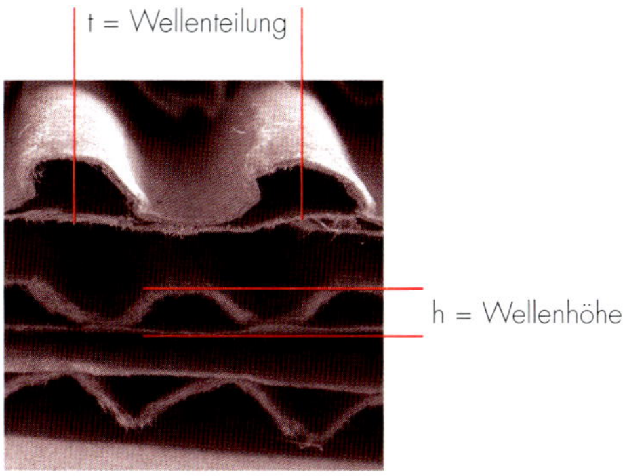

Im Bereich der Transportverpackungen kommen hauptsächlich vier Wellenarten bzw. entsprechende Kombinationen daraus zum Einsatz. Sie alle sind nach DIN 55 468 normiert.

Art/Bezeichnung		t-Wert[1]	h-Wert[2]	Eigenschaften
Grobwelle	A-Welle	8.0-9.5	4.0-4.8	sehr gute Federwirkung
Mittelwelle	C-Welle	6.8-7.9	3.2-3.9	vielseitig einsetzbar
Feinwelle	B-Welle	5.5-6.5	2.2-3.0	für unempfindliches Packgut
Feinstwelle	E-Welle/ Mikrowelle	3.0-3.5	1.0-1.8	gut bedruckbar, daher v.a. für Verkaufsverpackungen

[1] Wellenteilung, [2] Wellenhöhe, siehe Grafik oben

Die Beschreibung der Wellpappensorte wird von den Herstellern höchst individuell gehandhabt. Dennoch gibt es gängige Standard-Bezeichnungen wie

- die Normierung nach DIN, Beispiel: Wellpape DIN 55468 – 1.20 A, was so viel heißt wie 1-wellig / belastbar bis 20 kg / A-Welle.
- eine allgemein gültige Beschreibung – Beispiel: B 1.20 steht für 1-wellig / B-Welle, belastbar bis 20 kg.

Sorte	Berstfestigkeit (kPA)	Durchstoßarbeit (J)	Kanten-Stauchwiderstand (kN/m)	Eigenschaft
1-wellig				
1.01	2,5	3		Lagerqualität
1.02	3	3,5		Lagerqualität
1.03	3,5	4		Lagerqualität
1.10	600	3	3	Transport
1.20	850	3,5	3,5	Transport
1.30	1100	4	4	Transport
1.40	1400	5	5	Transport
1.50	1700	6	6	Transport
2- oder mehrwellig				
2.02	6	6		Lagerqualität
2.03	7	6,5		Lagerqualität
2.04	7,5	7,5		Lagerqualität
2.20	850	6,5	6	Transport
2.30	1100	7,5	6,5	Transport
2.40	1400	8,5	7,5	Transport
2.50	1700	9,5	8	Transport
2.60	2000	10,5	8,5	Transport
2.70	2300	11,5	9	Transport
2.90	16	13		Schwerwellpappe
2.91	19	15		Schwerwellpappe
2.92	24	18		Schwerwellpappe
2.95	29	21		Schwerwellpappe
2.96	33	24		Schwerwellpappe

Die Zellstoff- und Papierindustrie in Deutschland im Jahr 2002

Produkt	Erzeugung in t	Veränderung zu 2001
▪ Druck- und Pressepapiere		
Zeitungsdruckpapier	2.026.575	- 1 %
Naturzeitschriftenpapier	1.286.263	+ 1 %
sonstige holzhaltigen Papiere	82.207	- 1 %
holzfreie Papiere	753.757	+ 13 %
gestrichene Papiere	3.673.577	- 2 %
Büro- und Administrationspapiere	1.067.364	+ 13 %
grafische Papiere	8.889.743	+ 1 %
insgesamt	**7.822.379**	**0**
▪ Papier, Karton und Pappe für Verpackungszwecke		
Wellpappenpapiere	4.401.760	+ 9 %
Packpapier*	113.809	- 9 %
fettdichte Papiere	57.781	- 5 %
Kraftpapier	54.437	- 1 %
Etiketten- und Einschlagpapiere	162.873	+ 11 %
Faltschachtelkarton	1.349.167	+ 5 %
sonstiger Maschinenkarton	853.066	+ 4 %
Wickelpappe für Verpackung	57.922	+ 2 %
sonstige Verpackungspapiere/ Kartons	315.033	+ 7 %
insgesamt	**7.365.841**	**+ 7 %**
▪ Hygiene-Papiere (Maschinenproduktion)		
Tissue	912.087	+ 4 %
Krepp	93.643	- 16 %
sonstige Hygiene-Papiere	29.961	- 14 %
insgesamt	**1.035.691**	**+ 1 %**
▪ Papier und Pappe für technische und spezielle Zwecke	1.234.559	+ 2 %
Papier, Karton und Pappe insgesamt	**18.525.834**	**+ 4 %**

* ZP-/AP-Packpapier, ZP-/AP-Seidenpapier, Natronmischpapier
Quelle: VDP Verband deutscher Papierfabriken, Bonn

Die fantastischen Sieben: Wellpappe-Verpackungen und ihre Eigenschaften

Wellpappe-Verpackungen sind ...

1. stabil, weil die Welle eine natürliche Polsterfunktion bietet,
2. individuell, weil sich jedes Produkt maßgeschneidert verpacken lässt,
3. vielseitig, weil viele verschiedene Größen und Qualitäten zur Verfügung stehen,
4. kommunikativ, weil die Kartonagen problemlos bedruckt werden können,
5. natürlich, weil Luft und Papier die Hauptlieferanten für Wellpappe sind,
6. kostengünstig, weil sie sich wirtschaftlich und kostengünstig herstellen lassen,
7. umweltbewusst, weil sie aus Rohstoffen produziert werden, die bis zu 80 % aus Altpapier bestehen.

BESUCHEN SIE DOCH MAL ...

... Museen, die sich mit dem Thema Papier beschäftigen:
Deutsches Museum, München – www.deutsches-museum.de
Rheinisches Industriemuseum, Bergisch-Gladbach – www.lvr.de
Westfälisches Freilichtmuseum, Hagen – www.freilichtmuseum-hagen.de
Papiermuseum Düren – www.artcontent.de/dueren
Deutsches Verpackungsmuseum, Heidelberg – www.verpackungsmuseum.de

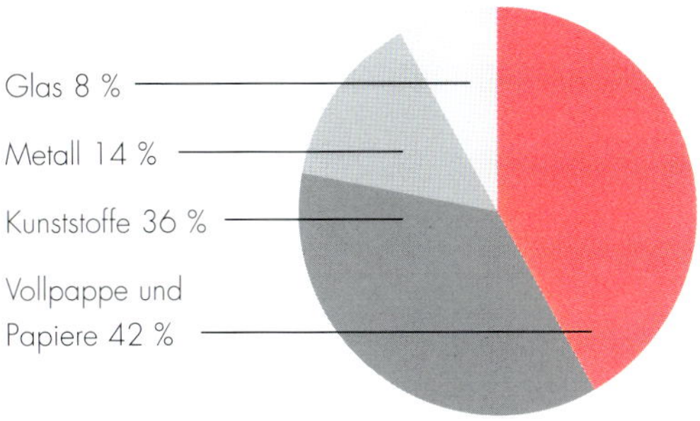

Packmittel in Europa
Quelle: OSEC-Bericht 2002, Schweiz

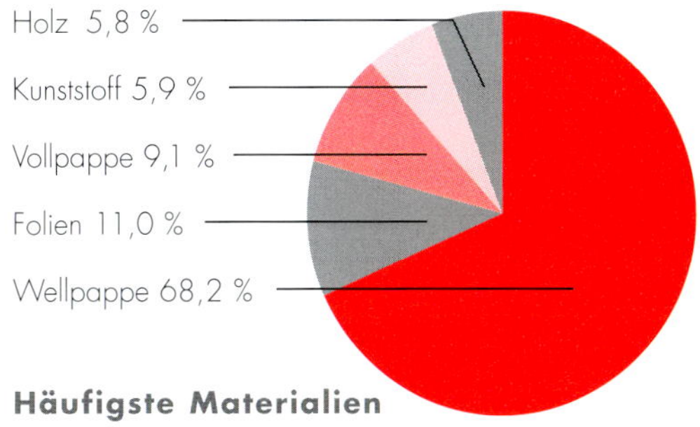

Häufigste Materialien für Transportverpackungen in Deutschland
Quelle: VDW-Statistik 2002

Ein Sandwich aus Papier. Oder: Wie und woraus entsteht Wellpappe?

Halten wir fest: Wellpappe ist gewelltes Papier zwischen zwei Papierbahnen, den so genannten Deckenpapieren. Einzige Ausnahme: Das Wellenpapier, auch als Rollenwellpappe bezeichnet, das lediglich aus Wellenbahn plus Deckenpapier besteht. Diese „Sandwich-Technik" ist der Grund für die hohe Stabilität und die stoßdämpfende Schutzwirkung von Wellpappe.

Die **Deckenpapiere** sind quasi die Haut der Schachtel und daher hohen Beanspruchungen ausgesetzt. Entsprechend vielfaltig ist ihre Aufgabe:
Ihre Außenseite soll:

- die äußeren Einwirkungen auffangen und ableiten,
- widerstandsfähig gegen mögliche Beschädigungen sein,
- die Stapelfestigkeit der Schachtel erhöhen,
- gut bedruckbar sein.

Die Innenseite dagegen kann eher rau sein, um die Verklebung der einzelnen Schichten zu erleichtern. Als Deckenpapiere kommen vor allem drei Sorten zum Einsatz:
Kraftliner, die Nummer eins für Transport- und Gefahrgutverpackungen. Mit Grammaturen von 125-440 g/qm kommt er vor allem dann zum Einsatz, wenn besonders hohe Anforderungen an das Deckenpapier gestellt werden (Widerstandsfähigkeit, Schutz vor Feuchtigkeit etc.). Kraftliner besteht zu mindestens 80 % aus Frischfasermaterial. Das ist der Grund für die widerstandsfähige Eigenschaft, denn frische Fasern sind noch besonders lang und daher zu einer festen Struktur miteinander verbunden.
Testliner, zwei- oder mehrlagiges Deckenpapier als kostengünstige Variante. Hier wird vor allem Altpapier verwendet. Testliner besteht aus zwei oder mehreren Lagen: Einer dickeren Trägerschicht aus gemischtem Altpapier und einer Deckenlage aus Wellpappenabfällen. Die Grammatur von Testliner liegt zwischen 100 und 200 g/qm.
Schrenz, leichtes Deckenpapier aus gemischtem Altpapier. Mit einer Grammatur von 80 bis 140 g/qm wird Schrenz hauptsächlich für Innendecken oder Zwischenbahnen bei mehrwelliger Wellpappe eingesetzt.

Die **Wellenpapiere** müssen zwei Eigenschaften in sich vereinen: Hohe Steifigkeit, um den Einwirkungen von außen standzuhalten. Und hohe Elastizität, um Stöße abzufedern und polsternd zu wirken. Zwei Papiere eignen sich dafür besonders:

Europaweit produzieren rund 20 000 Unternehmen Packmittel im Wert von jährlich ca. 85 Mrd. Euro. Wichtigster europäischer Verpackungsmarkt ist Deutschland, gefolgt von Frankreich und Italien. Von 1996 bis 2002 wuchs der westdeutsche Verpackungsmarkt jährlich um durchschnittlich fast 4 %.
Quelle: OSEC-Bericht 2002, Schweiz

Papierverbrauch

■ Papier in kg pro Kopf/Jahr
■ Wellpappe in kg pro Kopf/Jahr

225 kg Papier werden bei uns durchschnittlich pro Kopf und Jahr verbraucht – das entspricht einem Rohstoffeinsatz von ca. 800 g Holz pro Tag. Für das Wachstum dieses Holzes ist eine Fläche in der Größe von Bayern und Baden-Württemberg zusammen erforderlich. Quelle: VDW, Darmstadt

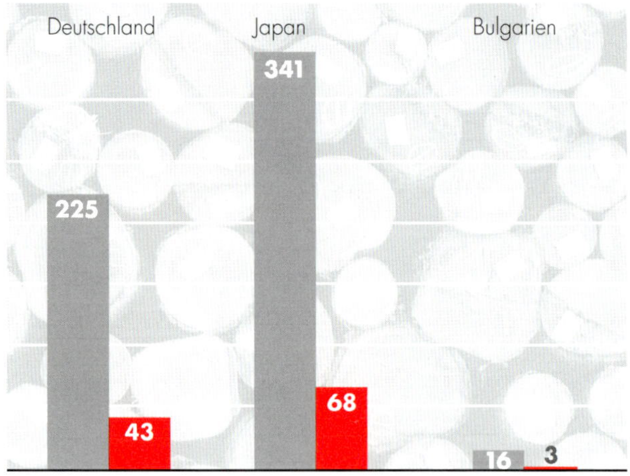

Halbzellstoffpapiere werden aus chemisch halb aufgeschlossenen Holzfasern hergestellt. Ihre Eigenschaft: Hohe Steifigkeit und hohe Widerstandsfähigkeit gegen Stoßbelastungen.
Wellenstoff (verbesserte Schrenzpapiere) besteht ausschließlich aus gemischtem Altpapier und Wellpappenabfällen aus hochwertigen Recyclingstoffen. Durch die Beigabe von Stärke werden nahezu gleiche Festigkeitswerte erzielt wie bei Wellenpapiere, die aus Halbzellstoffpapieren hergestellt werden.

Bei der Verklebung werden alle Wellenkronen fest mit der glatten Bahn verklebt. Dafür werden Klebstoffe auf Stärkebasis eingesetzt. Wesentliche Rohstoffe dafür sind: Mais-, Weizen- oder Kartoffelstärke.
Ob Bogen- oder Wellenpapier – die Faserstoffe werden in Wasser aufgeschwemmt und mit Leim, Füll- und Farbstoffen aufgefüllt. Dieses Gemisch kommt auf ein Sieb, wo die Bahn gepresst und getrocknet wird.
Was sich so simpel anhört, erfordert natürlich eine Menge an Know-how, das Wissen um die genauen Mengen und den richtigen Umgang mit der hochmodernen Technik. Wellpappe gilt übrigens dann als einwandfrei verklebt, wenn beim sorgfältigen Abreißen der glatten Bahnen in Wellenlängsrichtung auf mindestens 80 % der geklebten Fläche noch ausgerissene Fasern der benachbarten Welle oder der glatten Bahn sichtbar sind.

Vom Material zur Produktion

Produziert wird in Wellpappenanlagen, kurz WPA genannt.
1. Schritt: Das Wellpappen-Rohpapier läuft auf breiten Rollen in die Maschine. Es wird erwärmt und befeuchtet, um elastisch genug zu sein für die Verformung zur Welle.
2. Schritt: Unter Einwirkung von Druck und Hitze wird das Papier zwischen zwei Riffelwalzen durchgeführt, die wie Zahnräder ineinander greifen. So wird die Pappe zur Welle. Die Walzen haben eine grobe, mittlere oder feine Riffelung für unterschiedlich hohe und breite Wellenprofile.
3. Schritt: Für die Verbindung mit der Deckenbahn wird direkt nach der Umformung zur Welle Leim auf die Wellenberge aufgetragen.
4. Schritt: Die Anpresswalze presst Deckenbahn und Wellenpapier zusammen, der erhitzte Leim wird fest – fertig ist die Rollenwellpappe. Der Weg zur einwelligen Wellpappe ist nun nicht mehr weit.
5. Schritt: Auf die einseitige Wellpappe wird eine zweite Deckenbahn aufgeklebt.

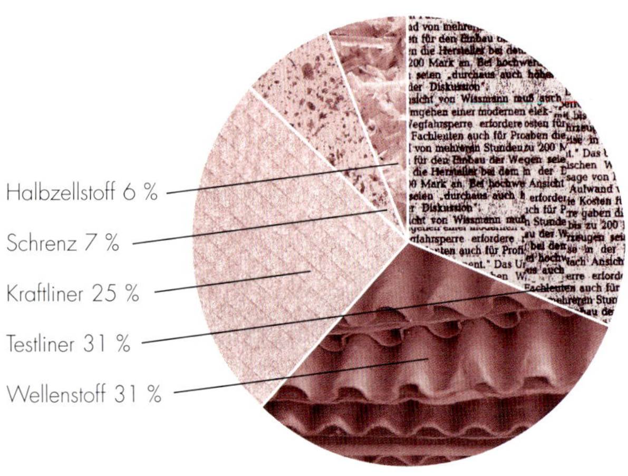

Materialanteile von Wellpappe

Über 75 % des Rohstoffbedarfs werden mit Altpapier gedeckt. Ein Mindestmaß an Frischfasern ist allerdings notwendig, um eine kontinuierlich gute Qualität der Recyclingpapiere zu erzielen.
Quelle: Hüthig, Verpackungstechnik

Herstellung von einwelliger Wellpappe

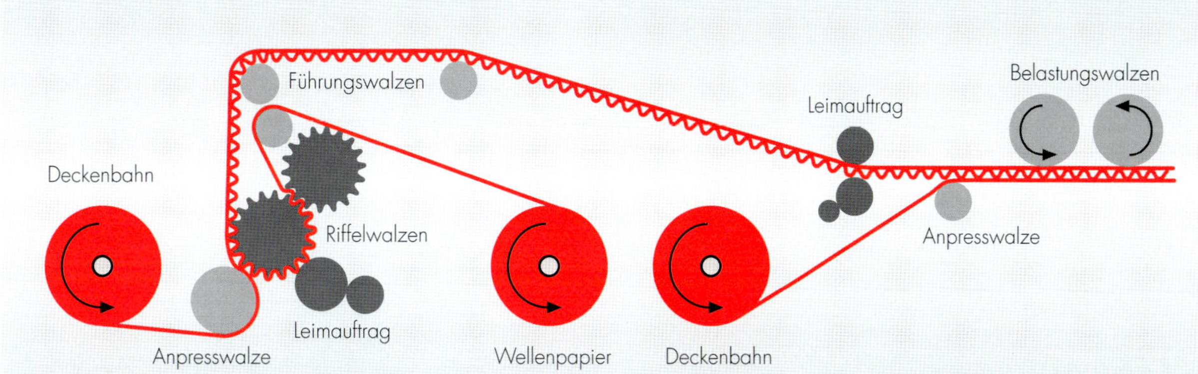

Quelle: VDW

Für zwei- und mehrwellige Wellpappe gilt das gleiche Verfahren: Zwei einseitige Wellpappenbahnen werden zusammengeführt, miteinander verklebt und mit einer dritten Deckenbahn verbunden.
Bevor die Wellpappe zur Weiterverarbeitung die Maschine verlässt, wird sie mit Längs- und Querschneidern noch auf das endgültige Format zugeschnitten und gerillt.
Aus diesen so genannten Zuschnitten entstehen Schachteln, Stanzverpackungen, Displays oder Einsätze für Konstruktivverpackungen in unterschiedlichen Formen und Größen.
Nächste Station sind die Inline-Maschinen, auf denen die fertigen Schachteln hergestellt werden. Mit einer Kapazität von bis zu 20000 Stück pro Stunde führen sie zahlreiche (Einzel-)Arbeitsgänge aus: Dazu gehören. Beschichten, Drucken, Schlitzen, Rillen, Stanzen, Verschließen (s. unten), Zählen, Bündeln und Abstapeln.
Der seitliche Verschluss, genannt Fabrikkante, kann auf drei verschiedene Arten erfolgen und wird immer maschinell durchgeführt:

- durch Verleimen,
- durch Überkleben mit Verschlussstreifen,
- durch Heften mit Drahtklammern.

Letzter Schritt in der Produktionsreihe von Wellpappe können – je nach Bedarf – Veredelungstechniken sein. Sie verleihen dem Material zusätzliche Eigenschaften, wie beispielsweise:

- extrem wasserabweisend,
- fettabweisend,
- ölfest,
- schwer entflammbar,
- rutsch- und scheuerfest,
- fäulnisverhindernd.

All diese Eigenschaften, die hauptsächlich bei Verkaufsverpackungen gefordert werden, lassen sich mit Imprägnieren und Beschichten erzielen.

Die größte und leistungsstärkste Papiermaschine der Welt steht in Wörth. Sie ist 11 m breit, 200 m lang und produziert mit 60 km/h Wellpappenrohpapiere auf 100 % Altpapierbasis – im Jahr 600 000 Tonnen!
Quelle: Papierfabrik Palm

Die Wellpappe-Gütezeichen: VDW-Standard, DIN geprüft, RAL-Zeichen

KARTON ODER (VOLL)PAPPE?

Das Gewicht entscheidet! Packstoffe mit einem Gewicht von 225 bis 550 g/qm werden als Karton bezeichnet. Erst ab 550 bis 3000 g/qm spricht man von (Voll-)Pappe.

Geprüfte Qualität

Um eine gleich bleibend hohe Qualität sowohl der Wellpappe als auch der fertigen Schachteln zu gewährleisten, sind Qualitätsprüfungen unerlässlich.
Dazu hat der Verband der Wellpappenindustrie e.V. (VDW) einheitliche Standards definiert. Sie bilden die Grundlage für die Prüfungen nach DIN 55468.
Das RAL-Gütesiegel auf Wellpappe-Schachteln dokumenteiert, dass die erforderlichen Prüfungen nach DIN 55468 bestanden wurden und die Kartonage die an sie gestellten Kriterien erfüllt. Neutrale Prüfinstitute überwachen die Einhaltung der Prüfbestimmungen. Wird bei stichprobenartigen Kontrollen festgestellt, dass die gestempelte Verpackung nicht den angegebenen Qualitätsanforderungen entspricht, drohen Sanktionen, Auflagen, Geldbußen – und mitunter sogar der Zeichenentzug. Mehr über die einzelnen Prüfungen in Kapitel 4 ab Seite 59.

Zwei Stars ohne Konkurrenzdenken

Auch wenn Wellpappe bei den Transportverpackungen den Ton angibt – ohne Vollpappe geht es nicht. Im Bereich der Versandtaschen spielt sie die erste Geige. Je nach Anforderung hat Vollpappe eine ein- oder beidseitig glatte Oberfläche, die sich vor allem durch exzellente Bedruckbarkeit auszeichnet. Darum werden viele Verkaufsverpackungen aus Vollpappe gefertigt – aber auch zeitgemäße Transportverpackungen, die auf Image setzen.
Vollpappe besteht meist zu 100 % aus wiedergewonnenen Faserstoffen und wird daher auch als Recycling-Packstoff bezeichnet. Bei den Rohstoffen werden zwei Qualitäten unterschieden:
1. **Primärfaserstoffe** wie Bruch-, Abfall- und Schwachhölzer
2. **Sekundärfaserstoffe** wie Zeitungen oder Mischpapier aus Papier und Pappe.

Die sieben Qualitätsmerkmale der Vollpappe sind:

- Elastizität und gleichzeitig hohe Steifigkeit,
- gute Verformbarkeit,
- relativ gute Festigkeit,
- vielseitige Verarbeitungs-und Veredelungsmöglichkeiten,
- gute Bedruckbarkeit,
- geringes Gewicht trotz hohen Volumens,
- Platz sparende Lagerung.

Durch die gleichmäßige Dichte und Homogenität des Materials sind exakte Zuschnitte, Stanzungen etc. möglich.
Daher eignet sich Vollpappe ausgezeichnet für maschinelles Abpacken, wo hohe Leistungen erzielt werden.

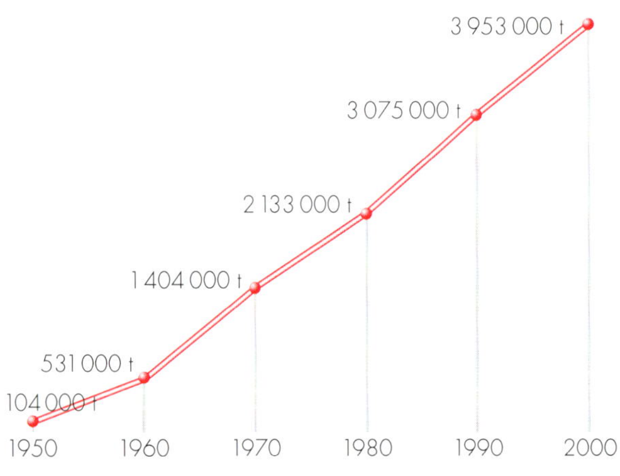

50 Jahre Wellpappe: ein Quantensprung!
Der Blick auf die jährliche Produktionsmenge von Wellpappe seit den 50er-Jahren gibt nicht nur Auskunft über die wirtschaftliche Entwicklung, sondern auch über ein rasantes Wachstum: 3800 % Steigerung in gerade mal 50 Jahren! Quelle: VDW

Contra Vorurteile: Kunststoff ist besser als sein Ruf

Wenn in Umweltdiskussionen über Materialien debattiert wird, haben Folien noch immer einen schweren Stand. Papier, Pappe und Karton dagegen erfreuen sich eines unvermindert guten Images. Ihr nachwachsender Rohstoff wird der synthetischen Herkunft der Folien gegenübergestellt – und schon scheint der Sieger klar. Was häufig nicht beachtet wird, ist die Tatsache, dass auch die Papierherstellung aus Umweltgesichtspunkten nicht ganz problemlos ist. Die Kennzeichnung „nachwachsend" oder „synthetisch" allein reicht für eine umfassende Bewertung also nicht aus.

Das Bundesumweltamt führte im Jahr 1998 eine Untersuchung über Tragetaschen durch. Im Rennen waren Modelle aus Papier und aus Folien. Das Ergebnis fiel, zur großen Überraschung aller, pro Folie aus. Nach aktuellen Expertenaussagen hat diese Untersuchung auch heute noch Gültigkeit.

Durch ihren minimalen Materialeinsatz entlasten Kunststoffverpackungen die Umwelt ganz erheblich. Beispiel: Mit gerade mal 11 % Gewichtsanteil am Gesamtpackmittelbedarf von rund 14 Millionen Tonnen pro Jahr verpacken Kunststoffe rund 42 % aller Produkte aus dem konsumnahen Bereich. Bei Lebensmitteln beträgt ihr Gewichtsanteil am Gesamtgewicht der Ware im Durchschnitt 1 bis 3 %.

Anschauliche Beispiele für den geringen Verpackungsaufwand mit Kunststoff:

So wenig Kunststoff ...		verpackt so viel Produkt	
1,5 g	OPP-Film	150 g	Kekse
4 g	PE-Film	210 g	Würstchen
5,5 g	PS-Becher	125 g	Joghurt
6 g	EPS-Schale	1 kg	Fleisch
6,5 g	PE-Beutel	1 kg	versch. Waren (Hemden etc.)
7 g	PE-Schale	1 l	Flüssigkeit
18 g	OPP-Folien	1 kg	Spaghetti
35 g	Flasche	1 l	Milch
200 g	EPS-Kasten	15 kg	Frischfleisch
250 g	Behälter	10 kg	Farbe
310 g	LDPE-Behälter	9 l	Wasser
800 g	Stretch-Folie	2 t	Ware
8,5 kg	Fass	220 l	Flüssigkeit
10,3 kg	**Kunststoff**	**3,8 t**	**Ware**

Quelle: Verband Kunststofferzeugende Industrie e.V.

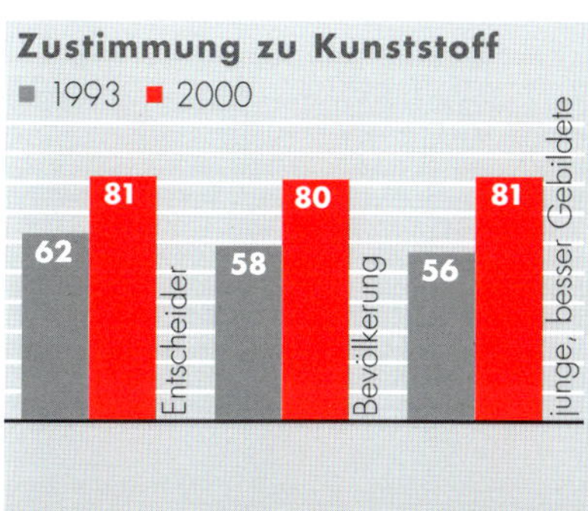

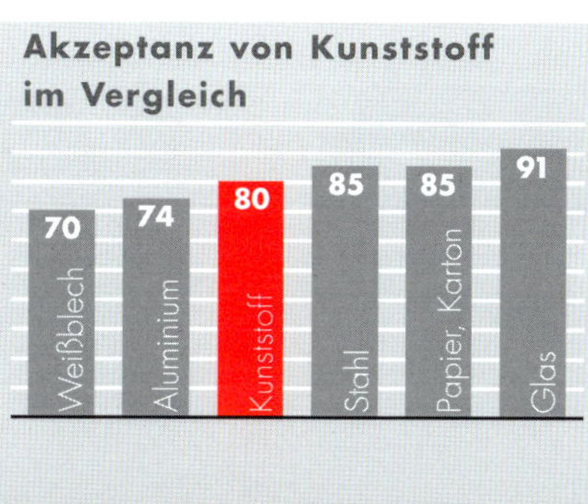

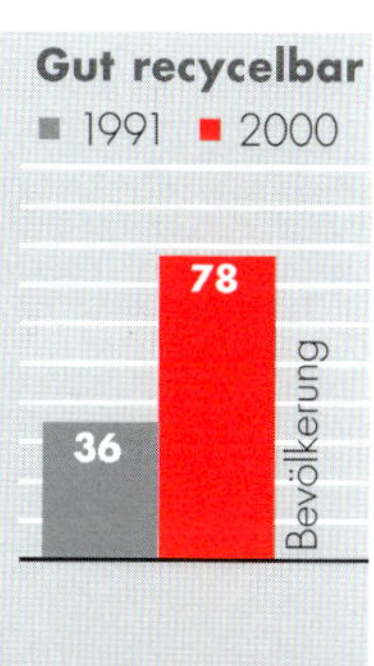

Die Meinung über Kunststoff hat sich im letzten Jahrzehnt deutlich verbessert. Quelle: Verband Kunststofferzeugende Industrie e. V.

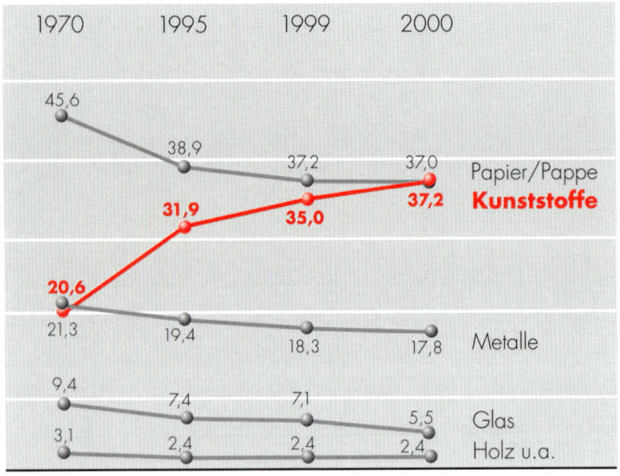

Entwicklung der Werkstoffe im Packmittelmarkt
In % des Produktionswertes.
Quelle: GADV & RKW und IK-Schätzung

Kunststoff in der öffentlichen Meinung

Die Meinung über Folien & Co. wurde also lange Zeit sehr stark von Unwissenheit geprägt. Bessere Informationspolitik hat allerdings dafür gesorgt, dass sich eine Trendwende abzeichnet, wie die Umfrageergebnisse unten zeigen.
Wir sind sicher, dass uns mit dieser Materialkunde ein weiterer Schritt in Richtung Imagepolitur gelingt. Immerhin sind Kunststoffe sowohl aus dem Lebensmittelbereich als auch aus dem Bereich der (Transport-)Verpackungen nicht mehr wegzudenken.
Auf komplexe chemische Zusammenhänge verzichten wir dabei. Vielmehr geben wir Ihnen einen kleinen Einblick in die wichtigsten Grundmaterialien, Herstellungsarten, ihre Bezeichnung und ihre vielseitigen Einsatzbereiche.

6

Kunststoff auf dem Vormarsch

Wegen ihrer enormen Leistungsfähigkeit und Vielseitigkeit haben Kunststoffverpackungen inzwischen die Führung im Packmittelmarkt übernommen und damit die traditionell dominierende Papier- und Pappefraktion überholt. Zwar mit gerade mal 0,2 % – aber die kontinuierliche Entwicklung ist beeindruckend, wie die Grafik oben zeigt. Dieser Trend ist auch im Alltag nicht zu übersehen. Schauen Sie sich mal bei den Gebrauchsgütern, mit denen Sie täglich zu tun haben, um. Merken Sie was? Kunststoffe, wohin man schaut: Tragetaschen, Frischhaltefolie, Bierkasten, Yoghurtbecher, Kugelschreiber, Fußbodenbeläge – die Liste ließe sich beliebig fortsetzen. Trotzdem ist die Verpackungsindustrie noch immer der Hauptabnehmer von Kunststoffen.

Ganz schön in Form

Für so viel Präsenz wissen wir relativ wenig über das Material, das früher als Plastik oder – in der DDR – als Plaste bezeichnet wurde. Oder doch, so viel vielleicht: Kunststoffe werden, wie der Name schon sagt, auf künstlichem Wege (synthetisch) hergestellt. Und zwar durch Verknüpfung vieler kleiner Moleküle zu großen Makromolekülen (Polymere).

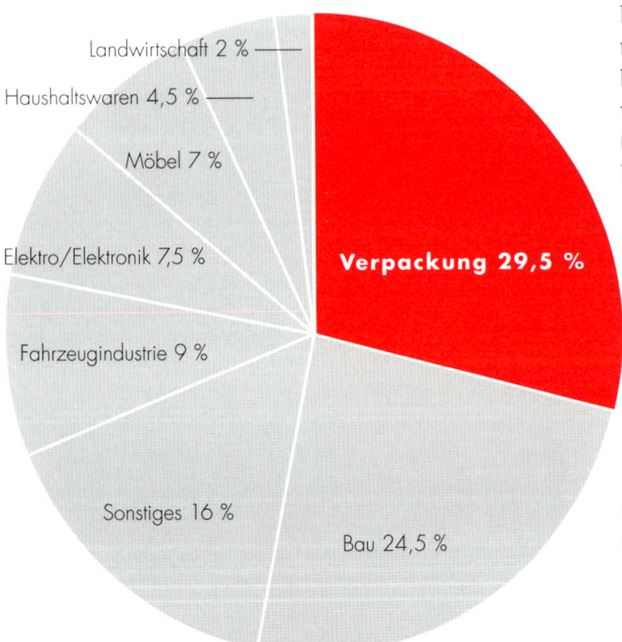

Einsatzgebiet von Kunststoffen in Deutschland
Quelle 2003: Verband Kunststofferzeugende Industrie e. V.

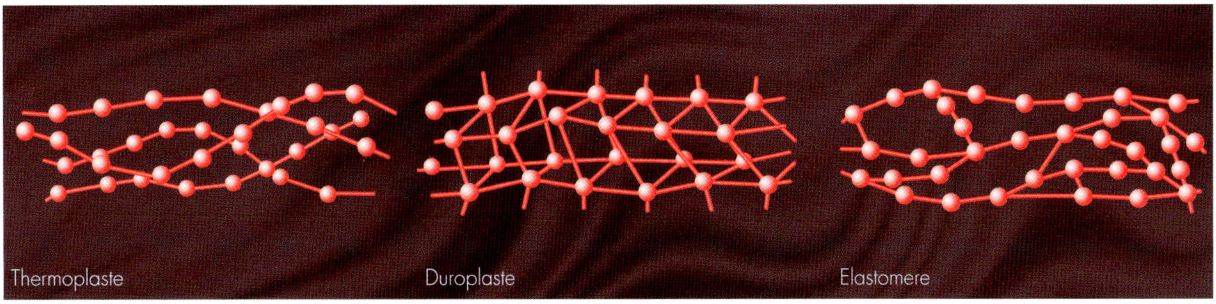

Struktur der Makromoleküle der Kunststoffarten

Und wir wissen oder haben es schon erlebt, dass eine Plastiktüte bei starker Hitze schmilzt. Andere Kunststoffe dagegen behalten auch bei äußerst starken Einflüssen in Form. Wieder andere lassen sich dehnen – um danach ihre ursprüngliche Form wieder einzunehmen.
Diese beiden Materialeigenschaften, also das Verhalten bei Erwärmung und die Elastizität, bestimmen auch die Einteilung der Kunststoffe in drei verschiedene Arten:
Thermisch formbare Kunststoffe = Thermoplaste.
Dabei liegen die Makromoleküle hauptsächlich nebeneinander. Wird der Kunststoff erwärmt, gleiten die Moleküle aneinander vorbei und der Gegenstand verformt sich. Beim Abkühlen erhärtet er zu einer neuen Form.
Hitzebeständige Kunststoffe = Duroplaste. Hier sind die Makromoleküle engmaschig miteinander vernetzt. So entstehen zwischen den Molekülen feste Verbindungen, die verhindern, dass die Moleküle beim Erhitzen aneinander vorbeigleiten.
Elastische Kunststoffe = Elastomere. Die Makromoleküle bilden dichte Knäuel. Wird ein Gegenstand aus Elastomere auseinander gezogen, zieht man auch diese Knäuel auseinander, die sich beim Loslassen erneut verknäulen.
Und damit sind wir schon mittendrin in der Materialkunde Kunststoff – weiter zu Herstellung und Verarbeitung.

Die Folienherstellung

Zunächst werden Rohstoffe zum Halbzeug Folie umgeformt, das erst durch die weitere Verarbeitung seinen eigentlichen Verwendungszweck erhält.
Im Verpackungsbereich haben wir es fast ausschließlich mit Thermoplasten zu tun, das heißt mit Kunststoffen die über thermoplastische Verformung zu Folien aller Art, Polstermaterialien etc. werden.
Dieses Verfahren kommt – im Gegensatz zum Gießverfahren – ohne den Zusatz von Lösungsmitteln aus und kann damit sowohl in ökonomischer als auch in ökologischer Hinsicht punkten.
Hauptrolle in der Folienherstellung spielt der Extruder, auch Schneckenstrangpresse, Schneckenpresse oder schlicht und einfach „Schnecke" genannt.
Je nach Anforderung an das fertige Material gibt es unterschiedliche Schneckenformen.
Bei der Extrusion wird Kunststoffgranulat aufgeschmolzen und zum Ausgang des Extruders gefördert. Hier wird es als endlos geformter Kunststoffstrang aus einer Düse herausgedrückt und wartet auf seine Weiterverarbeitung, die sich in zwei Verfahren einteilen lässt.

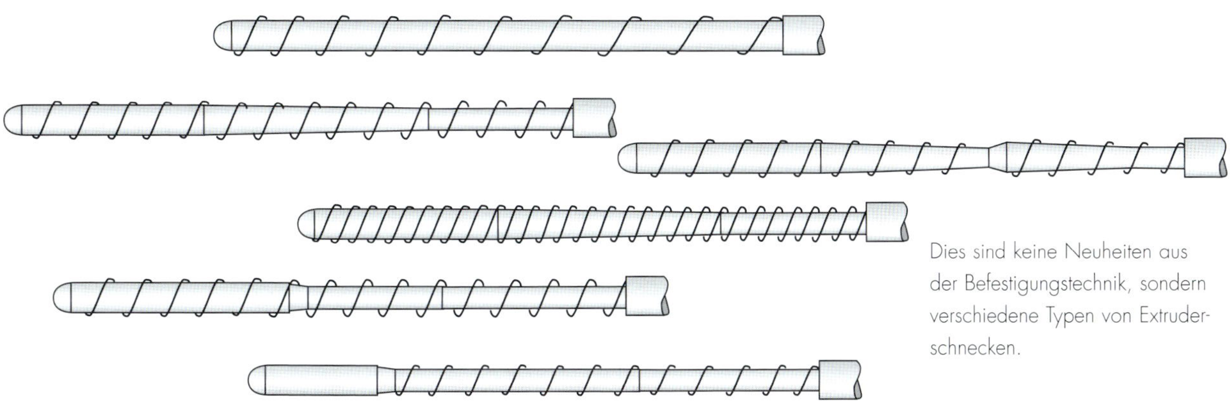

Dies sind keine Neuheiten aus der Befestigungstechnik, sondern verschiedene Typen von Extruderschnecken.

Verfahrensschema der Flachfolienextrusion

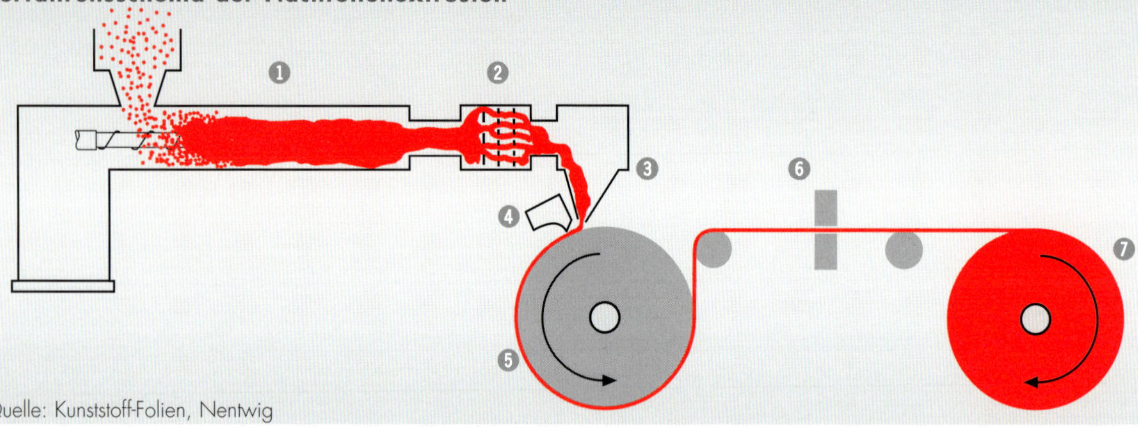

Quelle: Kunststoff-Folien, Nentwig

1. (Breit)Schlitzdüsen für die Flachfolienherstellung
Der Folienstrang verläuft flach in der Produktionsebene. Besondere Bedeutung hat hier die Abkühlwalze (Chill Roll), weshalb häufig auch von Chill-Roll-Extrusion gesprochen wird.

❶ Das Kunststoffgranulat wird in einem Extruder aufgeschmolzen.
❷ Über ein Siebpaket, das die Masse filtert, tritt die Schmelze aus und ist zur Weiterverarbeitung bereit.
❸ Formwerkzeug bei der Flachfolienherstellung ist die Breitschlitzdüse.
❹ Die Kühlwalze kühlt die Schmelze ab.
❺ Eine Luftbürste legt die Folienbahn auf der Oberfläche der Kühlwalze an.
❻ Die Dickengleichmäßigkeit wird geprüft.
❼ Die Folienbahn läuft über Walzen zur Aufwicklung.

Soll die Folie anschließend noch bedruckt, geprägt oder oberflächenbehandelt werden, lassen sich vor die Aufwicklung noch zusätzliche Verfahrensstufen integrieren.

2. Ringdüsen für die Blasfolienherstellung
Dabei wird die aus dem Extruder austretende Schmelze zu einem Schlauch geformt. Die Blasfolienherstellung auf einen Blick:

❶ Das Kunststoffgranulat wird über den Extruder ...
❷ ... durch ein Siebpaket, das die Masse filtert ...
❸ und über ein Mischelement zum ...
❹ Formwerkzeug (Ringdüse) befördert. Hier wird der Folienschlauch mit hoher Geschwindigkeit abgezogen, gleichzeitig werden Dicke und Umfang des Schlauches fixiert.
❺ Der Schlauch passiert eine Flachlegung ...
❻ ... und wird dann zwischen zwei Rollen abgequetscht. Dabei wird der eingeblasenen Luft ein Widerstand entgegengesetzt und der Schlauch wird abgeschnitten.
❼ Die entstandenen Folienbahnen werden aufgewickelt.

Verfahrensschema der Blasfolienextrusion

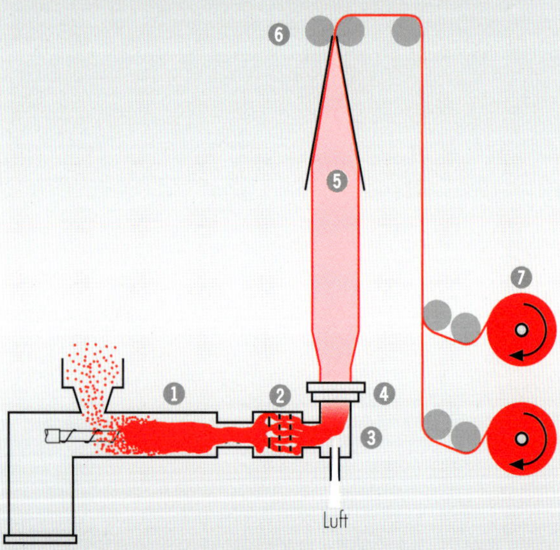

Quelle: Kunststoff-Folien, Nentwig

HABEN SIE EINE AHNUNG,

wieviel Prozent des Erdöls für Kunststoffverpackungen verwendet werden?
Gerade mal 1,9 %!
Zum Vergleich:

Verkehr/Treibstoffe incl. Flugbenzin	47,4 %
Kraftwerke/Heizung	34,3 %
Chemische Industrie	10,1 %
Sonstige	6,3 %

Quelle: Fachverband Verpackung, 1999

WIE BEKOMMT LUFTPOLSTERFOLIE IHRE ANTISTATISCHE EIGENSCHAFT?

Produkte, die eine elektrostatische Aufladung der Folie verhindern, werden den Kunststoffen bereits bei der Herstellung zugesetzt. Die Folien werden also nicht, wie vielleicht angenommen, in einem Weiterverarbeitungsprozess nachträglich behandelt oder beschichtet.

Die Folienverarbeitung

Während bei der Herstellung zunächst die Rohmaterialien zu Folien geformt werden, geht es bei der Verarbeitung darum, diese Folien zu veredeln. Meist sind die Übergänge fließend. Die beiden gängigsten Verfahren, auf die wir allerdings nicht näher eingehen wollen, stellen wir hier vor:

Schneiden und Wickeln. Beide Vorgänge stehen am Ende des Herstellungsprozesses. Beim Schneiden entstehen Rollen in unterschiedlichen Breiten und Bahnlängen. Das Wickeln ist entscheidend für die Qualität der Folienrollen. Auch wenn die Folien weiterverarbeitet, also z. B. beschichtet werden, werden sie zunächst aufgewickelt.

Herstellung von Verbundfolien. Dabei werden zwei oder mehrere thermoplastische Kunststoffe gleichzeitig via Extrusion verarbeitet. Daher der Name: Coextrusion. Sie ist das häufigste und wirtschaftlichste Verfahren. Weitere Möglichkeiten sind Kaschieren oder Extrusionsbeschichtung. Hersteller aus aller Welt setzen die Coextrusion zur Herstellung von Verbundfolien ein. Durch die nahezu grenzenlosen Kombinationsmöglichkeiten erzielen sie damit optimale Materialeigenschaften. Pluspunkte der Coextrusion:

- Die Schichtstärke kann so gewählt werden, dass sich mit einem Minimum an Materialeinsatz ein Maximum an Wirkung erzielen lässt.
- Regenerierte Abfälle aus der Folienherstellung lassen sich wiederverwenden.
- Gutes Preis/Leistungsverhältnis der Folien.
- Herstellung von Beuteln, Tragetaschen oder Säcken.
- Die Bedruckung der Folien.

Die gängigsten Folienprodukte im Bereich der Transportverpackungen

Woraus bestehen sie?
Was macht sie aus?
Wofür werden sie in der Praxis eingesetzt?

Luftpolsterfolie besteht zu 99 % aus Luft und zu 1 % aus umweltfreundlicher PE-Folie. Sie setzt sich aus mindestens zwei Schichten zusammen (Flachfolie plus Noppenschicht) und ist mit unterschiedlichen Noppenhöhen und -durchmessern erhältlich. Für besonders gewichtige Produkte gibt es drei- und mehrlagige Luftpolsterfolie, bei denen die Luft in den Folien länger hält, d. h. sie ist insgesamt robuster und damit ein optimaler Polsterschutz. Luftpolsterfolie wird

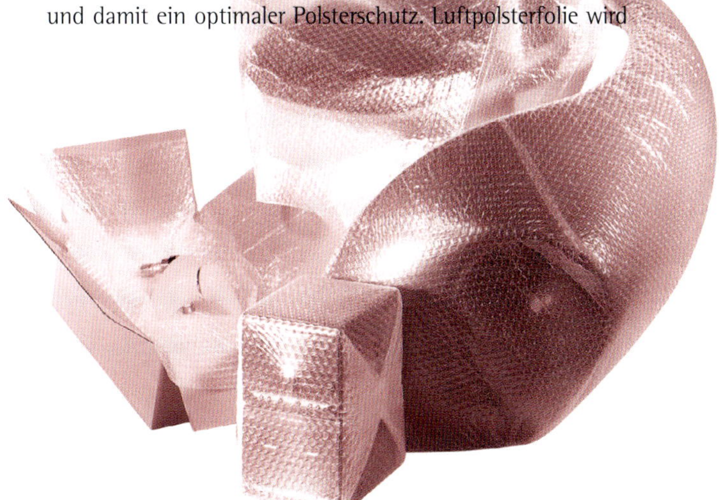

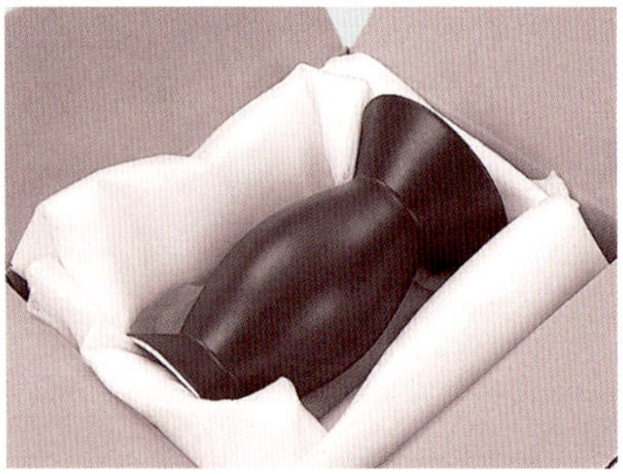
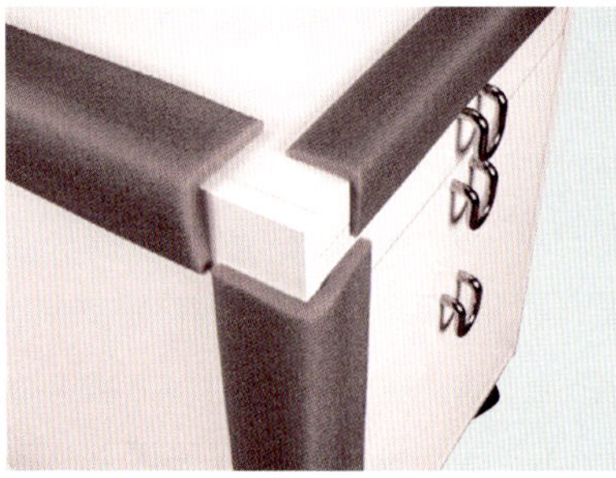
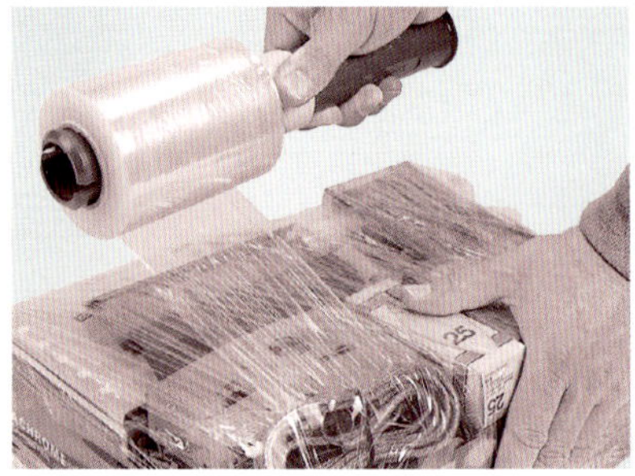

Schaumfolien, -profile, Schrumpffolie und Verpackungschips

frei von Schadstoffen produziert und ist 100 % recyclingfähig. Erhältlich als: Rollen, Zuschnitte, Kissen, Beutel und Schläuche.

Schaumfolien werden aus PS, PE und PP hergestellt und mithilfe von Porenbildnern und Treibmitteln durch Extrusion zu feinporigen Schaumfolien verarbeitet. Die Herstellung erfolgt FCKW-frei. Aufgrund ihrer sehr geringen Dichte erzielen sie eine hohe Raumausbeute.

Schaumprofile werden ebenfalls per Extrusion aus PE-LD hergestellt und bekommen bereits während des Herstellungsvorgangs ihre endgültige Form.
Ihre Herstellung ist FCKW-frei. Sie sind wiederverwendbar und zu 100 % recycelbar. Schaumprofile bieten optimalen Schutz für Ecken und Kanten und halten Stöße und Erschütterungen während Transport und Lagerung.
Sie werden sowohl für Konstruktivverpackungen als auch zur schützenden Unterstützung von Universalverpackungen eingesetzt – **siehe** Tabelle auf Seite 77.

Stretchfolien entstehen durch Co- und Monoextrusion, also durch Extrudieren verschiedener Kunststoffe. Basismaterial ist meist ein Polyethylen mit niedriger Dichte, also PE-LD. Die Folieneigenschaften hängen aber nicht nur von den Materialien ab, sondern auch vom Herstellungsverfahren. Stretchfolien, die durch Flachfolienextrusion (s. oben) hergestellt werden, haben eine größere mechanische Festigkeit in Längsrichtung sowie Durchstoßfestigkeit. In der Verpackungs-Praxis werden Stretchfolien für die Zusammenfassung von Gebinden oder Packgütern zu einer Ladeeinheit eingesetzt, zum Einschweißen von Paletten, um die Waren gegen Verrutschen zu sichern und als Diebstahlschutz (zumindest psychologisch).

Schrumpffolien werden ebenfalls aus thermoplastischen Kunststoffen hergestellt, hauptsächlich aus PE und PP. Ihre Haupteigenschaft: Sie ziehen sich bei Wärme zusammen. Während der Herstellung muss daher eine rasche Abkühlung erfolgen, um die spätere Schrumpffähigkeit zu erhalten. Kenndaten wie Schrumpftemperatur, Prozentwert der Schrumpfung und Haltekraft nach dem Abkühlen bestimmen die Qualität der Folie. Zum Vergleich: PE-Folien schrumpfen in einem niedrigen Temperaturbereich, besitzen mittlere Schrumpfkraft und sehen nicht besonders schön aus. PP-Folien haben eine hohe Schrumpfkraft (Vorsicht bei zerbrechlichen Gütern) und gute optische Eigenschaften. PVC-Folien sehen ausgezeichnet aus,

BESUCHEN SIE DOCH MAL ...

... das Deutsche Kunststoff Museum
Messeplatz, 40474 Düsseldorf
Tel.: 02 11/45 60-413
www.deutsches-kunststoff-museum.de

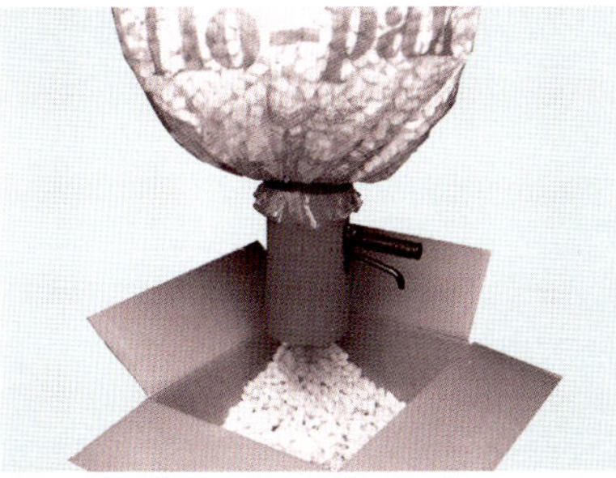

haben dafür schlechte mechanische Werte, niedrige Dauerbeständigkeit und eine schlechte Flächenausbeute. Schrumpffolien werden zur Verpackung von Lebensmitteln, Haushaltswaren und Verbrauchsgütern eingesetzt. Und natürlich für die Palettenverpackung.

Verpackungschips (schüttbare Polstermaterialien) gibt es aus verschiedenen Materialien. Beim bekanntesten, dem Styropor, handelt es sich allerdings nicht um Material, sondern um ein eingetragenes Warenzeichen der BASF für Expandiertes Polystyrol.
Aber auch hier richtet sich der Blick immer stärker auf die Umweltverträglichkeit und so gibt es heute Verpackungs-Chips, die beispielsweise zu 99,6 % aus Luft und zu 0,4 % aus Polystyrol-Abfällen hergestellt werden. Alle heute am Markt verfügbaren Sorten sind 100 % recyclingfähig, sogar Chips, die zu 100 % aus Mais- bzw. Kartoffelstärke bestehen, gibt es – sie sind biologisch abbaubar und kompostierbar. Alle Produkte gibt es in unterschiedlichen Größen, das heißt mit unterschiedlichen Durchmessern.
Ihr wesentlicher Vorteil gegenüber allen anderen Polstermaterialien liegt natürlich im Gewicht, denn anderes Packmaterial würde das Gewicht des fertigen Paketes bis um das Sechsfache erhöhen.

WAS WÄRE WENN …

… man auf Kunststoffverpackungen verzichten würde?
Dieser Frage ging die Gesellschaft für Verpackungsmarktforschung, Wiesbaden nach.
Die Antwort: Das Verpackungsgewicht würde um 4 Mio. Tonnen steigen, der Energieverbrauch zur Herstellung würde sich verdoppeln, die Kosten würden sich verdoppeln und das Abfallvolumen würde sich weit mehr als verdoppeln.
Quelle: Verband Kunststofferzeugende Industrie e. V.

Kleines Kunststoff-ABC

Thermoplaste
PE = **Polyethylen** ist der bei weitem wichtigste Thermoplast zur Herstellung von Folien. Es wird unterschieden in PE-LD = Polyethylen mit geringer Dichte (Low Density) und PE-HD = Polyethylen mit hoher Dichte (High Density). Die Dichte (Kristallinität) bestimmt Fließverhalten, Verarbeitungseigenschaften und Qualität der späteren Folie. PE-HD ist daher immer stabiler, reißfester, kratz- und verschleißfester als PE-LD. Aufgrund ihrer physiologischen Unbedenklichkeit werden sie sehr stark im Lebensmittelbereich eingesetzt. *Beispielhafte Einsatzbereiche PE-HD:* Kanister, Flaschenkästen, Tragetaschen, (sehr dünne) Folien, Lebensmittelverpackungen, Transportbehälter, Bauteile, Möbelteile, Haushaltsgeräte, Spielzeug. *Beispielhafte Einsatzbereiche PE-LD:* Verpackungs- und Baufolien, Eimer, Rohre, Flaschen, Dosen.
PP = **Polypropylen** wird vor allem als Trägermaterial im Klebebandbereich eingesetzt. Es hat Ähnlichkeiten mit dem PE-LD, ist physiologisch unbedenklich und im Recyclingprozess unschädlich für die Umwelt. *Beispielhafte Einsatzbereiche:* Trägermaterial für Klebebänder, Verpackung von Lebensmitteln (z. B. „Scheibletten"), Gemüse, Gebäck, Einwegbecher, Yoghurtbecher, Batteriekästen, Schuhabsätze, Verpackungsfolien aller Art.
PS = **Poystyrol** ist ein preiswerter Massenkunststoff, der granuliert wird und in vielen Bereichen Verwendung findet. *Beispielhafte Einsatzbereiche:* Lebensmittelverpackungen, Becher, Gehäuse, Dosen, Spielzeug.
EPS = **Expandiertes Polystyrol**, besser bekannt unter dem geschützten Markennamen Styropor. *Beispielhafte Einsatzbereiche:* Verpackungschips, Einsätze für Konstruktivverpackungen.
PVC = **Polyvinylchlorid** ist neben PE, PS und PP der bekannteste Kunststoff, vor allem auch im Verpackungsbereich, wo die ersten Klebebänder aus PVC waren. PVC gibt es in zwei Ausführungen Hart-PVC wird ohne Zusatz von Weichmachern verarbeitet. *Beispielhafte Einsatzbereiche:* Neben Verpackungsfolien und Klebebändern wird Hart-PVC auch für Abfluss- und Kanalrohre, Bauprofile und im chemischen Apparatebau eingesetzt.
Weich-PVC enthält, wie der Name schon sagt, Weichmacher. *Beispielhafte Einsatzbereiche:* Bodenbeläge, Profile, Schläuche, im Verpackungsbereich für Folien, Schaumstoffe und Klebebänder.
PA = **Polyamid**, allgemein bekannt unter dem Namen Nylon trat seinen Siegeszug in Europa vor allem mit den Nylon-Strümpfen an. Die Anwendung geht aber weit über den Textilbereich hinaus. *Beispielhafte Einsatzbereiche:* Automobilindustrie, Elektrotechnik, chirurgische Instrumente und – im Verpackungs- und Lebensmittelbereich – Klarsichtfolien aller Art.

Duroplaste
MF = **Melamin-Formaldehyd-Harz (Phenoplaste)** begegnen wir im Bereich der Verpackungen weniger. *Beispielhafte Einsatzbereiche:* Hartpapier und -gewebe, Kochlöffel, Oberflächen von Küchenmöbeln, elektr. Isoliermaterial. Bekannteste Markenbezeichnung: Bakelit.
UF = **Aminoplaste**, Sammelbegriff für Kunststoffe aus der Gruppe der Duroplaste. *Beispielhafte Einsatzbereiche:* Steckdosen, Tabletts, Lichtschalter, Becher.

Elastomere
PUR = **Polyurethan** gibt es in steifer und flexibler Form. Sein Anwendungsgebiet ist entsprechend vielseitig. *Beispielhafte Einsatzbereiche für flexibles PUR:* Kissen, Matratzen, Schaumstoffe und Polstermaterialien (auch für den Verpackungsbereich). *Beispielhafte Einsatzbereiche für steifes PUR:* Automobil- und Bauindustrie.

Vom Wundkissen zum Tausendsassa: Klebebänder

6

Die ersten Klebebänder tauchten Ende des 19. Jahrhunderts auf, und zwar in Form von Pflastern für die Wundbehandlung. Trägermaterial war zunächst textiles Gewebe, das mehr und mehr durch Kunststofffolien ersetzt wurde. Heute sind Klebebänder ein wichtiges Packhilfsmittel im Bereich der Transportverpackungen. Zahlreiche technische Entwicklungen und Verfeinerungen haben Packbänder inzwischen mit unterschiedlichen Qualitätsmerkmalen ausgestattet. Die drei wesentlichen Eigenschaften sind:

- Die **Reißfestigkeit**, die durch das Trägermaterial bestimmt wird.
- Über das Maß der **Klebkraft** entscheidet der richtige Kleber.
- **Geräuschentwicklung**. Laut oder leise? Das bestimmt die Release-Schicht.

Entscheidend für die Klebkraft, wer hätte es gedacht, ist der verwendete Kleber. Die drei, die dabei am häufigsten zum Einsatz kommen sind Acrylatkleber, Naturkautschukkleber und Heißschmelzkleber (Hotmelt). Mehr über ihre Eigenschaften erfahren Sie im Klebeband-ABC rechts. Beim Vergleich wird klar, welche Kleber im Bereich der Packbänder das Rennen machen: Es sind überwiegend Acrylat- und Kautschukkleber.
Klebebänder für den Verpackungsbereich sind unter DIN 55477 „Packhilfsmittel, Klebebänder aus Kunststoff" genormt. Das Hauptmaterial für Klebebänder ist PP, das dabei ist, dem PVC dem Rang abzulaufen. Beide Materialien sind extrem reißfest. Selbstklebende Packbänder gibt es auch in fadenverstärkter Ausführung und als Filament. Eine weitere Alternative sind so genannte Nassklebebänder.

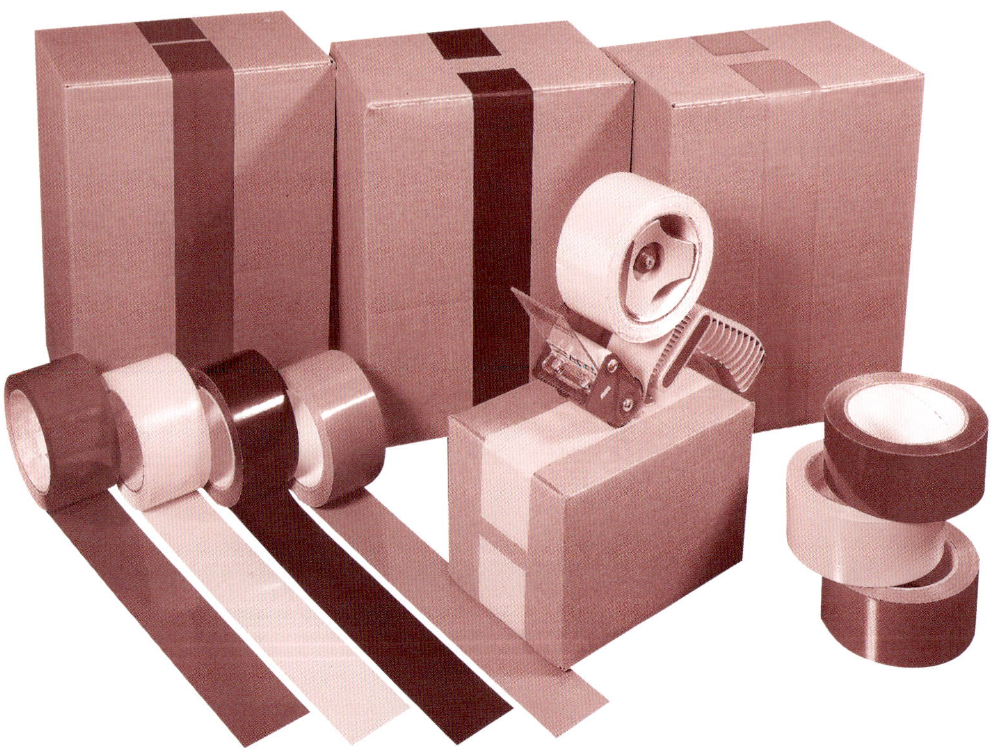

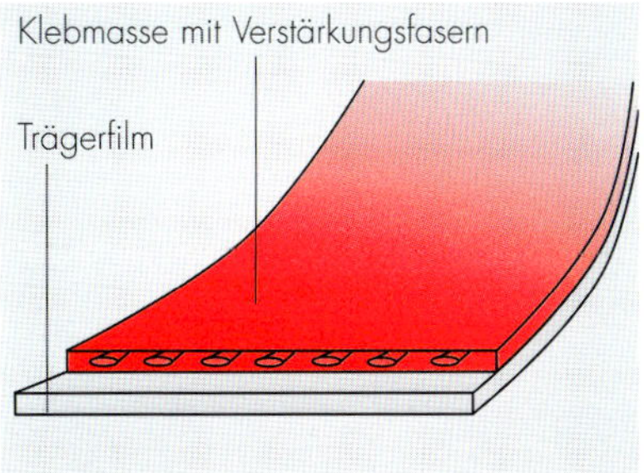

Hochbelastbares Klebeband, vor allem für die Kombination von Kleinpackungen oder zur Sicherung von Paletten.

Sie sind gummiert, das heißt, ihre Klebkraft wird erst in Verbindung mit Wasser aktiviert.
Unser Augenmerk gilt den selbstklebenden Klebebändern, die im Verpackungsalltag den Großteil ausmachen.

Wie wird die Folie zum Klebeband?

Das Prinzip ist simpel:
1. Um die Haftung der Klebermasse auf der Trägerfolie (Hart-PVC, PP, Papier oder Gewebe) zu verstärken, wird deren Oberfläche häufig mit einem Haftvermittler beschichtet.
2. Anschließend wird der Kleber aufgetragen.
3. Jetzt werden die Klebebänder auf Rollen gewickelt.
Für starke Beanspruchung werden Glasfaser- oder Polyamidfäden zwischen zwei Kleberschichten eingebettet (Filament) oder nach der Kleberbeschichtung aufgelegt (faserverstärkte Bänder).

Einfaches Klebeband, das z.B. gut geeignet ist für das Verschließen von Kartons.

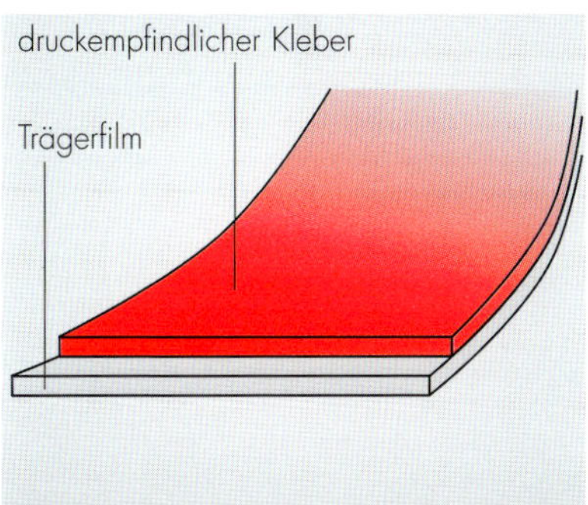

Das Klebeband-ABC

Acryl-Kleber, Acrylat-Kleber haben eine hohe Alterungs- und Temperaturbeständigkeit und sind weitestgehend unempfindlich gegen UV-Strahlen. Nachteil: Schlechte Kohäsion. Aufgrund ihrer Umweltfreundlichkeit sind Acrylkleber auf Basis wässriger Dispersionen stark im Kommen.
Altersbeständigkeit. Manche Klebebänder erhöhen im Laufe der Zeit ihre Kohäsion, andere verringern sie. Innerhalb der ersten sechs Monate sollte es allerdings keine Veränderungen geben. Sind die Klebeeigenschaften auch nach zwölf Monaten unverändert, spricht man von guter Altersbeständigkeit.
Anfangsklebstoff. Einige Kleber, besonders solche auf Butyl- und Acrylbasis, erreichen erst Stunden oder Tage nach ihrer Verklebung ihre höchsten Klebkraft- oder Kohäsionswerte. Diese Kleber sind für den Bereich der Transportverpackung nicht geeignet.
Butyl-Kleber haben höchste Alterungsbeständigkeit, eine hohe Beständigkeit gegen UV-Strahlen sowie die einzigartigen Eigenschaften des Kaltschweißens.
Heißschmelz-Kleber (Hotmelt) haben eine sehr hohe Klebkraft bei Normaltemperaturen. Nachteil: Empfindlichkeit gegenüber Temperaturen ab 40°C und UV-Strahlung, mangelnde Resistenz gegen Weichmacher und geringe Alterungsbeständigkeit.
Kaltverschweißung. Die Eigenschaft von Butyl-Klebern sowohl auf sich selbst, als auch auf nahezu jeder anderen Oberfläche sofort und absolut nicht mehr ablösbar zu kleben. Sogar bei leicht verschmutzten und leicht feuchten Oberflächen wird noch eine gute Verklebung erzielt. Nur auf silikonisierten Oberflächen ist eine Kaltverschweißung nicht möglich.
Kautschuk-Kleber besitzen hohe Klebkraft und gute Scherfestigkeit bei nur durchschnittlicher Temperatur- und Alterungsbeständigkeit. Nachteile: Empfindlichkeit gegenüber niedrigen (unter 10°) und sehr hohen (ab 50°) Temperaturen sowie gegenüber Oxydation.
Klebkraft oder Adhäsion. Die Kraft, die benötigt wird, um ein Klebeband, das auf eine Oberfläche aufgeklebt wurde, wieder abzuziehen.
Kohäsion, auch **Scherfestigkeit** genannt, gibt Auskunft über das Klebevermögen oder die Klebkraft bei Belastungen durch Zuggewichte. Eine gute Kohäsion ist erforderlich, um das Klebeband wieder sauber entfernen zu können. Sehr klebrige Bänder haben keine Kohäsion, d.h. sie lassen sich nicht wieder ablösen.
Lagerung. Viele Klebbänder besitzen eine ausgezeichnete Alterungsbeständigkeit. Wichtig: Dunkel und nicht über 18°C lagern.
N, Abkürzung für Newton. Krafteinheit 1 N ist die Kraft, die eine Massse von 1 kg mit 1 m:s2 benötigt.
Reißfestigkeit wird mit einer Zugprüfmaschine ermittelt. Dabei werden die beiden Enden eines 25 mm breiten Klebebandes fest eingespannt. Eines der Enden wird dann dem anderen entgegengesetzt langsam bei genormter Geschwindigkeit gezogen, bis das Klebeband reißt. Die dafür benötigte Kraft wird in N angegeben. Bei dieser Prüfung spielt der Kleber keine Rolle. Da aufgrund naturgegebener Unregelmäßigkeiten der Träger (Folien, Gewebe, Papiere) häufig große Schwankungen der Messwerte auftreten, wird in der Regel der Mittelwert aus mindestens 20 Messungen als Reißfestigkeitswert angegeben.
Release-Schicht. Trennschicht, meistens aus Silikonen, zwischen Klebemasse und Trägerfolie, die ein einfaches Abrollen ermöglicht.
Temperaturbereich. Bei steigenden Temperaturen steigt die Klebrigkeit und sinkt die Klebkraft von Klebebändern (ausgenommen wärmehärtende Kleber). Bei fallenden Temperaturen geht zwar die Klebrigkeit zurück, die Klebkraft steigt jedoch nur im Bereich mittlerer Temperaturen von ca. 18° C bis 23° C. Klebebänder können kalt gelagert werden, müssen jedoch bis zu ihrer Verarbeitung wieder auf Raumtemperaturen von ca. 20° C gebracht werden.
Träger bezeichnet das Material, in der Regel Folie, Gewebe oder Papier, auf welches der Kleber aufgetragen, „beschichtet“ wird.

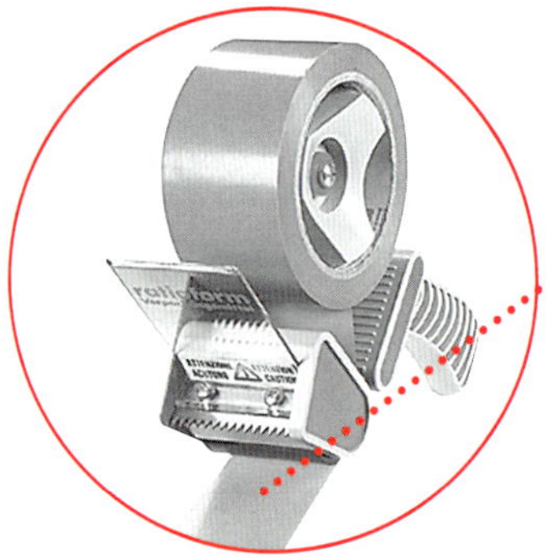

IIIIIETSCH!

Wenn's beim Abrollen quietscht, klebt es (manchmal) besser …

Laut oder leise – woher kommt's?

Wer viel mit Packband arbeitet, weiß um die Unterschiede. Aber wissen Sie auch, wie sie entstehen? Weshalb ist das eine Klebeband beim Abrollen laut, das andere ganz leise? Hier einige Erklärungen dazu.
PVC-Bänder laufen generell leise und gleichmäßig ab. Das ist einfach so. Auch Acrylatbänder sind extrem leise, manchmal nahezu geräuschlos.
Bei PP-Klebebändern mit Naturkautschuk und Hotmeltbändern kann's dagegen schon etwas lauter zugehen, da sie mit einer Release-Schicht versehen sind. Dafür haben sie eine bessere Klebkraft. Haben Sie es doch einmal mit einem Naturkautschuk-Band zu tun, das extrem leise abrollt und sofort gut haftet, können Sie sicher sein, dass die Kleberbeschichtung mit Spezialrezepturen hergestellt wurde – dadurch sind leise abrollbare PP-Bänder mit Naturkautschukkleber jedoch temperaturempfindlicher: Bei niedrigen Verarbeitungstemperaturen werden die Bänder laut, bei höheren Temperaturen kann der Kleber verspröden oder Kartons, die damit verklebt sind, gehen wieder auf.

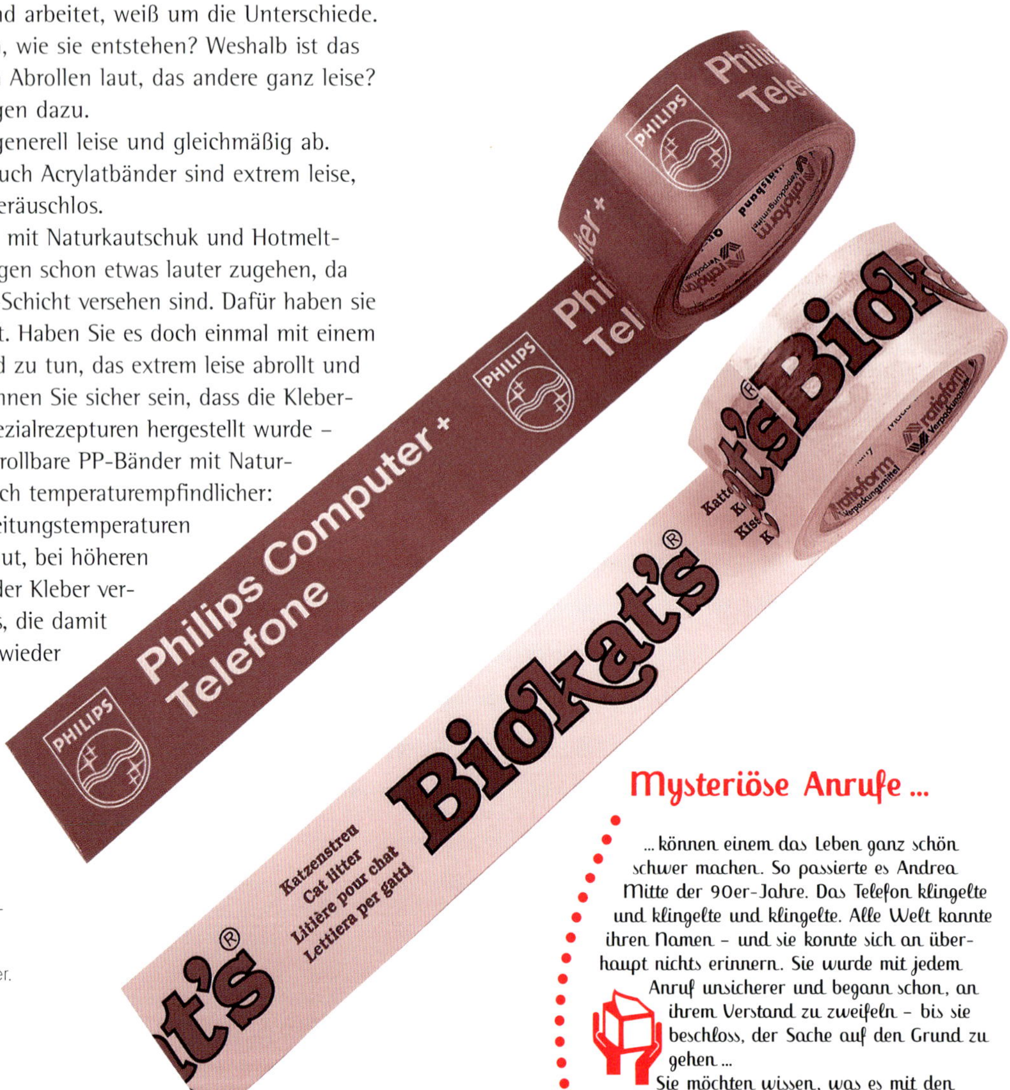

Bedrucktes Klebeband – Verschlussmittel und gleichzeitig Werbeträger.

Mysteriöse Anrufe …

… können einem das Leben ganz schön schwer machen. So passierte es Andrea Mitte der 90er-Jahre. Das Telefon klingelte und klingelte und klingelte. Alle Welt kannte ihren Namen – und sie konnte sich an überhaupt nichts erinnern. Sie wurde mit jedem Anruf unsicherer und begann schon, an ihrem Verstand zu zweifeln – bis sie beschloss, der Sache auf den Grund zu gehen …
Sie möchten wissen, was es mit den Anrufen auf sich hatte? Dann lesen Sie die ganze Geschichte in Kapitel 8 „Menschen und Verpackungen" ab Seite 130.

Eine reife Leistung: Umreifungsband

Beim Bilden von Ladeeinheiten und zur Ladungssicherung ist das Umreifen noch immer die preiswerteste Methode. Auch wenn heute Schrumpf- und Stretchfolien einen Teil dieser Arbeit übernehmen, spielen Umreifungsbänder nach wie vor eine wichtige Rolle. Umso mehr, als die Hilfsgeräte dafür inzwischen weiter automatisiert wurden und den Anwendern ein hohes Maß an Sicherheit, Flexibilität und Wirtschaftlichkeit bieten.
Aber nicht nur zur Ladungssicherung ist die Umreifung ein einfaches wie geniales Mittel. Auch große, schwere oder instabile Schachteln bekommen durch eine Umreifung zusätzlich Sicherheit. In diesem Kapitel stellen wir Ihnen die beiden Qualitäten von Umreifungsbändern vor: Stahlband und Kunststoffband. Die vielen Vorteile und Anwendungsbereiche des Umreifens lernen Sie in Kapitel 9 ab Seite 155 ausführlich kennen.

Transportierte oder gelagerte Güter sind unterschiedlichen Belastungen ausgesetzt. Das sind im Wesentlichen:

- *Transportbedingte Einflüsse* wie Erschütterungen oder Vibrationen, unsanftes Heben oder Absetzen einer Ladung.
- *Klimatische Einflüsse* wie Feuchtigkeit oder Temperaturschwankungen, die bewirken, dass das Packgut schrumpft oder sich ausdehnt.
- *Menschliche Einflüsse* wie zu hohes Stapeln mehrerer Paletten. Die Folge: Stauchung kann dazu führen, dass die unteren Ladungen zusammengedrückt werden. Die dadurch locker gewordenen Bänder schützen das Packgut nicht oder nicht ausreichend.

Fazit: Bei der Entscheidung Stahlband oder Kunststoffband ist die Erhaltung der Spannwirkung das wichtigste Kriterium. Dicht gefolgt von hoher Reißkraft, die vor allem bei schweren Packgütern entscheidend ist.

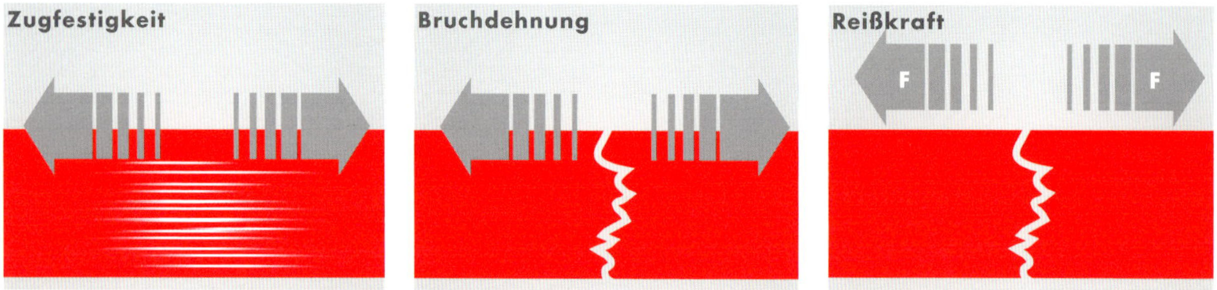

Drei Kriterien, die für Umreifungsbänder aller Materialien gleich wichtig sind.

Umreifungsband und seine Produktmerkmale

Ob Stahl- oder Kunststoffband, folgende drei Kriterien sind bei beiden wichtig:
Die Zugfestigkeit wird in Newton (N) pro mm2 angegeben und gibt Auskunft über die Kraft, die ein Quadratmillimeter Band bis zum Bruch aushält.
Die Bruchdehnung sagt aus, um wie viel Prozent das Band beim Spannen ausgedehnt werden kann, bis es reißt. Dabei wird die Länge des ausgedehnten Bandes mit der ursprünglichen Länge verglichen.
Als Reißkraft (Bruchlast) wird die Kraft bezeichnet, die erforderlich ist, um ein Band zu zerreißen. Sie wird in Newton (N) angegeben.
Beispiel einer Reißkraft(Bruchlast)-Berechnung:
Bandquerschnitt (Breite x Dicke)
16 x 0,5 mm = 8 mm^2 x Zugfestigkeit (850 N/mm2) =
Reißkraft/Bruchlast 6800 N

Spezifisch für **Stahlband** sind folgende Merkmale:

- Es ist in verschiedenen Oberflächenbeschichtungen erhältlich – je nach Anspruch an den Rostschutz.
- Es ist frei von Schweißstellen, Krümmungen und Verdrehungen.
- Es hat abgerundete Kanten und schützt damit sowohl das Packgut als auch den „Verpacker".
- Es ist gewachst und vermindert dadurch den Kraftaufwand beim Spannen.
- Es wird sorgfältig gewickelt, abgebunden und auf Kleinpaletten transportiert.

Eigenschaften von Stahlband		
Qualität	normal	hochfest
Zugfestigkeit, N/mm^2	700–850	bis 1100
Dehnung	bis 6 %	bis 12 %
Dichte kg/dm^3	0,91	1,38
Reißkraft	abhängig von Banddimension	
Oberfläche	– lackiert und gewachst	
	– gebläut und gewachst	
	– zinkstaublackiert	
Wicklung	– einschichtig	
	– Packentwicklung (breit)	

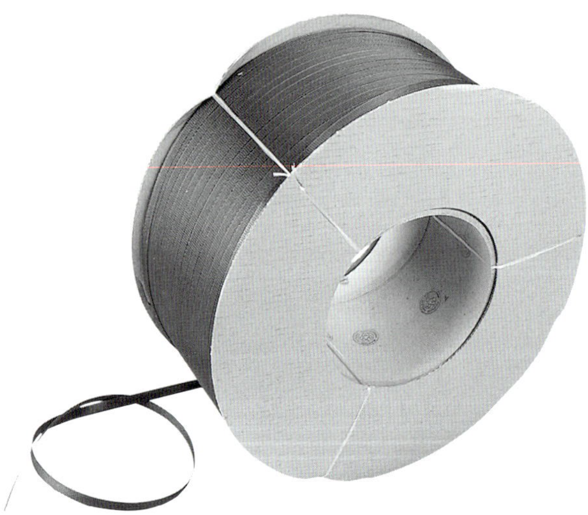

FAUSTREGEL BEIM UMREIFEN:

Bei leichten Packgütern = Kunststoffbänder
Bei schweren Packgütern = Stahlbänder

UMREIFEN NACH VDI 3968

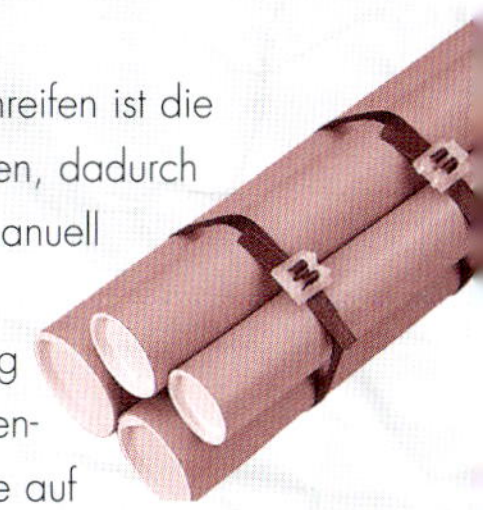

Sicherung von Ladeeinheiten, Blatt 3/Umreifen: „Umreifen ist die traditionelle Methode zur Sicherung von Ladeeinheiten, dadurch gekennzeichnet, dass Stahl- oder Kunststoffbänder manuell oder maschinell – vertikal oder horizontal um die Ladeeinheit gelegt, jene mithilfe der Spanneinrichtung fest um die Ladeeinheit gespannt, die sich überlappenden Endbereiche der gespannten Umreifungsschlaufe auf unterschiedliche Weise miteinander verschlossen/verbunden werden und der übrige Bandvorrat (Rolle) vom Verschlussbereich der fertigen Umreifung getrennt und die Umreifung vom Umreifungswerkzeug freigegeben wird." (Quelle: Hüthig, Verpackungstechnik) Ein wirklich langer Satz, aber O-Ton, den wir nicht verfremden wollten.

Qualitäts-Kunststoffband wird aus PP (Polypropylen und PET (Polyester/Polyethylen-Terephthalat) hergestellt. Es wird ohne Unterbrüche gespult, gut abgebunden und in Schachteln geliefert.

Eigenschaften von Kunststoffband		
Material	PP	PET
Zugfestigkeit, N/mm^2	330–400	470–570
Dehnung	16–22 %	11–16 %
Dichte kg/dm^3	0,91	1,38
Reißkraft	abhängig von Banddimension	
Oberfläche	geprägt oder glatt	
Rollen, Kern-ø		
Schmalband:		
6,6 mm	62, 150, 200, 280 mm	
Breitband:		
9,12,13,16, 19 mm	200, 280 und 405 mm	

Vier Tipps vom Profi zur Wahl des richtigen Umreifungsbandes

1. Aus Kostengründen gilt eins: Nur so breites und dickes Band, wie notwendig.
2. Je kleiner das Packgut, umso schmaler das Band.
3. Logische Schlussfolgerung: Je größer das Packgut, umso breiter das Band.
4. Je schwerer das Packgut, umso dickeres Band, um optimale Sicherheit beim Transport zu gewährleisten.

Weitere Merkmale, auf die Sie achten sollten:
Für die Sicherheit des umreiften Packgutes ist es wichtig, dass die **Bandspannung** erhalten bleibt. Beim Kunststoffband nimmt sie in kurzer Zeit ab. Bei Polyester ist der Spannungsverlust relativ groß, bei Polypropylen hingegen klein. Beim Stahlband ist der Spannungsverlust unbedeutend.
Auch die **Rückspannfähigkeit** ist ein Entscheidungskriterium. Sie gibt das Maß der Dehnung an, die verschwindet, wenn die Spannung vermindert oder aufgehoben wird. Bei schrumpfenden Packungen ein wichtiges Kriterium, da das Band straff an der Packung bleiben soll.

Kantenschutzecken verhindern das Einschneiden des Umreifungsbands in das Paket.

7

Arbeiten mit Verpackung. Ein Blick in die Praxis

Ob im professionellen oder privaten Umfeld: Ohne Verpackungen läuft nichts. Wie selbstverständlich gehören sie zu unserem Alltag, wo sie uns auf vielfältigste Weise immer wieder begegnen. Höchste Zeit, sich einmal Gedanken darüber zu machen. Vor allem Unternehmen mit Versandabteilung und damit hohem Paketaufkommen kommen nicht umhin, sich von Zeit zu Zeit die Frage zu stellen, wo es Ansätze zur Optimierung gibt. Manchmal sind es Kleinigkeiten, die große Auswirkungen auf die Arbeitsabläufe, auf die Kosten und auf die Wirkung einer Verpackung haben. Einige dieser Beispiele haben wir für Sie zusammengestellt.

Dieses Kapitel ist ein Einblick in die Praxis mit folgenden Themen:

- Ein Streifzug durch die Branchen: Verpackungsalltag weltweit
- Kurzanalyse zur Verpackungsoptimierung: Ein 10-Punkte-Programm
- Fallbeispiele: Probleme und Lösungen

Ein Streifzug durch die Branchen: Verpackungsalltag weltweit

Sehen Sie diesen kleinen Ausflug als Bummel durch die Welt der Verpackungen mit ihren unerschöpflichen Einsatzbereichen.
Das simpelste aller Beispiele: Sie gehen einkaufen. Je nachdem, womit Sie das Geschäft verlassen – es wird in irgendeiner Form eingepackt sein. Vielleicht in Seidenpapier, in fast allen Fällen aber werden Sie es in einer Papier- oder Plastiktüte nach Hause tragen.
Nicht anders geht es all den Unterlagen und Waren, die verpackt, aufbewahrt und/oder verschickt werden müssen. Durch alle Firmengrößen, alle Branchen, alle Anforderungen. Hier nur ein Auszug von A bis Z:

Anwaltsbüros haben fast allesamt das gleiche Thema: Akten, Akten, Akten. Ordner-Archivsysteme erleichtern ihnen das Leben ungemein.
Architekten produzieren meist Großformatiges: Pläne, die aufwändig und sehr empfindlich sind. Was täten sie ohne Versandrohre?
Automobil-Zulieferer* tummeln sich in einem hart umkämpften Business, in dem Qualität über alles geht. Einen Beitrag dazu leistet die Problemlösung auf Seite 121.
Computerspiele-Versender* kämpfen häufig mit dem Problem hoher Diebstahlquote auf dem Versandweg. Auch dafür gibt es Lösungen, wie Seite 120 zeigt.

Damit Prospekte, Bücher, Briefpapiere und andere Produkte ordentlich beim Empfänger ankommen, verpacken **Druckereien** sie in übersichtlichen Einheiten in Faltkartons.
Ersatzteile-Lieferanten* sind mit unterschiedlichsten Anforderungen konfrontiert. Kleine Einheiten bilden, empfindliche Teile schützen, statische Aufladung vermeiden. Ein Fallbeispiel dazu finden Sie auf Seite 119.
Feinkost-Versender brauchen gleich ein ganzes Arsenal an Verpackungsmaterialien: Polstermaterialien, Flaschen- und Geschenkkartons, Füll- und Polstermaterialien.
Kosmetikhersteller* müssen viele Dinge unter einen Hut bringen: Ästhetik, Sauberkeit, Bruchgefahr. Auch dafür gibt es Lösungen, wie Sie auf Seite 120 sehen können.
Lettershops bereiten nicht nur Adressen optimal auf, sondern übernehmen häufig auch den gesamten Versand. Und dafür brauchen sie u.a. Briefhüllen.
Medizinische Geräte* müssen oft steril gemacht werden. Und zwar dann, wenn sie bereits verpackt sind. Keine leichte Aufgabe – und doch gibt es eine Lösung. Und die finden Sie auf Seite 119.
Online-Buchshops versenden tagtäglich Hunderte von Büchern. Haben Sie eine Vorstellung davon, was hier allein mit der richtigen Verpackung an Zeit (und Kosten) eingespart werden kann?

* Zu diesen Branchen finden Sie auf den nächsten Seiten anschauliche Fallbeispiele.

Ordnerverpackungen – unverzichtbar in vielen Branchen zum Archivieren und für den Aktentransfer

Pizza-Services. Man kann es drehen und wenden wie man will, wer eine Pizza ins Büro oder nach Hause bestellt, bekommt sie in einer Schachtel angeliefert. **Privathaushalte** sind besonders vielseitig, Geburtstagsgeschenke einpacken, Briefe oder Päckchen verschicken – ohne Verpackung läuft auch hier gar nichts.
Steuerberater freuen sich, wenn sie die Unterlagen ihrer Mandanten im Ordner bekommen – und der lässt sich in einem speziellen Ordnerkarton verschicken und archivieren. **Zahntechniker** müssen den Zahnersatz wohlbehalten bei den Zahnärzten abliefern. An einer schützenden Verpackung kommen auch sie nicht vorbei.

Wer verpackt, passt in keine Schublade

Wenn es darum geht, Empfehlungen über Basis-Verpackungsmaterialien auszusprechen, wird es schwierig. Denn vieles ist produkt- und branchenabhängig und erfordert ein exaktes Wissen um die jeweiligen Anforderungen. Unabhängig davon gibt es aber auch im Verpackungsbereich Aufgaben, die jedes Unternehmen, jedes Homeoffice kennt.
Für Büros oder auch für das Homeoffice hat sich die Verpackungsmittelbranche etwas ganz Besonderes ausgedacht: Ein Komplettpaket, das alles enthält, was man braucht, um herkömmliche Verpackungsaufgaben gut zu lösen. Der „Packbutler" enthält die wichtigsten Versandmaterialien fürs Büro, übersichtlich angeordnet in einer Box, die auch noch richtig gut aussieht.
Und das ist die Basis-Ausstattung fürs Büro und Unternehmen mit nur gelegentlichem Versandaufkommen:

- Briefumschläge: DIN lang, A 5 und A 4,
- Versandtaschen braun oder weiß, mit oder ohne Papprückwand, mit Polsterschutz und in Übergrößen,
- Universalverpackungen,
- Frankieretiketten,
- Ordnerverpackung,
- Begleitpapiertaschen,
- Schachteln in Standardgrößen (Päckchengröße),
- Ordner-Sammelboxen,
- Versandrohre,
- und die fünf Standards (siehe unten).

Alles, was darüber hinausgeht, erfordert individuelle Beratung bzw. das Wissen um die Beschaffenheit der Produkte, die es zu verschicken gilt.

TAKE 5

Die fünf Standards fürs Verpacken aller Art:

1. Packband plus Handabroller
2. Selbstklebefilm plus Tischabroller
3. Füll- und Polstermaterialien
4. Warn- und Hinweisetiketten
5. Waage

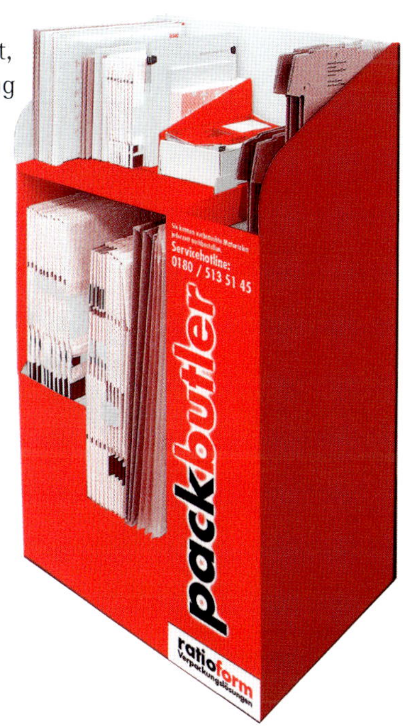

Der „Packbutler", die Komplettlösung für Büros.

Ob Ihre Versandabteilung auf 50 m² Platz findet ...

Bereits bei mittlerem und sowieso bei hohem Versandaufkommen macht ein Verpackungskonzept Sinn. Um Ihr individuelles Verpackungskonzept zu erstellen, hilft Ihnen das 10-Punkte-Programm auf der folgenden Seite.

Erkennen Sie, wo Sie stehen

Welche Größe hat Ihre Versandabteilung bzw. Ihr Lager? Das ist die primäre Frage, die Ihnen Auskunft gibt über Verpackungsmaterialien, die Sinn machen.

7

Fall A: Ihre Versandabteilung wird manuell betrieben? Dann kommen neben den fünf Standards (siehe S. 115) folgende Basis-Verpackungsmaterialien für Sie in Frage:

- Faltschachteln in verschiedenen Größen,
- Schachteln mit variabler Höhenrillung,
- Versandtaschen mit und ohne Polsterung,
- kleine Einheiten Luftpolster- und Schaumfolie sowie Verpackungschips.

Fall B: Ihre Versandabteilung ist Bestandteil einer maschinellen Produktion bzw. überwiegend automatisiert? Dann setzen Sie folgende Materialien ein:

- Automatikschachteln,
- Selbstklebe-Verpackungen,
- Container,
- Kisten,
- Luftpolsterfolie, Wellpappe, Stretchfolien etc.,
- große Säcke Verpackungschips, vorgefertigte Papierpolster und Luftpolsterkissen.

Was beide brauchen:

- Die fünf Standardmaterialien (siehe Seite 115),
- Umreifungsband plus Verschlussapparat,
- Kartonmesser,
- Begleitpapiertaschen.

... oder eine 500 m²-Halle beansprucht: Die Standard-Verpackungsmittel benötigen Sie in jedem Fall.

Kurzanalyse zur Verpackungsoptimierung

Wo viel verpackt wird, geht es nicht ohne klare Abläufe, definierte Verpackungsgrößen und standardisierte Verpackungsmaterialien. Die Verpackungsbranche wird nicht müde, mit immer neuen und innovativen Produkten auf den Markt zu kommen. Da kann es schon mal sein, dass eine kleine Veränderung erhebliche Auswirkungen auf den Verpackungsprozess und damit auch auf die Kosten hat.

Ein 10-Punkte-Programm

Mit den nebenstehenden zehn Fragen können Sie Ihre Versandabteilung einmal auf den Prüfstand stellen.
Jede Frage, die Sie zum Nachdenken bringt, bietet Ihnen die Chance zur Verbesserung.
Packen Sie's an und profitieren Sie von optimierten Arbeitsabläufen, reduzierten Kosten und zufriedenen Kunden.

Ein ganz besonderes Paket ...

... für manche Leser ist es ein Teil ihres Lebens, für andere eine unvorstellbare Geschichte. Um die CARE-Pakete, die nach 1946 an deutsche Familien verteilt wurden, ranken sich zahlreiche Schicksale und Anekdoten.
Das CARE Paket, fast 60 Jahre später oder:
Ein Paket wird zum Lebensretter und Hoffnungsträger. Mehr darüber in Kapitel 8 „Menschen und Verpackungen" auf Seite 125.

Checkliste:
Wo und wie können wir unsere Versandabeilung optimieren?

	ja	nein
1. Reduzierung der Verpackungsvielfalt Gibt es eine Möglichkeit, mit weniger Verpackungsmaterialien die gleichen oder sogar bessere Ergebnisse zu erzielen?		
2. Kostensenkung durch Platz sparendes Lagern Gibt es Produkte, die bei gleichen Eigenschaften weniger Lagerkapazität erfordern?		
3. Einweg oder Mehrweg? Gibt es Bereiche, die sich durch den Einsatz von Mehrwegverpackungen möglicherweise (kosten)optimieren lassen?		
4. Optimierung von Verpackungsprozessen Sind die eingesetzten Verpackungsmaterialien noch aktuell oder lässt sich mit innovativen Produkten Zeit und Geld sparen?		
5. Erhöhung der Kapazität Kann die Kapazität im Versand durch den Einsatz optimaler Verpackungen erhöht werden?		
6. Senkung der Verpackungkosten Viel hilft nicht immer viel. Arbeiten Sie effektiv und mit den richtigen Materialien?		
7. Individuelle Standardlösungen Wissen Sie um das vielfältige Angebot von Standardverpackungen, um individuelle Verpackungsaufgaben zu lösen?		
8. Reduzierung der Transportschäden und Reklamationen Erstellen Sie regelmäßige Analysen über die Höhe von Transportschäden und Reklamationen, um gezielt darauf zu reagieren?		
9. Reduzierung der Lagerkosten Haben Sie Lieferanten, die schnell auf Ihren Bedarf reagieren können und Ihnen dadurch eine reduzierte Lagerhaltung ermöglichen?		
10. Konzentration der Lieferanten Weniger ist mehr. Haben Sie kompetente Lieferanten, die Ihre Bedürfnisse kennen?		

Fallbeispiele: Probleme und Lösungen

Die folgenden Fallbeispiele zeigen Ihnen, dass es durchaus Sinn macht, individuelle Verpackungsaufgaben beispielsweise mit einem Verpackungsspezialisten zu besprechen. Er weiß um die verfügbaren Materialien und erkennt meist sehr schnell, wo zu einer Optimierung angesetzt werden kann.

7

Beispiel 1: Freie Fahrt im Exportgeschäft

Ein Unternehmen arbeitet überwiegend im Exportbereich und setzte im Versand Europaletten ein. **Das Problem:** Holzpaletten eignen sich nicht für weltweiten Export, da das Holz sich mit Schädlingen infizieren kann und damit in verschiedenen Ländern nicht zugelassen wird. Das führte immer wieder dazu, dass die Ware nicht verschickt werden konnte. Das Thema war also die Keimfreiheit, die es zu gewährleisten galt. Ein weiteres Problem waren die Kosten, da die Europaletten, die ja für mehrmaligen Einsatz konzipiert sind, meist nur einmal verwendet werden konnten. **Die Lösung** ist einfach und heißt: Inka-Einwegpaletten aus gepresstem Altholz. Sie sind weltweit zertifiziert und machen dadurch keinerlei Probleme bei Exportgeschäften. Aber das Wichtigste in diesem Fall: Sie sind keimfrei. Außerdem sind sie sind genauso belastbar wie Europaletten, haben aber einen wesentlichen Vorteil: Sie sind stapelbar und dadurch Platz sparend aufzubewahren. Zum Vergleich: Auf einen Meter Stapelhöhe passen 35 Einwegpaletten, aber nur sieben Europaletten.

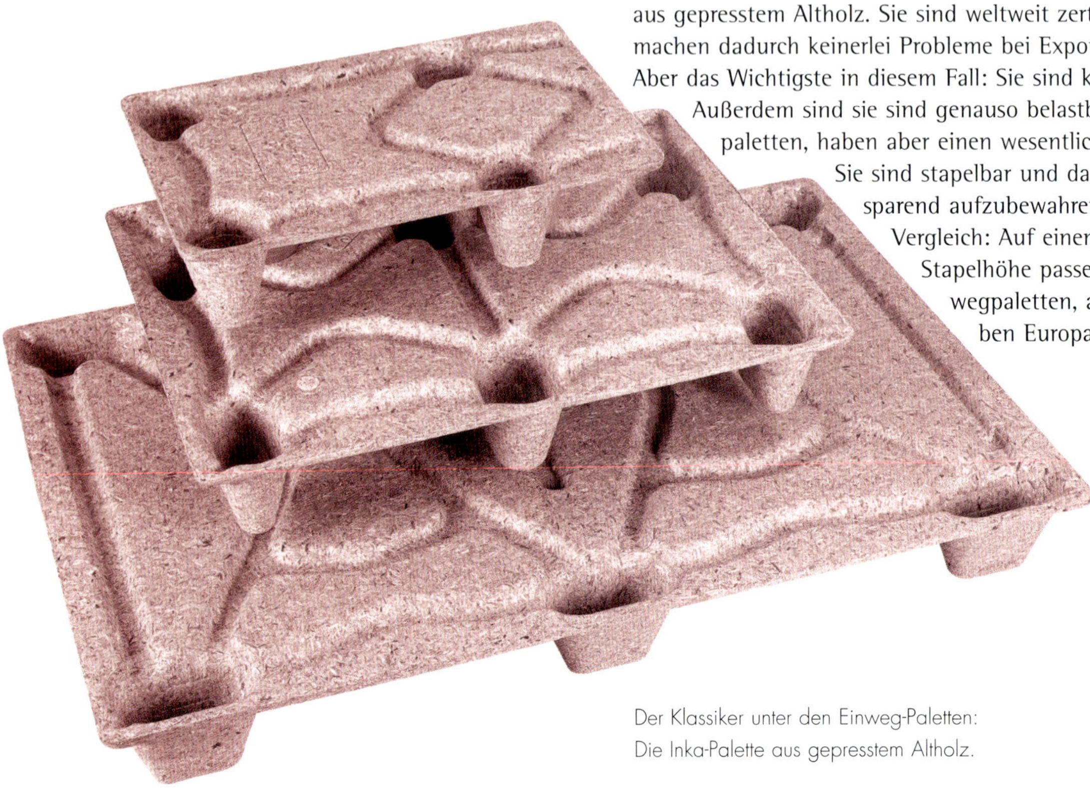

Der Klassiker unter den Einweg-Paletten:
Die Inka-Palette aus gepresstem Altholz.

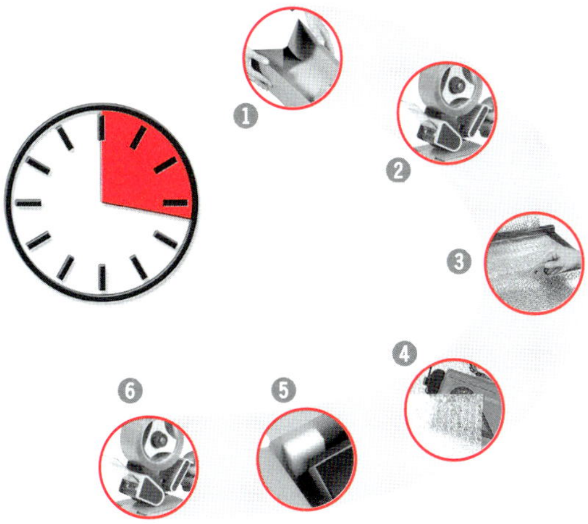

Polstermaterial wie Chips und Luftpolsterfolie halten der Sterilisierung im Tunnel nicht stand. Lösung: Geknüllte Papierpolster (unten).

Fallbeispiel 2: Weniger ist mehr

Für das Verpacken und Versenden kleiner, empfindlicher Ersatzteile aus dem Bereich Maschinenbau setzte ein Unternehmen bisher Faltkartons plus Luftpolsterfolie als Polstermaterial ein. **Das Problem:** (Zeit)aufwändiges Verpacken mit insgesamt sechs Einzelschritten:

1. Schachtel aufrichten,
2. Schachtel verkleben,
3. Füllmaterial passend machen,
4. Inhalt einwickeln,
5. im Karton fixieren,
6. wiederum verkleben.

Die Lösung: Eine Universalverpackung mit Schaumpolster macht aus sechs Verpackungsschritten einen. Die Teile werden in den Schaum eingelegt und verschlossen – fertig. Kein zusätzliches Füllmaterial, kein aufwändiges Fixieren und die Teile sind außerdem besser geschützt. Einfaches Handling, mit dem jedes Ersatzteil sauber und sicher verpackt und verschickt werden kann.

Fallbeispiel Nr. 3: Die Sache mit der Sterilität

Hersteller medizinischer Geräte müssen die Geräte häufig sterilisieren – und zwar dann, wenn sie bereits verpackt sind. Dazu werden sie samt Außenverpackung und Polstermaterial durch einen Tunnel geschickt. Der Außenkarton spielt dabei keine Rolle. **Das Problem:** das Füll- und Polstermaterial. Denn weder Verpackungschips noch Luftpolsterfolie noch Schaumfolie wurden steril. Die Luftpolsterfolie platzte sogar im Tunnel.

Die Lösung: Die Umverpackung konnte beibehalten werden. Die Lösung lag im Polstermaterial und hieß: geknülltes Papierpolster. Damit konnten die Geräte im Tunnel sterilisiert werden.

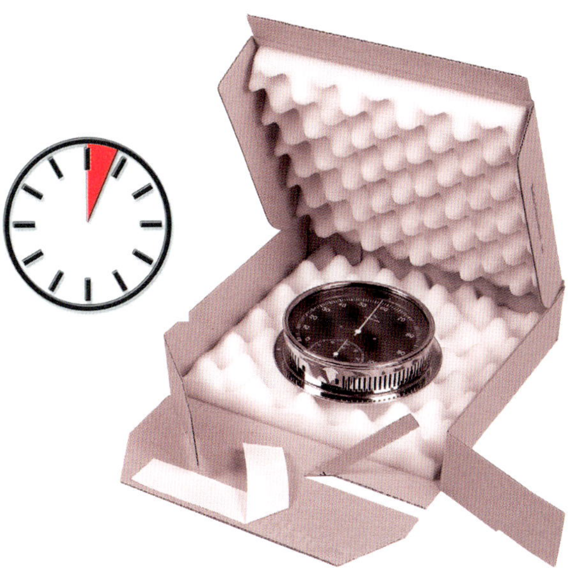

Fallbeispiel Nr. 4:
Radikale Senkung der Diebstahlquote

Ein Versandhandel versendet Computerspiele im großen Stil, also palettenweise. Die Spiele werden eingestretcht und auf den Weg gebracht. **Das Problem:** Durch die transparente Stretchfolie waren die Computerspiele sichtbar, was eine enorme Diebstahlquote zur Folge hatte. **Die Lösung** war so einfach wie genial: Statt transparenter Stretchfolie wurde schwarze Stretchfolie eingesetzt, niemand konnte sehen, was sich darunter verbarg – und die Diebstahlquote wurde sofort um 80 % gesenkt.

Fallbeispiel Nr. 5:
Stopp der antistatischen Aufladung

Ein Hersteller von Kosmetikartikeln setzte für den Versand seiner Produkte immer Verpackungschips ein. Sein Argument: Sie sind preisgünstig und das Arbeiten damit ist einfach. **Das Problem:** Die Produkte waren nicht zusätzlich geschützt und gepolstert. Außerdem luden sich statisch auf, die Chips klebten an den Kosmetikpackungen. Dadurch waren die Produkte nie wirklich sauber und staubfrei. Die Folge: Unschöner erster Eindruck beim Auspacken und dadurch Imageverlust.
Die Lösung: Mit Luftpolsterkissen, das sind Beutel in einer perforierten Endloskette, konnten gleich alle Probleme auf einmal gelöst werden. 1. Die Kosmetikverpackungen wurden sauber und schützend verpackt. 2. Die Hohlräume konnten damit optimal ausgefüllt werden. 3. Die statische Aufladung war kein Thema mehr. 4. Das Unternehmen erreichte dadurch einen erheblichen Imagegewinn.

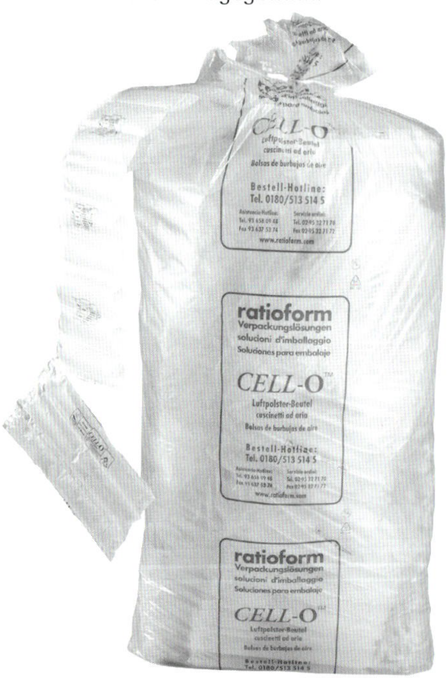

Die Bussitze werden vom Zulieferer fertig montiert ausgeliefert.

Fallbeispiel Nr. 6: Besonderer Schutz für besonders empfindliche Produkte

Der Zulieferer eines Reisebusherstellers muss die fertig produzierten Sitze innerhalb Deutschland auf einem LKW im Transportgestell transportieren.
Das Problem: Die Armlehnen mit Wurzelholz sind sehr kratzempfindlich. Es wurden verschiedene Schutzmaterialien ausprobiert. Luftpolsterfolie war sehr aufwändig in der Montate und Demontage. Ein Netzstrumpf konnte die Kratzer nicht abfangen.
Die Lösung: Mit Kantenschutzleisten bekam man das Problem schnell in den Griff. Sie sind leicht zu montieren und bringen daher eine Zeitersparnis von 30-40 %.

Leicht montierbare Kantenschutzleisten aus Schaumstoff schützen vor Beschädigungen beim Transport.

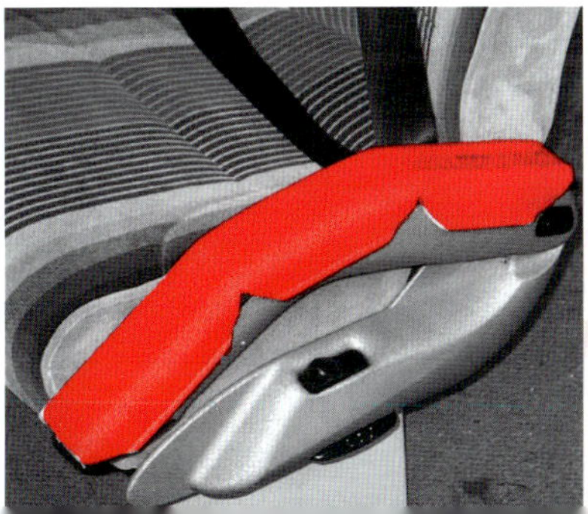

Nichts geht über begeisterte Kunden!

Sechs von vielen Beispielen, die zeigen, wie vielfältig die Optimierungsmöglichkeiten sein können, wenn man das Thema Verpackungen etwas genauer unter die Lupe nimmt. Und sechs Chancen für zufriedenere Kunden. Zögern Sie also nicht, Ihre Versandabteilung auf den Prüfstand zu stellen. Und sei es nur, um dabei festzustellen, dass Sie bereits alle Möglichkeiten ausgeschöpft haben und optimal arbeiten.

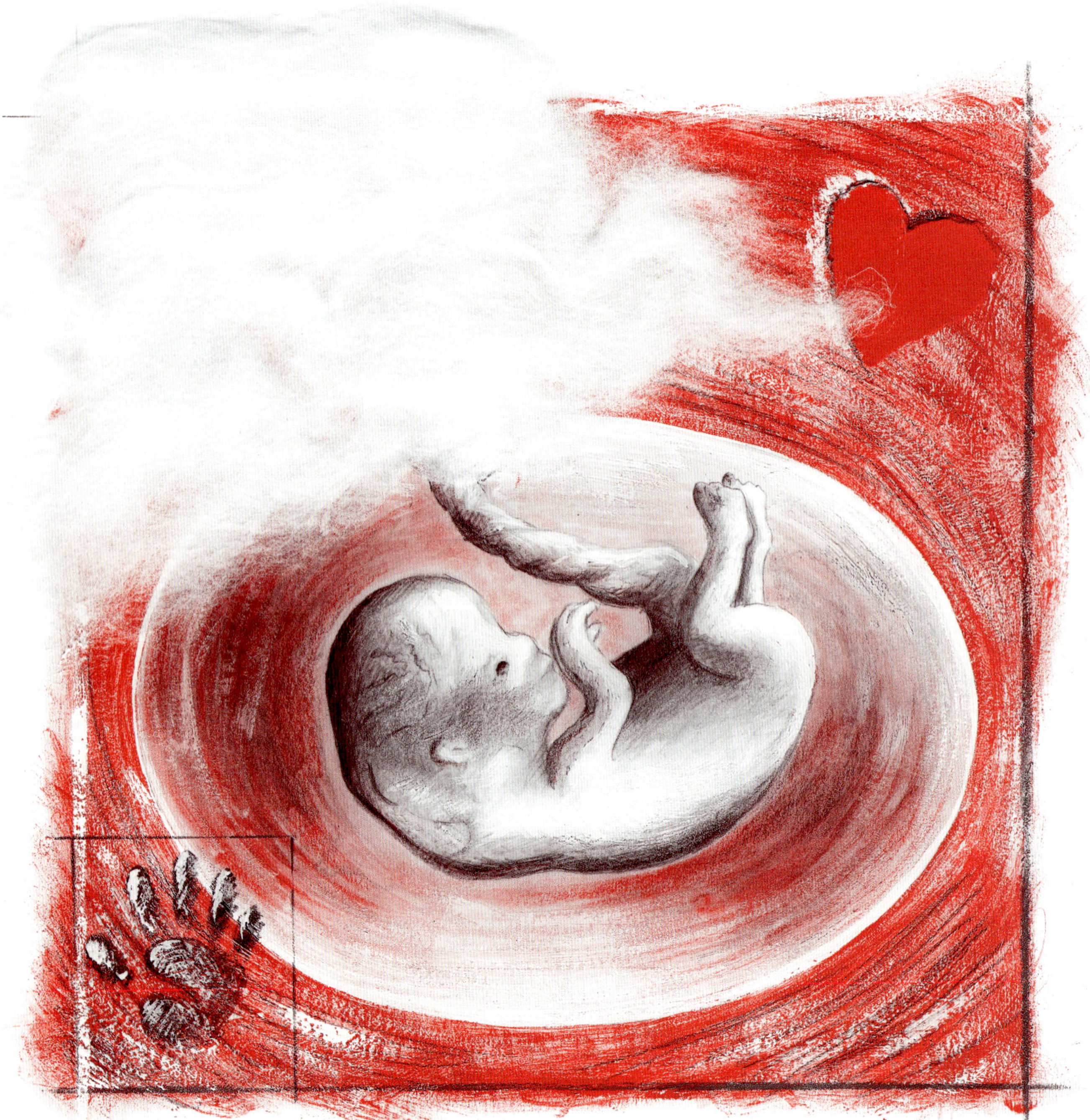

8

Menschen und Verpackungen: Geschichten, Anekdoten, Lebenswerke

In diesem Buch haben Sie bereits unterschiedlichste Arten von Verpackungen kennengelernt. Verpackungen in der Natur, Image- und verkaufsfördernde Verpackungen und nicht zuletzt natürlich Transportverpackungen. Sie alle dienen einem ganz bestimmten Zweck.

Und dann gibt es Verpackungen, die weit darüber hinaus das Leben eines oder mehrerer Menschen auf ganz besondere Weise beeinflusst und geprägt haben. Einige davon stellen wir Ihnen in diesem Kapitel vor:

- Es war einmal eine kleine, feine, wunderschön bedruckte Blechdose
- Ein ganz besonderes Paket
- Wenn Verpackung zur Kunst wird
- Mysteriöse Anrufe
- Große Marken und ihre (Verpackungs)Geschichten
- Wenn der Vater mit dem Sohne

Tauchen Sie ein in sechs Geschichten rund um die Verpackung, vor allem aber rund um Menschen.
Viel Spaß beim Lesen.

Es war einmal eine kleine, feine, wunderschön bedruckte Blechdose...

... sie war gefüllt mit 20 exquisiten Zigaretten. Die Dose wurde eigens für einen ganz besonderen Anlass angefertigt, in limitierter Auflage, versteht sich. Das war 1912 und wer geschichtlich gut drauf ist, erahnt vielleicht schon, was das besondere Ereignis in diesem Jahr war...

Auf jeden Fall war unsere Dose mächtig stolz, zu den wenigen Auserwählten zu gehören, die eine berühmte Reise antreten sollten. Sie wurde ihrem Besitzer übergeben, als dieser das größte, schönste und schnellste Schiff seiner Zeit betrat. Er war überglücklich, einer von 1308 Passagieren zu sein, die die Jungfernfahrt auf der „Königin der Meere" genießen durften. Eine Atlantiküberquerung in nur fünf Tagen – das hatte es bis dato nicht gegeben. Dieses Schiff wollte zum Symbol werden für alles Moderne, Vorwärtsschreitende.

Unser Passagier reiste Erster Klasse und das hieß: Luxus pur – nach dem Vorbild von Schloss Versailles. Doch in all diesem Prunk bereitete ihm die kleine Dose am meisten Freude. Auf dem Deckel zeigte sie „sein" Schiff mit rauchenden Schloten und in voller Fahrt. Heute, in Zeiten, wo es für alles und jedes ganze Merchandising-Kollektionen gibt, mag man darüber lächeln, aber im Jahr 1912 und für unseren Passagier war sie etwas ganz Besonderes. Wer hatte schon eine Zigarettendose, die den Namen des Schiffes trug, mit dem man gerade reiste? Also hütete er sie wie seinen Augapfel und nahm sich fest vor, jede einzelne der 20 köstlichen Zigaretten ägyptischer Herkunft nur in ganz besonderen Momenten zu rauchen. So würde es ihm sicher gelingen, bis zum Ende der Reise damit auszukommen. Und danach sollte ihn diese Dose durch sein Leben begleiten und ihr Anblick ihn immer wieder an diese ganz besondere Reise erinnern. Aber alle, wirklich alle, hatten die Rechnung ohne den Eisberg gemacht. Der nämlich setzte dieser Reise in der fünften Nacht ein jähes Ende. Die Geschichte kennt wohl jeder: Rettungsboote für 1178 Menschen – an Bord waren inklusive Crew allerdings 2206. Das tragische Resultat: 1503 Tote und nur 703 Überlebende.

Ob unser Passagier dabei war, wissen wir nicht. Tatsache ist, dass vor nicht allzu langer Zeit bei einem Sammler plötzlich diese Zigarettendose auftauchte. Leicht von Flugrost befallen, ansonsten aber wohlauf. Kein Wunder, dass sie sofort als absolute Sensation galt.

Wenn Verpackungen reden könnten, wüssten wir mehr über das Schicksal unseres Reisenden. Sicher war er nicht der Einzige, für den diese kleine Dose einen besonderen Wert hatte. Sammler gehen davon aus, dass es insgesamt wahrscheinlich drei „überlebende" Exemplare gibt. Eins davon ist im Deutschen Verpackungsmuseum in Heidelberg ausgestellt.

8

Auf der Jungfernfahrt von Southampton nach New York kollidierte die Titanic in der Nacht vom 14. zum 15.4.1912 in der Nähe der Großen Neufundlandbank mit einem Eisberg und sank in weniger als drei Stunden – obwohl sie als unsinkbar gegolten hatte. Der Untergang der Titanic erschütterte die damalige Fortschrittsgläubigkeit nachhaltig und gab u.a. den Anlass für die Einrichtung des Eiswarndienstes. Erste Unterwasseraufnahmen des in ca. 3600 m Tiefe entdeckten Wracks entstanden 1985, die Hebung einiger Gegenstände gelang 1987.

Ein ganz besonderes Paket...

Für manche Leser ist es ein Teil ihres Lebens, für andere eine unvorstellbare Geschichte: Um die CARE-Pakete, die nach 1946 an deutsche Familien, wohltätige Organisationen und öffentliche Einrichtungen, vorwiegend in Berlin, verteilt wurden, ranken sich zahlreiche Schicksale und Anekdoten. Hintergrund der Not der Berliner war die Blockade Berlins vom 24. Juni 1948 bis zum 12. Mai 1949: Die Sowjetunion ließ ganz plötzlich alle Zufahrtswege der Stadt absperren. Ziel war es, ganz Berlin unter sowjetische Kontrolle zu bekommen. Doch man hatte die Rechnung ohne den Berliner Lebenswillen und die Hilfsbereitschaft der CARE-Organisation (Cooperative for American Remittances to Europe) gemacht, die 1946 in den USA zur Verteilung von Hilfssendungen im Land des ehemaligen Kriegsgegners gegründet worden war.

Unter der Devise „Jetzt erst recht!" ließ General Lucius D. Clay, Militärgouverneur der amerikanischen Besatzungszone, eine Luftbrücke einrichten. Im Minutentakt landeten seine „Rosinenbomber", wie die Flugzeuge bald genannt wurden. Von CARE gecharterte Maschinen flogen mehr als 200 000 Mal Lebensmittel, Kohlen und andere Güter in die von der Versorgung abgeschnittene Stadt. Anfang 1949 erreichte allein die Zahl der CARE-Pakete eine Rekordhöhe von 30 000 im Monat – eine logistische Meisterleistung.

LIEBESGABEN AUS USA

Originaltext einer Bezugskarte der CARE-Kreisausgabestelle Heidelberg vom 30. September 1948: „Der Deutsche Zentralausschuss für die Verteilung ausländischer Liebesgaben beim Länderrat hat uns eine Sendung von CARE in New York für Sie angewiesen. Die Liebesgabensendung ist gegen Vorlage dieser Mitteilung (Teil 1 und 2) und Ihrer Kennkarte bei der Ausgabenstelle persönlich abzuholen. Die Abgabe erfolgt gebührenfrei. Reklamationen können ausschließlich beim Empfang vorgebracht werden. Die Anschrift des Spenders liegt bei der Kreisausgabestelle vor."

Herr Rietig (Jg. 1941), ehemaliger Berliner Schüler, erinnert sich: „Wir erhielten als Schüler im März/April des Jahres 1949 regelmäßig Lebensmittel aus dem CARE-Paket. Hierzu wurden im Klassenzimmer während des Unterrichts Erdnüsse ausgezählt. Jeder Schüler erhielt exakt 16 Erdnüsse, um alle 54 Schüler unserer Klasse gleich zu behandeln. Die Aushändigung dieser wenigen Erdnüsse durch unsere Lehrerin stellt für uns eine unauslöschliche Erinnerung an unsere Kindheit dar."

Er gehört damit zu den vielen, die das CARE-Paket mit Entbehrungen, aber auch Versöhnung verbinden. Schon bald symbolisierte es auch den unvermuteten Kontakt mit dem amerikanischen Lebensstil. Corned Beef und Bonbons aus dem CARE-Pakct weckten in vielen Heranwachsenden den stillen Wunsch, später selbst einmal im „gelobten Land" der konsumierten Beglückungen zu leben.

Das CARE-Paket, eine Transportverpackung aus dreilagiger Wellpappe, deren Festigkeit besonderen Anforderungen zu genügen hatte, ist tief im kollektiven Gedächtnis der Nachkriegsdeutschen verwurzelt.

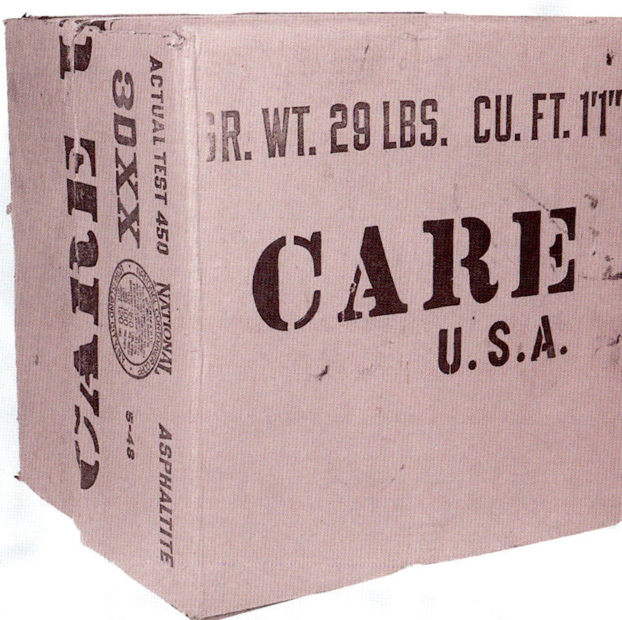

Foto: (c) H.-G. Böcher / Deutsches Verpackungs-Museum, Heidelberg

Wenn Verpackung zur Kunst wird …

Beim Stichwort „Verpackungskunst“ fallen einem meist so spektakuläre Projekte ein wie der verhüllte Reichstag in Berlin, pinkfarben umsäumte Inseln in Florida, der verhüllte Pont Neuf in Paris oder der laufende Zaun in Kalifornieren. Allesamt Kunstwerke eines Künstlerpaares, dessen Namen zu erwähnen allein schon teuer kommen kann. Also lassen wir es lieber und stellen Ihnen stattdessen einen Verpackungskünstler ganz anderer Art vor, der nicht minder spektakuläre Werke vorzuweisen hat. Und auch ihn hat die Kunst schon durch die ganze Welt geführt.

Vom Reiz des Unberechenbaren

Auch Kunstwerke verspüren dann und wann den Wunsch nach Luftveränderung. Dabei vertragen sie gerade das überhaupt nicht. Wenn sie trotzdem ihren Standort wechseln wollen oder sollen, hilft nur eins: Professionelle Reisebegleitung. Genau das ist die Aufgabe von Museumslogistikern: Kunstwerke unversehrt von A nach B zu transportieren und dort fachgerecht wieder aufzubauen oder aufzuhängen. Das kann mitunter ganz schön weit, kompliziert und unberechenbar sein.
Mit Sicherheit waren Sie schon irgendwann mal in Ihrem Leben in einem Museum. Vielleicht sind Sie ja sogar ein Kunstfreund, für den der Bummel durch Museen fester Bestandteil der Freizeitgestaltung ist. Aber, mal ehrlich, haben Sie sich jemals gefragt, wie dieser Picasso oder jener Monet, diese Skulptur oder jenes Gemälde an den Ort kam, an dem Sie es gerade bewundern? Wohl eher nicht. Wozu auch? Schließlich gibt es Spezialisten dafür. Einer davon ist Holger Schmeer, seit Anfang der 80er-Jahre Prokurist des Bereiches Museumslogistik beim Logistikunternehmen Schenker, das inzwischen zur Deutschen Bahn gehört.

8

Tonnen contra Kunst

Bahn und Kunst – für viele mag das nicht so richtig zusammenpassen. Und auch Holger Schmeer kennt die internen „Konkurrenzgängeleien“ nur zu gut. Denn die Standardfrage bei Logistikern ist die nach den jährlich umgeschlagenen Tonnen.
Und die spielen beim Transport von Kunstwerken nur manchmal eine Rolle. Beispiels-

„So machen wir's!" Fachgespräch unter Spezialisten.

weise dann, wenn ein Bild, das allein schon 1 Tonne wiegt, noch dazu einen Stuckrahmen hat und insgesamt höchst fragil daherkommt. Aber dazu später.
Wann immer Holger Schmeer also nach den umgeschlagenen Tonnen gefragt wird, kontert er mit Namen wie Rubens oder Beuys, erzählt von spektakulären Aktionen auf dem Canale Grande in Venedig oder von seinen Erfahrungen mit dem Vatikan – und schon herrscht beim Gegenüber großes Schweigen, große Bewunderung und die Gewissheit, dass man es hier mit einem Logistik-Profi ganz anderer Art zu tun hat.
Denn um Schwergewichte im Sinne von Tonnagen geht es im Bereich der Museumslogistik im Regelfall nicht. Dafür um materielle und ideelle Schwergewichte – und da sind ganz andere Qualitäten gefragt.

Das Wichtigste: Respekt vor Kunstwerken

Was für Holger Schmeer ganz wichtig ist, ist der Respekt vor den Kunstwerken. Auch dann, wenn sie sich uns nicht auf den ersten Blick erschließen. Joseph Beuys' Werke mögen für viele dazugehören. Mit ihm und seinem „Revolutionsklavier" hatte Holger Schmeer eine seiner vielen Begegnungen der besonderen Art. Das Revolutionsklavier war ein einfaches, altes Klavier, das Joseph Beuys über und über mit Rosen „gespickt" hatte. Aus allen Ritzen des Instruments kamen dunkelrote, langstielige Baccararosen. Natürlich verblühten die Rosen im Laufe der Zeit. Sie trockneten, verloren teilweise ihre Blätter, blieben aber treu und brav in ihren Ritzen stecken.
Eines Tages sollte dieses Kunstwerk zu einer Ausstellung nach Stuttgart transportiert werden.
Die Aufgabenstellung für den Museumslogistiker war klar: Wie konnte das Instrument samt Rosen unversehrt hier ab- und dort aufgebaut werden? Die Kreativschmiede lief auf Hochtouren. Aber was auch immer als Transportlösung in Erwägung gezogen wurde: Die Kosten waren mit ca. 50 000 (damals noch D Mark) immens und nichts davon konnte gewährleisten, dass nicht doch die eine oder andere Rose herausfiel. Und die Ergänzung mit neuen Rosen kam für den Künstler nicht in Frage.
Da waren sich Holger Schmeer und Joseph Beuys einig: „Das Klavier bleibt stehen, wo es ist."
Auch das gehört zu den Aufgaben eines verantwortungsvollen Museumslogistikers: Unmögliches zwar möglich zu machen, gleichzeitig aber auch zu erkennen, wann etwas definitiv nicht geht. Dass die Erben später einem Transport bedenkenlos zustimmten, verärgert ihn noch heute.

Wenn das Kunstwerk nicht
zu den Leuten kommen kann,
müssen die Leute zur Kunst
kommen.

Joseph Beuys

Immer mit weißen Baumwollhandschuhen – die „Verpackungskünstler" von Schenker in Aktion.

Jedes Kunstwerk ist ein Unikat – seine Verpackung auch

Ob Gemälde, Skulptur oder Möbelstück – jedes Objekt bekommt eine maßgeschneiderte Verpackung. Hier nur ein kleiner Einblick, in die Trickkiste von Museumslogistikern:

- Großformatige Transportrahmen, teilweise mit speziellen Dämmstoffen, in denen Bilder sicher und erschütterungsfrei transportiert werden können,
- ausgepolsterte Kisten,
- Klimasafes, die gewährleisten, dass das Kunstwerk während des gesamten Transportes die gleiche Luftfeuchtigkeit und Temperatur hat, wie an seinem ursprünglichen Standort,
- Luftkissen, auf denen beispielsweise Marmor- oder Sandstein-Skulpturen bewegt werden können,
- Kräne, Gerüste etc.,
- Spezialfuhrpark.

Das alles sind Standards, sechs von vielen. Richtig interessant wird es allerdings, wenn jenseits dieser Standards Lösungen gefragt sind, die nicht selten als spektakulär bezeichnet werden können. An eine davon erinnert sich Holger Schmeer besonders gern. Aus zwei Gründen. Zum einen war hier wirklich die gesamte Bandbreite an Erfahrung, Kreativität und Sorgfalt gefragt. Zum anderen war es der Beginn einer inzwischen langjährigen und guten Zusammenarbeit mit dem Kunstmuseum in Düsseldorf. Die Geschichte in ihrer Ausführlichkeit würde Seiten füllen. Wir beschränken uns auf die wichtigsten Fakten (s. nächste Seite), um Ihnen die Dimension dieses Projektes aufzuzeigen. Seien Sie sicher: Geschichten dieser Art könnte Holger Schmeer viele erzählen.

Generaldienstleister rund um die Kunst

Das Leistungsspektrum von Museumslogistikern geht allerdings weit über den Transport hinaus. Die Verwaltung ganzer Kunstdepots, die Budgetplanung für Ausstellungen, aber auch das Vermieten qualifizierter Fachleute an Museen, die keine eigenen Techniker haben, gehören zu ihrem Aufgabenbereich. Dieser ständige Umgang mit der Kunst prägte natürlich auch den Menschen Holger Schmeer. Und auch wenn er im Gespräch immer wieder von sich weist, Kunstexperte zu sein – in den mittlerweile mehr als 20 Jahren als Prokurist der Schenker Museumslogistik ist er es längst geworden. Er selbst hat eine Kunstsammlung ganz besonderer Art: 50 Schneekugeln aus aller Welt. Souvenirs, Mitbringsel, Erinnerungsstücke –

MOMA goes Berlin

Aktuelles Beispiel zum Thema Museumslogistik: Bis 19. September 2004 zeigt die Berliner Neue Nationalgalerie mehr als 200 Exponate aus dem MOMA (Museum of Modern Art) in New York. Eine einzigartige Sammlung, die in dieser Geschlossenheit wohl nie mehr wieder außerhalb des MOMA zu sehen sein wird. Der Grund: Das MOMA baut um. Und so haben Meisterwerke des 20. Jahrhunderts von Cézanne, Matisse, Dalí, Picasso sowie von Lichtenstein und Warhol für sieben Monate ihr Zuhause in Berlin. Ein Picasso hat heute einen Wert von etwa 30–50 Mio. Euro – da ahnt man, dass dieser Umzug eine Hochsicherheits-Aktion war. Ein klassischer Fall von Museumslogistik – wenn er auch in diesem Ausmaß wirklich einmalig bleiben wird.

8

ihnen allen hat er einen Ehrenplatz in seinem schönen Büro eingeräumt.

Anforderungsprofil an einen Museumslogistiker

Auf die Frage nach dem idealen Mitarbeiter antwortet Holger Schmeer: „Ein Tischler mit guter Kommunikationsfähigkeit, fachlich topfit, mit einer gehörigen Portion Kreativität und natürlich unerschütterlicher Einsatzbereitschaft für die Sache."
Ein bisschen viel auf einmal? Genau das ist das Problem, das Holger Schmeer meistens hat, wenn es darum geht, seine Mannschaft zu vergrößern. Momentan arbeiten ca. 64 so genannte „Kunstpacker", verteilt auf die Standorte Düsseldorf, Berlin, Dresden und Frankfurt, daran, Kunstwerke so zu transportieren, dass sie unversehrt am Ziel ankommen. Das erfordert neben handwerklichem Geschick und bei aller Professionalität vor allem das Talent und den Mut zum Andersdenken.
Genau diese Vielseitigkeit und Abwechslung ist es, die Holger Schmeer auch nach so langer Zeit noch immer fasziniert und begeistert.

Mit Rubens auf Wanderschaft

Eine spektakuläre Aktion und klassische Aufgabe für Museumslogistiker.

Peter Paul Rubens großes, schweres Holztafelgemälde „Himmelfahrt Mariae" (wertvollstes Gemälde der Stadt Düsseldorf) war während des Museumsumbaus in der Kreuzherrenkirche zwischengelagert. So weit, so gut.
Der Rücktransport ins Museum stellte das gesamte Team allerdings auf eine echte Belastungsprobe.

Die Fakten: Das empfindliche Holztafelgemälde ist 6 x 3 m groß, hat einen Stuckrahmen und wiegt sage und schreibe ca. 1 Tonne. Das allein löste bei allen Beteiligten schon heftigstes Kopfzerbrechen aus. Denn erst einmal wusste niemand, wie sich dieses Werk schadenfrei transportieren ließe.

Die Lösung ist eine Aneinanderreihung höchst kreativer Einzelmaßnahmen. Zunächst wurde das Kirchenfenster ausgebaut. Dann wurde das Bild abgehängt und mit Nesselstoff eingepackt. Eine Transportkiste, in Einzelteile zerlegt, wurde in die Kirche gebracht, wo sie zusammengeschraubt wurde. Dabei durfte ein bestimmtes Maß nicht überschritten werden – schließlich musste das Gesamtwerk durch den Schlitz des ausgebauten Kirchenfensters passen. Selbst der Gabelstapler, der für diese Aktion benötigt wurde, musste teilweise zerlegt werden, um überhaupt in die Kirche zu gelangen. Nun konnte die Meisterleistung beginnen.
An einer Traverse, die am Gabelstapler oben befestigt war, wurde das Gemälde hochgehoben, während des Abhängens gedreht (das Hochformat wurde quasi zum Querformat) und so fuhr der Gabelstapler samt Bild in die eigens dafür angefertigte Kiste, die damit ein Gesamtgewicht von ca. 1,5 Tonnen hatte. Und weil das neue Museum noch nicht fertig gestellt war, blieb diese Kiste, samt Inhalt wohl gelagert auf schwingungsdämpfendem Untergrund gut ein halbes Jahr hinter der Orgel stehen. In einer nächtlichen Großaktion, begleitet von Polizisten mit Maschinenpistolen, wurde das Werk schließlich auf einem Tieflader zum Museum gefahren.
Und hier begann das Spiel von Neuem. Einfahrt ins Museum durch eine Unterführung. Vor dem Öffnen der Kiste wurden regelrechte Horrorszenarien gesponnen, in welchem Zustand das Bild wohl sein würde.
Der Deckel wurde abgeschraubt, das Bild samt Gabelstapler herausgenommen, an einen Haken gehängt und durch einen Schlitz in der Wand nach oben gezogen. Natürlich musste es unterwegs wieder gedreht werden – vom Quer- zum Hochformat, denn der Schlitz in der Decke war eigens für diesen Zweck und genau in der erforderlichen Größe gemacht worden. Oben angekommen wurde das Werk auf einem Gerüst langsam Richtung Wand gefahren. Und: Es ist nichts passiert. Nicht ein Partikelchen Farbe fehlte, der Stuck war unbeschädigt. Eine wahre Meisterleistung, die wirklich alles an kreativem und handwerklichem Können erforderte. Noch heute, Jahre später, ist Schmeer sichtlich stolz auf diese Aktion.

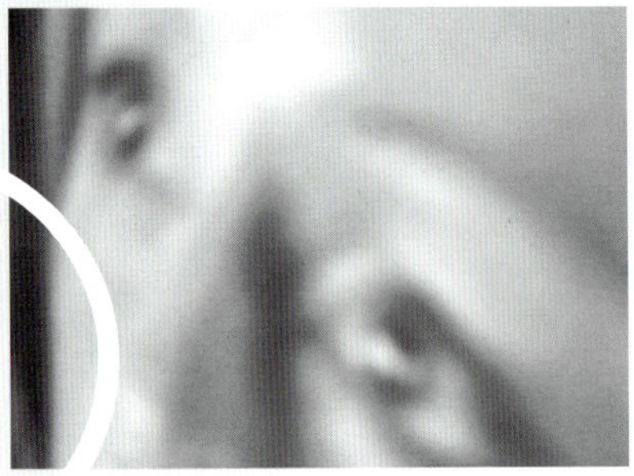

Mysteriöse Anrufe ...

... können einem das Leben ganz schön schwer machen. So passierte es Andrea Mitte der 90er-Jahre. Das Telefon klingelte und klingelte und klingelte. Alle Welt kannte ihren Namen – und sie konnte sich nicht erklären, woher und weshalb. Sie wurde mit jedem Anruf unsicherer und begann schon, an ihrem Verstand zu zweifeln – bis sie beschloss, der Sache auf den Grund zu gehen ...
Sie tat zunächst, als würde sie ihr Gegenüber kennen, übte sich im Smalltalk und wusste dennoch am Ende des Gesprächs nicht mehr als zu Beginn. Also änderte sie ihre Strategie und fragte die Anrufer unverblümt, woher sie sich kennen. Die Antworten waren immer die gleichen – und verschlugen ihr die Sprache. Aber so viele Anrufer, die alle das Gleiche sagten – das musste ja stimmen. Energischen Schrittes ging sie in die Stadt, suchte, fand und traute ihren Augen nicht: Da stand doch tatsächlich riesengroß ihre Telefonnummer auf einer Zigarettenschachtel – auf einem Großflächenplakat. Unglaublich.
Jetzt wollte sie herausfinden, wie das passieren konnte. Sie landete bei der verantwortlichen Werbeagentur und erfuhr: Das Lucky Strike-Kreativteam hatte mal wieder zusammengesessen, um die nächsten Kampagne auszubrüten. Brainstorming heißt das auf neudeutsch – ein Begriff, der aus keiner Agentur wegzudenken ist. Schon wieder was gelernt, dachte Andrea. Und inmitten dieses Brainstormings schlug ein Kollege vor, eine zerknautschte Zigarettenschachtel abzubilden – quasi in Partystimmung. Das sei doch nah an der Zielgruppe, bringe Lebenslust und Lebensfreude rüber ... Der Werbeprofi war selbst am Wochenende auf einer Party gewesen und in Ermangelung eines Notizblockes hatte er einige Telefonnummern einfach auf die Zigarettenschachtel gekritzelt. Genau diese Schachtel kramte er nun hervor, um seinen Kollegen zu zeigen, was er meinte – als Muster sozusagen. Was er nicht ahnte: Genau diese Schachtel wurde dann fotografiert und für die Werbekampagne eingesetzt ...
Alles klar, dachte sich Andrea und ihr fiel die Party vor einigen Wochen bei einer Freundin wieder ein. Sie hatte einen netten Typen kennen gelernt. Man hatte sich lose verabredet, einmal miteinander zu telefonieren – und sie hatte ihm ihre Telefonnummer gegeben. Sie erinnerte sich daran, dass sie es witzig fand, wie er sie einfach auf seine Zigarettenschachtel schrieb. Was sie natürlich nicht ahnen konnte: Erstens, dass ihre Nummer nicht die Einzige blieb, die er sich notierte. Und zweitens, dass sie bald überall in der Stadt zu lesen sein würde ...
Was will uns diese Geschichte sagen? Rauchen gefährdet nicht nur die Gesundheit, sondern (manchmal) auch die Moral.

Große Marken und ihre (Verpackungs-)Geschichten ...

... bestimmen das Leben eines Mannes, der auf ganz besondere Art und Weise mit und von Verpackungen lebt. Haribo und Hipp, Dunlop und Calgon, Nivea und Odol, und, und, und – sie alle begleiten ihn seit mehr als 30 Jahren durch sein Leben. Tag für Tag. Wenn er zu erzählen beginnt, erwachen Schachteln, Dosen und Kisten plötzlich zum Leben. Seine Firma ist Museum und Geheimtipp zugleich.
In jedem Regal, jeder Vitrine stehen nicht einfach nur Verpackungen, sondern Wegbegleiter und Zeitzeugen. Liebhaber alter, seltener oder besonderer Verpackungen geraten hier ins Schwärmen, vor allem beim Anblick so seltener Exemplare wie etwa der „Klickerflasche“, einer echten Rarität, die zwischen 1870 und 1930 für kohlensäurehaltiges Wasser auf dem Markt war. Was es damit auf sich hatte und wie die Flasche zu ihrem Namen kam, erzählen wir Ihnen auf Seite 135. Denn zunächst einmal stellen wir Ihnen den Verpackungs-Allrounder persönlich vor. Einen Mann, dem es gelungen ist, Hobby und Beruf optimal miteinander zu verknüpfen.

Liebe auf den ersten Blick

Sein Name: Helmut Kücherer, Jahrgang 1946 und seit mehr als 20 Jahren leidenschaftlicher Sammler von Verpackungen aller Art. Aber dazu später. Ersten beruflichen Kontakt mit dem Thema hatte der gelernte Maschinenschlosser mit 26 Jahren. Damals arbeitete er als Maschinenbautechniker in einer Firma, die Verpackungen herstellte. Es war Liebe auf den

Helmut Kücherer bei der Herstellung einer Thermo-Form für eine Verpackung.

ersten Blick. Schon bald beschäftigte er sich mit der Entwicklung von Verpackungen, vor allem aber mit der Herstellung der entsprechenden Werkzeuge und Produktionsmaschinen. Das Thema „packte" ihn, lies ihn nicht los. Die Entwicklung von entsprechenden Packstoffen wie beispielsweise Folien und Bänder, die Herstellung von Prototypen und der Aufbau einer eigenen Entwicklungsabteilung kamen dazu und machten ihn im Laufe der 20 Jahre zum absoluten Verpackungsspezialisten.

Der Sprung in die Selbstständigkeit

Bei so viel breit gefächertem theoretischem und praktischem Fachwissen ist die Gründung eines eigenen Unternehmens nahe liegend. Und so ist Helmut Kücherer seit 1993 selbstständiger Verpackungsberater und Verpackungsentwickler mit eigenem Modell- und Prototypenbau. Auf seiner Kundenliste finden sich viele Namen, denen wir in den Regalen des Lebensmitteleinzelhandels ständig begegnen: Reckitt Benckiser, Milupa, Ferrero, Katjes, Haribo – um nur einige zu nennen.
Darüber hinaus ist er Fachjournalist für führende Fachzeitschriften. Ein echtes Multitalent rund um das Thema Verpackungen. Dass im Laufe so vieler Jahre und bei so viel Engagement auch die Anerkennungen nicht ausbleiben, versteht sich von selbst. Helmut Kücherer hat eine ganze Menge nationaler und internationaler Auszeichnungen für erfolgreich entwickelte Verpackungen vorzuweisen.

Kindheitserinnerungen lebendig gehalten

Aber kommen wir zu seiner Sammelleidenschaft, die dazu geführt hat, dass er inzwischen mehr als 10 000 Verpackungen aller Größen, Formen, Materialien in seinem, wie er es nennt, „Firmenmuseum" hat. Kann sein, dass er diese Liebe bereits in die Wiege gelegt bekam. Denn schon als Kind faszinierte ihn der kleine Krämerladen seiner Tante Elsa, die jahrzehntelang ihren Stadtteil mit Lebensmitteln, frischem Obst und Gemüse versorgte. Diese Faszination blieb ihm erhalten und so hat er Jahre später, als Tante Elsa sich längst aus dem aktiven Geschäft zurückgezogen hatte, ihren Laden originalgetreu wieder aufgebaut. „Tante Elsas Laden" ist heute der Mittelpunkt

8

Mit dem kleinen Laden seiner Tante Elsa fing alles an – in seinem „Firmenmuseum" (rechte Seite) hat Kücherer ihm ein Denkmal gesetzt.

seines Firmenmuseums und zeigt die Schmuckstücke seiner Sammlung. Denn hier in den Regalen finden sich Schachteln und Dosen, die teilweise mehr als 100 Jahre alt sind. Und noch heute begeistern ihn die teilweise höchst originellen Werbeaussagen, die für damalige Zeit äußerst funktionalen Lösungen und ihre meist sehr liebevolle, schöne Aufmachung. So gesehen arbeitet Helmut Kücherer inmitten echter „Schätzchen", Raritäten und Kostbarkeiten. Da kommt die Inspiration quasi von alleine.

Wenn Verpackungen Geschichten erzählen könnten...

Die Verpackungen an sich sind das eine, was ihn fasziniert. Aber auch die Geschichten, die dahinter stecken und die kaum jemand kennt. Oder wissen Sie, wie die Marke Kukident entstand? Oder was es mit der HIPP Babynahrung auf sich hat? Oder weshalb Nivea Nivea heißt?
Helmut Kücherer kennt sie (fast) alle, die Geschichten und Anekdoten rund um die großen Marken und ihre Verpackungen. Einige davon möchten wir Ihnen nicht vorenthalten. Vor allem auch, um Ihnen einen kleinen Einblick in seine einzigartige Sammlung alter Verpackungen zu geben.

Lassen Sie sich entführen in alte Zeiten und bekannte Namen. Vielleicht werden Sie ja ein wenig angesteckt von der Begeisterung für Verpackungen, die Helmut Kücherer seit mehr als 30 Jahren gepackt hat und die ihn, da ist er sicher, sein ganzes Leben begleiten wird.

Eine kleine Reise in die Geschichte großer Marken

Die Schneeweiße erobert die Welt. Man schrieb das Jahr 1911. Der Apotheker und Besitzer des pharmazeutischen Laboratoriums Beiersdorf in Hamburg, Dr. Oskar Troplowitz, versuchte sich darin, Wasser und Öl zu einer stabilen Pflegecreme zu verrühren. Das Problem: Fett und Wasser lassen sich nicht vermischen, also musste etwas gefunden werden, das beigemischt werden konnte. Er versuchte es mit dem damals neuartigen, hautverwandten Stoff „Eucerit" als Emulgator – und das war die Geburt jener zarten, schneeweißen Creme, der er den Namen *Nivea* gab, denn im lateinischen steht niveus für „schneeweiß".
Heute ist *Nivea* die weltweit führende Hautpflegecreme.

Mit Vaterliebe zum Welterfolg. Es war im Jahr 1899, als die Frau des Konditors Joseph Hipp in Pfaffenhofen Zwillinge zur Welt brachte. Und weil die Muttermilch für zwei nicht ausreichte, rührte der erfinderische Vater einen nahrhaften Brei aus geriebenem Zwieback, Milch und Wasser. Die Kinder gediehen daraufhin prächtig und so wurde die Wirkung des Zwiebackmehls schnell über die Grenzen des Heimatortes hinaus bekannt. Denn Joseph Hipp verkaufte es mit großem Erfolg von Tür zu Tür.

Sein Sohn Georg baute die Geschäftsidee des Vaters weiter aus. 1932 entwickelte er ein Verfahren zur industriellen Herstellung des Babybreis. Auf dieses Datum geht auch die erste Firmengründung zurück. Heute, mehr als 70 Jahre später ist Hipp größter Verarbeiter organisch-biologischer Rohstoffe weltweit und noch immer in Familienbesitz.

Am Anfang waren die Füße. Magdeburg 1919: Der junge, pfiffige Drogist Kurt Krisp gründet ein Unternehmen für Fußpflegeartikel. Unter dem Namen *Kukirol* und mit kräftiger Unterstützung der von ihm kreierten Werbefigur *Dr. Unblutig* wurde sein Produkt schnell bekannt und erfolgreich. 1933 drängte es ihn, zu expandieren und so wagte er den Sprung von den Füßen zu den Zähnen. Seine neueste Erfindung hieß *Kukident*, ein völlig neues Reinigungsmittel für Zahnprothesen oder, wie sie damals noch hießen, „künstliche Gebisse". Nach dem Zweiten Weltkrieg startete Krisp 1949 in Weinheim an der Bergstraße noch einmal durch. Nach wie vor fit in Sachen Marketing und Werbung konnte er schon bald an seine früheren Erfolge anknüpfen. 95 % der Deutschen kannten seinen neuen Slogan „Wer es kennt, nimmt Kukident". Heute ist Kukident Spezialist rund um die Pflege von Zahnprothesen.

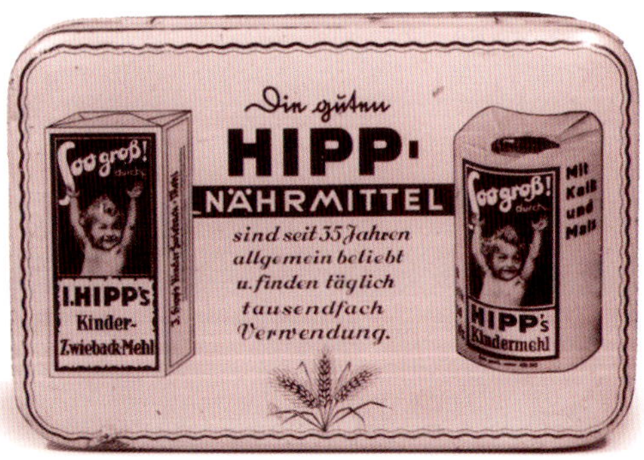

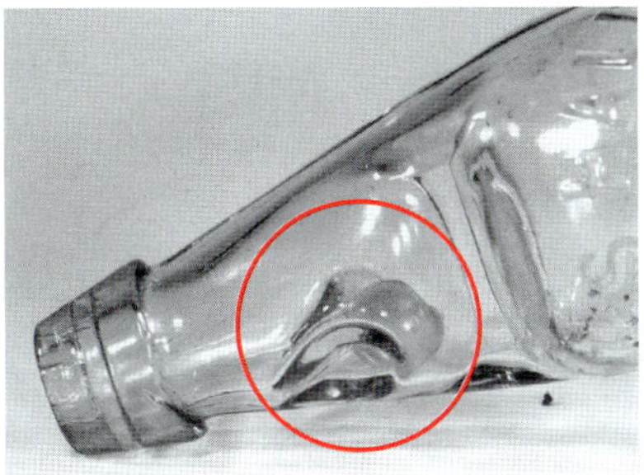

In „Trinkhaltung" wird die Kugel von Einbuchtungen im Flaschenhals zurückgehalten.

Die „Klickerflasche" und was es damit auf sich hat. Es war um 1900, als der Amerikaner Owens mit der Erfindung der Maschine zur automatischen Glasbehälterfertigung die Ära der Massenproduktion von Glasflaschen und Gläsern einläutete. Ein Problem stellte allerdings das dichte Verschließen von Glasflaschen dar und so kamen im Laufe der Zeit unterschiedlichste Erfindungen dafür auf den Markt. Eine der interessantesten war wohl die „Klickerflasche", auch Kracher- oder Kugelflasche genannt. Sie gehörte zur Familie der so genannten Innenverschlussflaschen (nein, das ist kein Witz – sie hießen wirklich so). Eingesetzt wurde sie für kohlensäurehaltiges Trinkwasser, also für Flüssigkeit mit Innendruck, den es zu erhalten galt.
Ihr Prinzip: Im oberen Teil der Flasche befindet sich eine Kugel aus Glas oder einer Art Kautschuk. Im Hals der Flasche ist in einer Nut ein Gummiring eingelegt. Ist die Flasche mit kohlensäurehaltigem Wasser gefüllt, wird die Kugel durch den Innendruck an den Gummiring gepresst. Das Ergebnis: Die Flasche ist dicht.
Zum Öffnen wird die Kugel mit dem Finger oder mit einem speziell dafür vorgesehenen Stöpsel nach unten gedrückt. Die Kohlensäure entweicht und es „kracht" oder „klickert" - je nach Belieben.

Spezielle Einbuchtungen unterhalb des Flaschenhalses halten die Kugel bei leichter Schräglage (Trinkhaltung) fest. Neigt man die Flasche zur anderen Seite, rollt die Kugel aus der Halterung und wird wieder oben an den Gummiring gedrückt. In Fachkreisen wurde dieses System auch als „Kugelventilverschluss" bezeichnet.
So ganz der Weisheit letzter Schluss scheint es allerdings nicht gewesen zu sein. Denn sobald zu wenig Wasser in der Flasche war, reichte der Druck nicht aus, um die Kugel wieder an die Dichtung zu drücken. Die Folge: Schales, abgestandenes Wasser. Manche Leser kennen vielleicht den Ausdruck „Klickerwasser" – eine Bezeichnung für abgestandenes Mineralwasser.

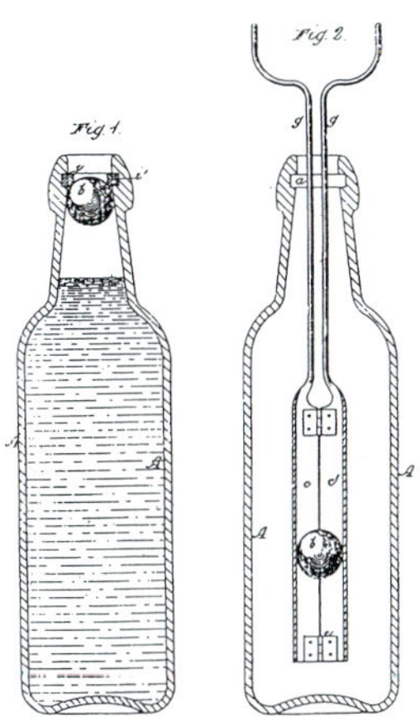

Diese historische Zeichnung zeigt das Funktionsprinzip der Klickerflasche – mehr dazu im Text oben.

Wenn der Vater mit dem Sohne...

... gemeinsame Sache macht, können schon mal Welten aufeinander treffen. Man nennt das Generationenkonflikt – wer kennt das nicht? Es geht aber auch anders. Und zwar dann, wenn der Senior dem Junior freie Hand lässt und ihm damit die Chance gibt, mit eigenen Ideen das fortzusetzen, was er geschaffen hatte. Dass dies der Beginn einer rasanten Entwicklung bis hin zur Marktführerschaft war, hätten sich wohl beide nicht träumen lassen. Da kann man mal sehen, wie spannend das Thema Verpackungen ist...

Die ratioform-Geschichte

Dreht man das Rad der Zeit zurück, geht der Start des heutigen Marktführers ratioform bereits zurück auf das Jahr 1964. Damals entschloss sich Heinz Krieg zur stabilen Auslastung seiner Druckerei, die er damals im Raum Stuttgart betrieb, einen Verlag dazuzukaufen. Sein Interesse galt vor allem der hohen Anzahl an Kunden, deren Adressen er damit ebenfalls erwarb. Und so ging der ratioform Verlag, wie er damals hieß, an den Start. Kernsortiment waren Warn- und Gefahrenetiketten, die auch heute noch Teil des umfangreichen Lieferprogrammes sind. Schon bald wurde das Sortiment um Bahn- und Postformulare erweitert.

8

Erfreuliche Umsatzentwicklung

Der Umsatz kletterte kontinuierlich Jahr für Jahr. Bereits nach drei Jahren war er mehr als verdoppelt, nach acht Jahren war er nahezu fünfmal so hoch wie zu Beginn. Das Produktsortiment wurde sukzessive um Verpackungsmaterialien wie Kartons, Packband, Versandtaschen etc. erweitert und bescherte dem Unternehmen eine positive Geschäftsentwicklung. So marschierte das Duo Druckerei und ratioform-Verlag munter vor sich hin, bis im Jahr 1979 Thomas Krieg, frisch gebackener Diplom-Betriebswirt mit der Frage konfrontiert wurde, in welcher der Firmen er sich seine berufliche Zukunft am besten vorstellen könne. Für ihn war die Antwort schnell klar: ratioform – und Ideen für die weitere Geschäftsentwicklung hatte er auch schon. Das Motto hieß: Konzentration auf die Kernkompetenz Verpackung.
Der beruflichen Entscheidung folgte bald auch eine private, denn sowohl Heinz Krieg als auch Thomas Krieg zog es Richtung Bayern. Als 1979 ein Verpackungsmittelgroßhandel in München zum Verkauf anstand, waren sich beide schnell einig. Die Druckerei wurde verkauft, der Vepackungsmittelgroßhandel gekauft und ratioform siedelte in den Münchner Osten. Eine neue Ära begann.

So fing es an:
Der ratioform-Verlag und die Druckerei in den 60er-Jahren.

1979 in einem Münchner Hinterhof…

„Ich erinnere mich noch gut an die erste Lieferung Luftpolsterfolie. Da kam also morgens um 9 Uhr ein LKW mit 300 Rollen Folie in der Lindwurmstraße an und stand dort in der rechten Fahrspur bis 14.30 Uhr. So lange haben wir nämlich gebraucht, um jede einzelne Rolle Luftpolsterfolie mit der Sackkarre in den Hinterhof zu fahren. Da haben wir erkannt, dass man Verpackungen nicht in der Innenstadt handeln kann. Wir haben unseren Betrieb dann aufs Land verlagert." Thomas Krieg

Mit dem Kauf des Großhandels wurde die Konzentration von ratioform auf den Bereich der Verpackungsmittel noch verstärkt. Jetzt galt es noch, für die beiden unterschiedlich strukturierten Unternehmen einen gemeinsamen Nenner zu finden. Denn während ratioform ausschließlich als Versandhandel und bundesweit arbeitete, beschränkten sich die Aktivitäten des dazugekauften Großhandels auf den Großraum München. Die bestellten Waren wurden entweder per LKW ausgeliefert oder vom Kunden abgeholt. Standort war München-Stadtmitte. Ein Wahnsinn in Anbetracht der immensen Lagerkapazität, die erforderlich war.

Erfolgreicher Generationenwechsel: Heinz und Thomas Krieg.

Eine Idee, die das gesamte Unternehmen revolutionierte

Schon bald wurde der Standort in der Stadtmitte aufgegeben. ratioform und der Verpackungsmittelgroßhandel wurden zusammengelegt und hatten ihren gemeinsamen Firmensitz im Münchner Osten. Aus ratioform-Verlag wurde ratioform Verpackungsmittel – und der Name war Programm. Jahr für Jahr wurde das Sortiment um neue, innovative Verpackungslösungen ergänzt. Thomas Krieg wurde 1982 Mitgesellschafter von ratioform und Partner seines Vaters Heinz Krieg. Das enorme Wachstum des Unternehmens verlangte sehr schnell nach einer strategischen Ausrichtung, die zukunftsträchtig war. Denn zu Zeiten, in denen Portokosten nach Entfernungszonen ermittelt wurden, war es schwierig, von München aus Verpackungsmittel beispielsweise nach Hamburg zu verkaufen.

Die Lösung hieß: Franchise in Kombination mit Katalogmarketing. Dieser Weg des Versandhandels revolutionierte nicht nur das Unternehmen

Kataloge aus den Jahren 1988/89, 1996, 2004.

ratioform, sondern den gesamten Verpackungsmittelhandel. Zugleich war sie Teil des Vorstellungsbildes, das Thomas Krieg von der Zukunft des Unternehmens hatte. Denn zum einen konnten durch die regionale Präsenz von ratioform-Partnern Versandwege gekürzt und für den Kunden Kosten gesenkt werden. Zum anderen bot sich für ratioform damit die Chance, seine Position am Markt Zug um Zug auszubauen. Als 1983 in Baden-Württemberg der erste Franchise-Partner an den Start ging, war das die Geburtsstunde der neuen ratioform-Ära, die Thomas Krieg maßgeblich und innovativ geschaffen hatte.

In den folgenden Jahren wurde das Franchise-Konzept auf das gesamte Bundesgebiet ausgeweitet. Später folgten Österreich, Italien, Spanien und im Jahr 2003 die Schweiz. Heute werden von der Europazentrale im Münchner Osten europaweit 14 Standorte bedient.

Wachstum zeigt sich nicht nur in den Zahlen

Dass der Umsatz seit 1964 um mehr als das 700fache gesteigert wurde, ist die eine Seite der Entwicklung. Mit zunehmendem Erfolg wurde aber immer auch die Firmenphilosophie hinterfragt. Wofür stehen wir bzw. wer wollen wir für unsere Kunden sein? Diese Frage steht immer im Mittelpunkt aller Aktivitäten von ratioform. Was einst als reiner Versandhandel an den Start ging, hat sich inzwischen zum kompetenten Ansprechpartner rund ums Verpacken entwickelt. 75 Mitarbeiter in der Europa-Zentrale in Landsham, 180 Arbeitsplätze insgesamt, europaweit agierende Verpackungsberater und ein beispielhafter Webshop – das sind die beeindruckenden Fakten eines Unternehmens, das sich seit langem zum Marktführer im Versandhandel mit Verpackungsmitteln entwickelt hat. Mit der Garantie, innerhalb von 24 bis maximal 48 Stunden zu liefern. Das geht nur mit einer ausgeklügelten Logistik – und die läuft bei ratioform reibungslos.

Apropos reibungslos. Das ist auch die treffendste Bezeichnung für den Generationenwechsel, der sich bei ratioform ab Mitte der 80er-Jahre Schritt für Schritt vollzog. Heute ist Thomas Krieg Alleininhaber und wird nicht müde, die Idee von ratioform weiter zu verbreiten. Sein Ziel ist es, noch stärker den europäischen Markt zu erobern. Dass er damit ähnlich erfolgreich sein wird, wie in der Vergangenheit – daran hat er keinen Zweifel.

Das ratioform-Logistikzentrum – eines der modernsten Europas:

- 100 000 m² Lagerraum,
- 20 000 Palettenstellplätze,
- 2 000 Verpackungslösungen jederzeit und sofort lieferbar.

Der Marktführer in Zahlen

40 Jahre nach Firmengründung und 25 Jahre nach dem Startschuss am Standort München-Ost hat sich ratioform zum Marktführer im Bereich Versandhandel für Transportverpackungen entwickelt.
Die Europa-Zentrale in Landsham betreut die 14 Partner zuverlässig und engagiert. Weitere Standorte sind in Planung.
Das Erfolgsrezept heute: Mehr als 2000 Verpackungslösungen plus umfangreiche Serviceleistungen. Konkret heißt das:

- Lieferung innerhalb von 24 bis maximal 48 Stunden,
- individuelle Verpackungslosungen für jeden Bedarf,
- fachkundige Beratung,
- kostenloser Musterversand,
- 30 Tage Rückgaberecht,
- lukrative Rabattsysteme,
- attraktive Zugaben wie Abholrabatte, Prämienprogramme, Zugabegeschenke,
- übersichtlicher Katalog,
- bedienerfreundlicher Webshop.

Das alles finden Sie unter **www.ratioform.de.**

Entwicklung von Umsatz und Mitarbeitern

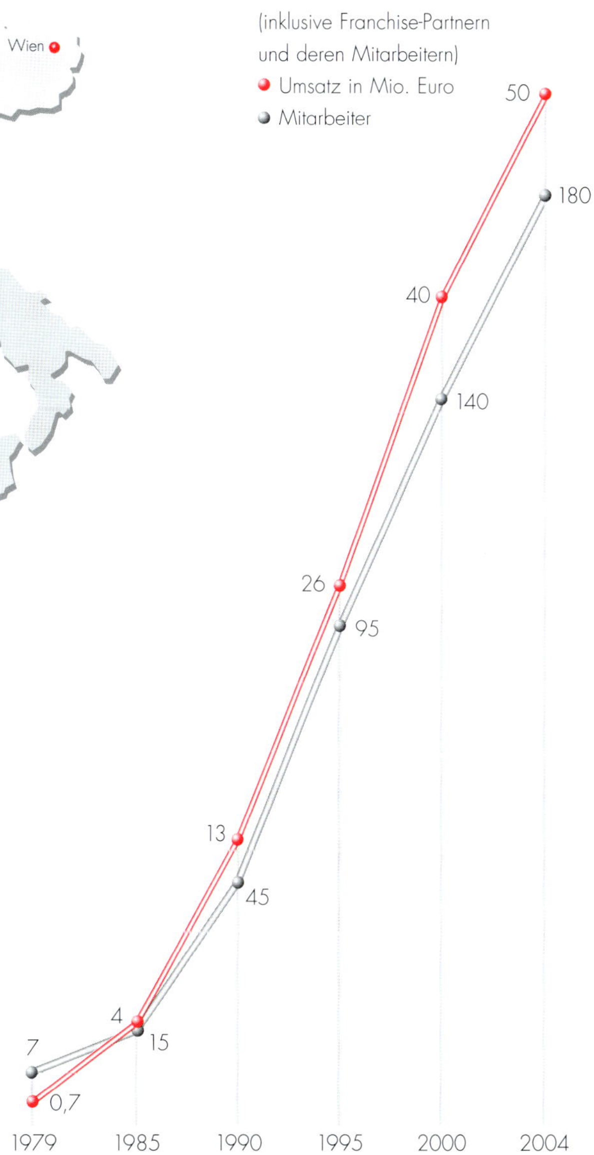

ratioform heute: Die Europazentrale in Pliening bei München ist der Mittelpunkt eines ständig wachsenden Netzwerkes.

9

Hier wird's gepackt: Das Lager mit Versandabteilung und Packerei

Die Schnittstelle zwischen Wareneingang und Warenausgang, zwischen Produktion und Versand heißt: Versandabteilung/Packerei. Sie ist unentbehrlicher Arbeitsplatz in jedem Lager und Herzstück des Verpackungsprozesses. Hier werden Waren gelagert, kommissioniert, verpackt und versendet – und damit alle Glieder einer logistischen Kette mit einbezogen. Die steigenden Anforderungen an diesen Bereich erfordern Sorgfalt und Know-how bei der Planung und Realisierung. Das folgende Kapitel befaßt sich daher mit den Themen

- Erst planen, dann packen: Der Arbeitsplatz
- Knoten im Netzwerk: Das Lager
- Wichtiger Bestandteil jeder Kalkulation: Die Verpackungskosten
- Gemeinsam ans Ziel: So werden Ladeeinheiten gebildet
- Von Massen, Kräften und Gefahren: Professionelle Ladungssicherung

Beispielhafte Prozesskette für einen Produzenten

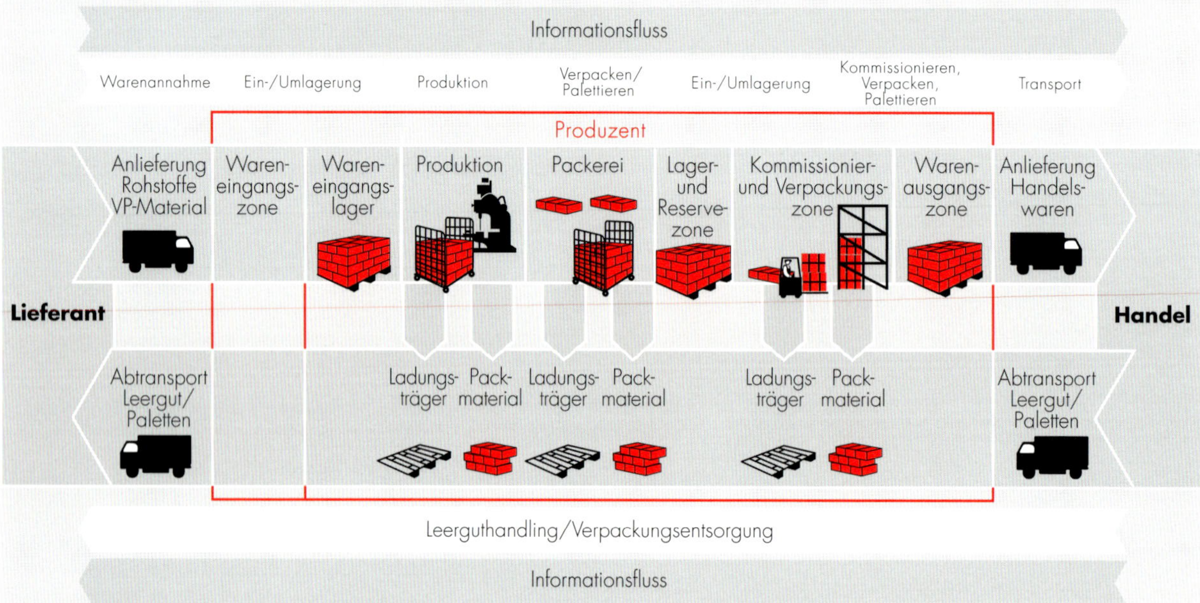

Beispielhafte Prozesskette für ein Warenverteilzentrum und ein Einzelhandelsgeschäft

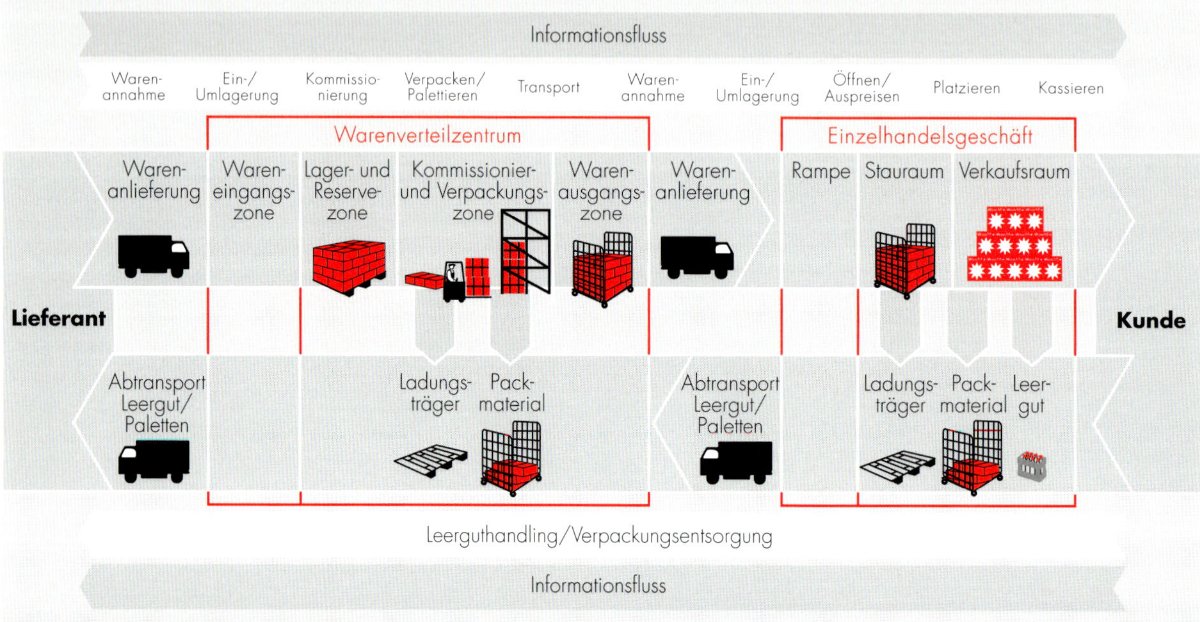

Auf dem Weg vom Produzenten zum Kunden werden Produkte verpackt, umgepackt, zu Ladeeinheiten gebündelt, transportiert – und das alles gleich mehrfach. Die beiden Schaubilder zeigen die vielfältigen Aufgaben in Packerei und Lager. Quelle: Hüthig, Verpackungstechnik

Erst planen, dann packen: Der Arbeitsplatz

In den Bereichen Kommissionieren/Verpacken/Einlagern wird heute mit unterschiedlichen Automatisierungsgraden gearbeitet. Das Verpacken ist vielfach bereits Teil der Produktionskette. Das erfordert ein exaktes Wissen über das Produkt, die Produktionsabläufe und die produktgerechte Verpackung – und damit ein Höchstmaß an Individualität, dem wir hier nicht gerecht werden können.
Wir richten unser Augenmerk daher auf das manuelle Verpacken. Das heißt, auf das Verpacken von Hand mit oder ohne Unterstützung technischer Hilfsmittel oder -geräte. Denn in vielen kleinen und mittleren Industrieunternehmen wird nach wie vor manuell verpackt, nicht zuletzt deshalb, weil damit flexibel auf die jeweiligen Anforderungen reagiert werden kann.
Denn: Manuelles Verpacken konfrontiert tagtäglich mit Fragen, auf die es keine pauschalen Antworten gibt. Die Herausforderung liegt vielmehr darin, immer wieder die jeweils passende, produktspezifische Lösung zu finden.

- Welche Verpackung ist die richtige für den Versand des jeweiligen Produktes?
- Was ist besser: Einweg oder Mehrwegverpackung?
- Welche Transportart/welches Transportmittel ist richtig?
- Ist die Verpackung modulgerecht, sprich: lassen sich Ladeeinheiten daraus bilden?

Diese Fragen betreffen die Ausstattung des Arbeitsplatzes. Darüber hinaus kennzeichnet den Arbeitsplatz Versand/Lager eine Vielzahl von Abläufen, die fließend ineinander übergehen und die Auswirkungen auf die Gestaltung des Arbeitplatzes haben: Kommissionieren, verpacken, Ladeeinheiten bilden, Ladung sichern, palettieren, einlagern, entsorgen – das alles sind Aufgaben, die es hier abzuwickeln gilt.
Die Erfüllung der komplexen Aufgaben in Lager, Versand und Packerei erfordert Rationalisierung und Humanisierung. Dazu gehören:

- Die ergonomische Gestaltung des Arbeitsplatzes,
- die Gestaltung von Bewegungsabläufen,
- die richtige Arbeitsumgebung,
- die Auswahl und Rationalisierung von Arbeitsmitteln und deren Anordnung.

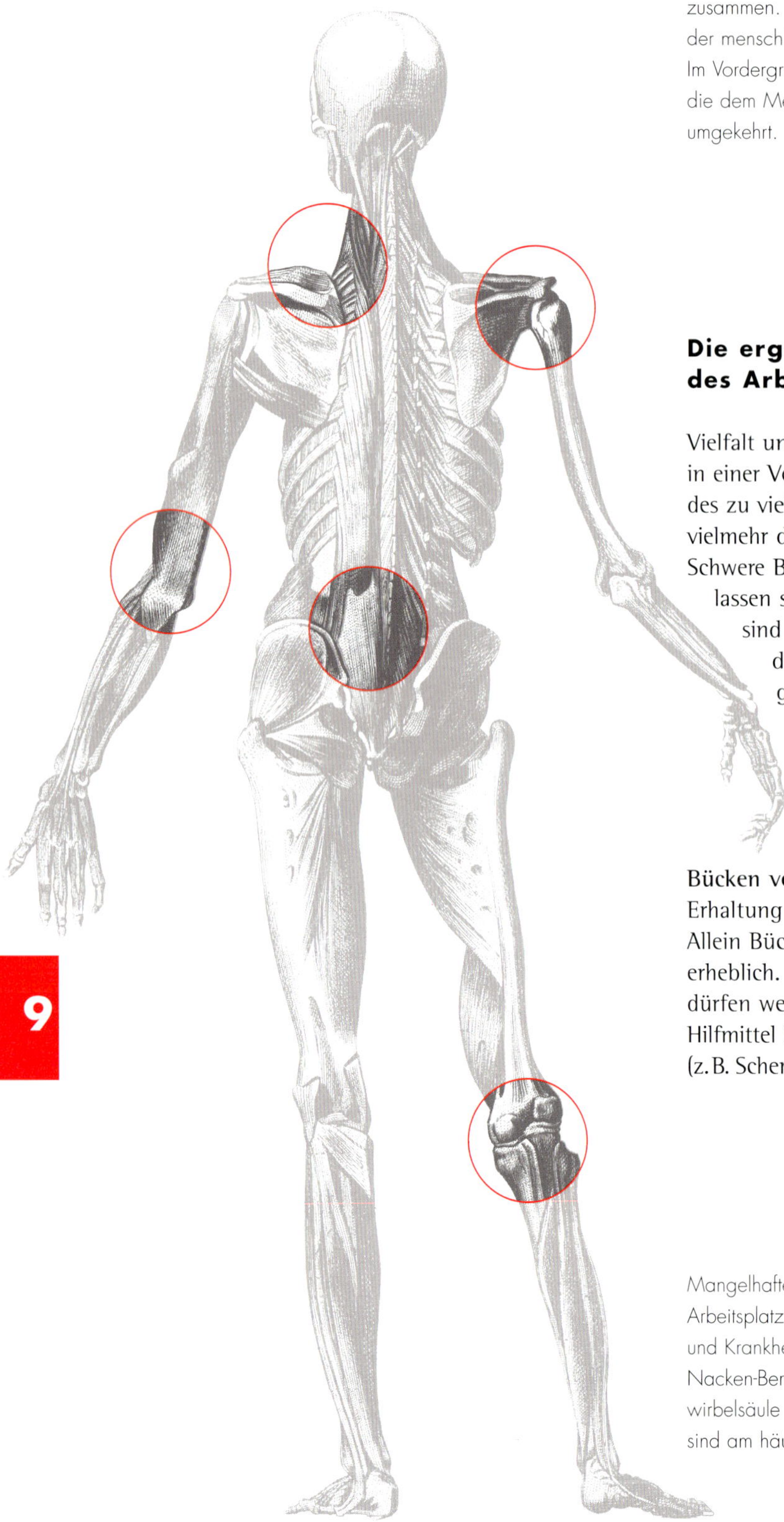

WAS BEDEUTET ERGONOMIE?

Ergonomie setzt sich aus den griechischen Wörtern *ergon* = Arbeit, Werk und *nomos* = Gesetz, Regeln zusammen. Unter Ergonomie versteht man die Lehre von der menschlichen Arbeit und ihren Gesetzmäßigkeiten. Im Vordergrund steht dabei immer die Arbeitsumgebung, die dem Menschen angepasst werden muss – und nicht umgekehrt.

Die ergonomische Gestaltung des Arbeitsplatzes

Vielfalt und Abwechslung kennzeichnen den Arbeitsplatz in einer Versandabteilung oder in einem Lager. Die Gefahr des zu vielen Sitzens besteht hier auf keinen Fall. Was vielmehr das Thema ist: Täglich werden Lasten bewegt. Schwere Behälter, große und schwere Pakete. Nicht immer lassen sich dabei technische Hilfen einsetzen. Daher sind Unfälle beim Bewegen von Lasten relativ häufig, da einseitig belastende Tätigkeiten und ungünstige Körperhaltung das Muskel- und Skelettsystem belasten. Auch die Ermüdung durch schwere körperliche Arbeit kann ein Unfallrisiko sein. Mit einigen wenigen Maßnahmen kann Unfällen vorgebeugt werden:

Bücken vermeiden. Dies ist das wichtigste Ziel für die Erhaltung der Gesundheit in solchen Arbeitsbereichen. Allein Bücken ohne Last beansprucht die Bandscheiben erheblich. Lagerkästen, aus denen Ware entnommen wird, dürfen weder zu hoch noch zu tief aufgestellt sein. Hilfmittel benutzen - und zwar möglichst höhenverstellbare (z. B. Scherenhubwagen, Hubtische und -stapler).

Mangelhafte Ergonomie am Arbeitsplatz verursacht Unfälle und Krankheiten. Der Schulter-Nacken-Bereich, die Lendenwirbelsäule und die Extremitäten sind am häufigsten betroffen.

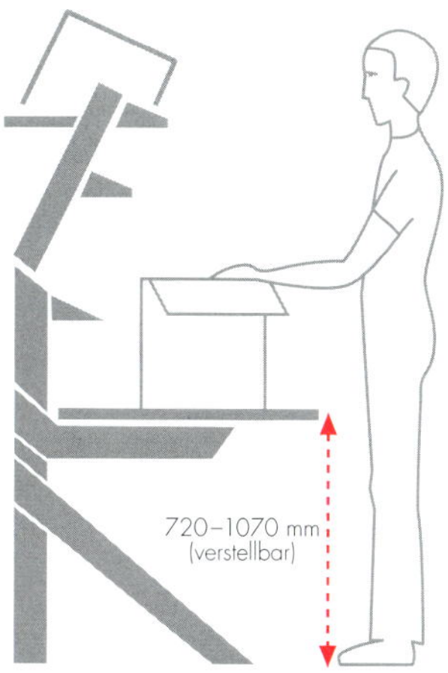

Tische in richtiger Arbeitshöhen entlasten Schultern und Rücken. Rollenbahnen (rechts) erleichtern den internen Transport der Pakete.

Hebehilfen für schwere Lasten. Auch bei gerader Arbeitshaltung sollten Lasten ein bestimmtes Gewicht nicht häufig überschreiten: für Männer 25 kg, ab dem 40. Lebensjahr 20 kg. Für Frauen 15 kg, ab dem 40. Lebensjahr 10 kg. Auch zur Gewichtsentlastung gibt es viele Hilfsmittel, wie Wagen oder Stapler, höhenverstellbare Hebehilfen usw.

Verdrehen der Wirbelsäule vermeiden. Drehbewegungen mit gleichzeitigem Kraftaufwand sind Gift für die Wirbelsäule! Gleittische mit Kugeln oder Rollenbahnen erleichtern das Verschieben gefüllter Pakete. Zum Transportieren über längere Strecken eignen sich Rollenbahnen oder Bänder, die mit geringer Kraft angetrieben sind.

Stehen erleichtern. Langes Stehen auf harten Böden belastet die Wirbelsäule ebenfalls. Entsprechendes Schuhwerk und/ oder Fußbodenmatten aus elastischem Material sorgen für die erforderliche Dämpfung. Stehhilfen und Hocker erleichtern das Arbeiten an erhöhten Tischen.

Geeignete Aufstiegshilfen vorsehen. Um Unfälle zu vermeiden, müssen Leitern und Aufstiege fest und stabil auf dem Boden stehen. Sie sollten große Auftrittsflächen und Festhalte-Möglichkeiten bieten und leicht verfahrbar sein.

Richtige Arbeitshöhen vorsehen. Eine körpergerechte Arbeitshöhe ist Voraussetzung für einen ergonomisch guten Arbeitsplatz. Die Arbeit sollte ohne Anheben der Schultern möglich sein. Für Packarbeiten mit kräftigen Handbewegungen ist die richtige Arbeitshöhe niedriger als für leichte Handarbeiten. Keine Arbeiten, z.B. Herausheben aus Regalen, über Kopfhöhe vorsehen. Packhilfen, z.B. schräge Auflagen für Schachteln, einplanen.

...und, warum nicht: **Körperliche Übungen** zwischendurch, die den Rücken entlasten und die Muskulatur entspannen.

Besonders ergonomisch:
Ein vom International Forum Design ausgezeichnetes Steh-Sitzmodul.

Mit individuell einstellbaren Hilfsmitteln sind ergonomische Anforderungen problemlos umzusetzen. Faustregel bei Bildschirmarbeitsplätzen: Oberkante Bildschirm = Augenhöhe. Abstand von Auge zu Bildschirm/Tastatur/Beleghalter soll zwischen 500 und 800 mm liegen.

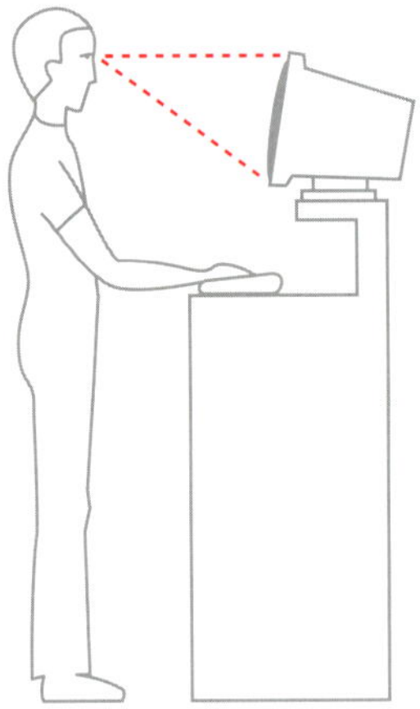

Die Gestaltung von Bewegungsabläufen

Dreh- und Angelpunkt jeder Versandabteilung und jedes Lagers ist der Packtisch. Ihn gilt es so zu gestalten, dass folgende Kriterien erfüllt sind:

- Arbeiten mit kurzen Wegen,
- direkter Zugriff auf gängigste Verpackungsmaterialien,
- die richtigen Hilfsmittel und Geräte müssen zur Verfügung stehen.

Das alles spart beim Verpacken und Versenden enorm viel Zeit – und damit Personalkosten. Die Investition in den Arbeitsplatz Packtisch ist also eine wichtige Basisinvestition und Grundvoraussetzung für optimale Arbeitsabläufe.

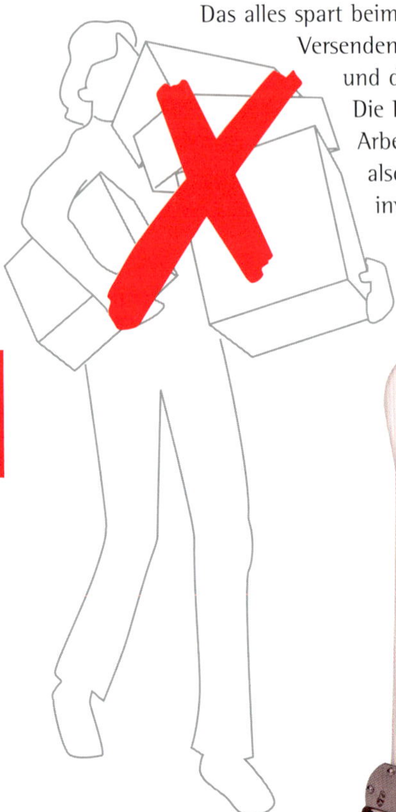

Die richtige Arbeitsumgebung

Ein intelligentes Packtisch-System wächst mit. Das heißt, es passt sich nach und nach den wachsenden Bedürfnissen in der Versandabteilung an. Noch besser, wenn auch der Tisch selbst mitwachsen kann, sprich höhenverstellbar ist. Darüber hinaus gelten folgende Richtlinien für einen optimalen Arbeitsplatz:

- Der Arbeitsplatz muss eine freie Bewegungsfläche von mindestens 1,50 qm bieten, damit während der Tätigkeit ungehindertes Bewegen möglich ist. Sollte das aus betrieblichen Gründen nicht möglich sein, muss in unmittelbarer Nähe des Arbeitsplatzes eine freie Bewegungsfläche dieser Größe zur Verfügung stehen.
- Die freie Bewegungsfläche soll an keiner Stelle weniger als 1 m breit sein.
- Bei Packtischen mit integriertem Monitor zur Lagerverwaltung darf der Bildschirm nicht zu hoch stehen (siehe Grafik oben).

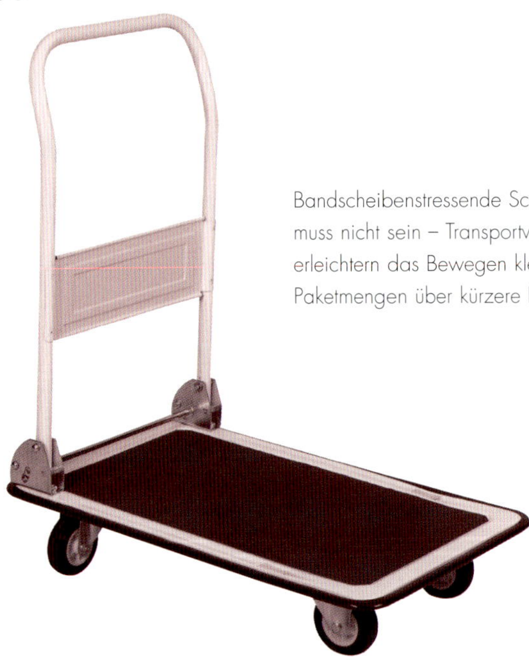

Bandscheibenstressende Schlepperei muss nicht sein – Transportwagen erleichtern das Bewegen kleinerer Paketmengen über kürzere Distanzen.

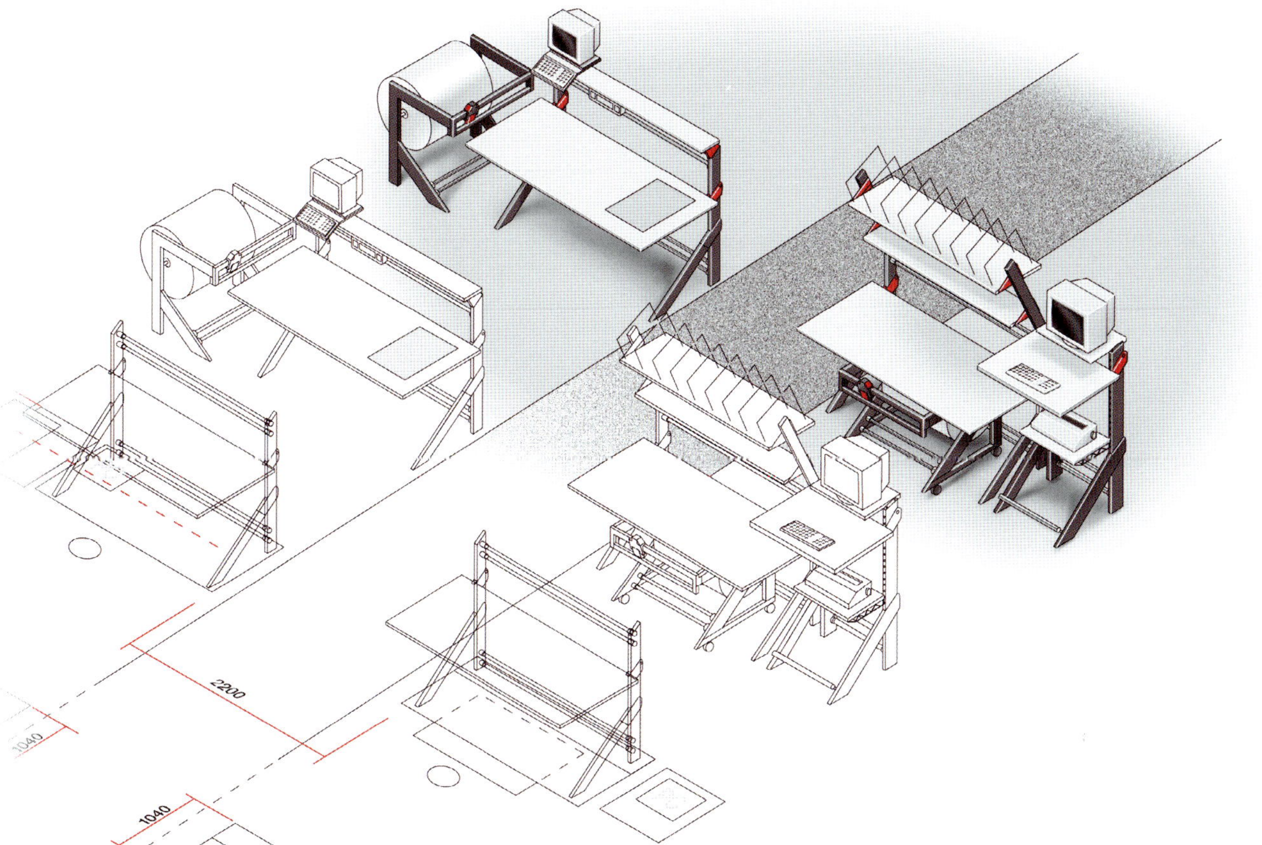

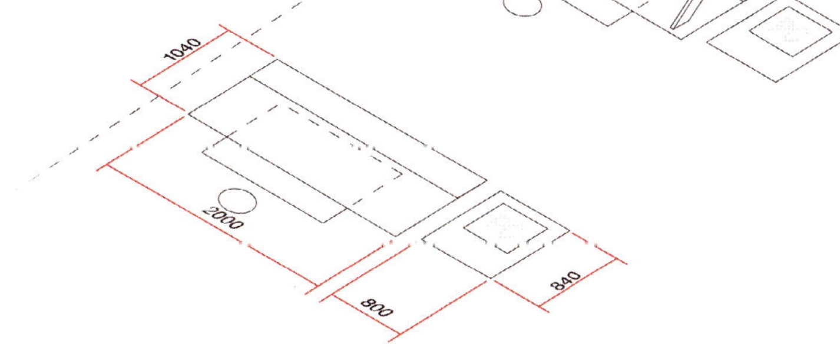

Flächen abmessen, Abläufe durchdenken, Module zusammenstellen und bei Bedarf ergänzen – Industrie und Handel bieten Lösungen für flexibles Arbeitsplatz-Design.

Beispiel für einen modularen, beliebig ausbaubaren Packtisch: ❶ Doppelschneideständer, ❷ Pack- und Arbeitstisch, ❸ Formularablage, ❹ Anbaumagazin, ❺ Beleuchtung, ❻ Tastaturablage, ❼ Universalablage, ❽ Untertisch-Schneidegerät, ❾ Rollcontainer mit Schubladen, ❿ Untertischmagazin, ⓫ Schneideständer

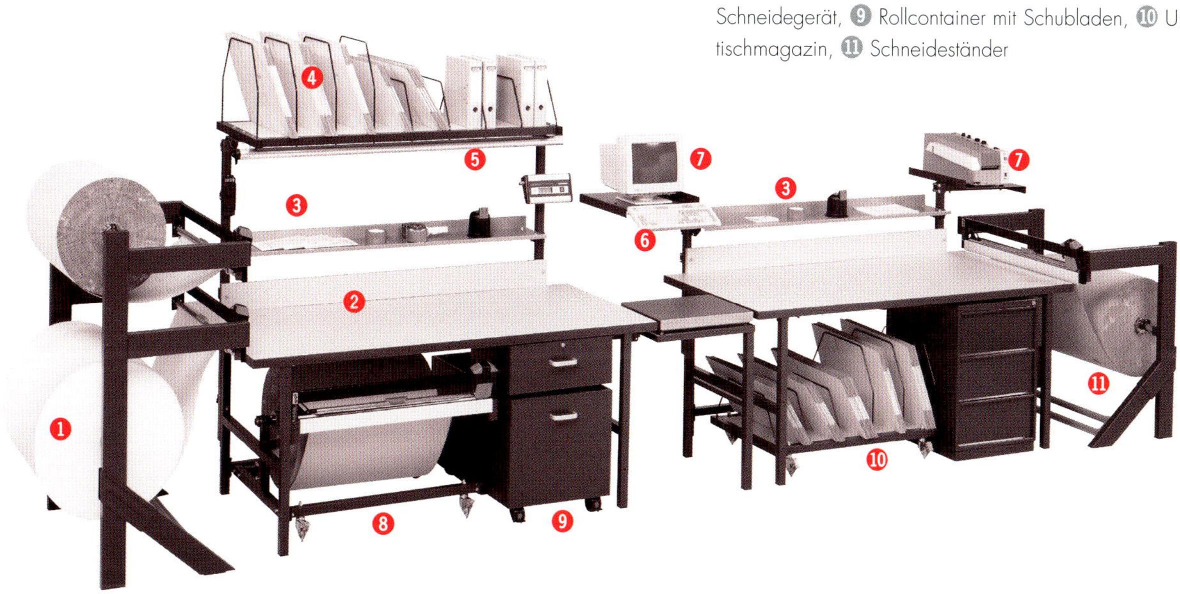

Checkliste:
Wie gut ist mein Packtisch ausgestattet?

	ja	nein
Arbeitsplatz Packtisch		
Seitliche Rollenhalterung für Packpapier und Folien		
Anbaumagazin zur Lagerung von Standardkartonagen		
Steckdosen und Schubladen		
Arbeitsplatzbeleuchtung		
Formularablage		
Ablage für Monitor und Tastatur		
Untertischmagazin zur Lagerung von Standardkartonagen		
Paketwaage		
Untertisch-Rollcontainer		
Untertisch-Schneidegerät		
Hilfsmittel und Geräte		
Handabroller für Packband		
Tischabroller für Selbstklebefilm/Warnbänder		
Automatischer Klebebandspender		
Spann- und Schließgerät für Umreifungsband		
Verschlussklammern zum Umreifen		
Hefter zum Verschließen von Wellpappe-Schachteln		
Heftklammern		
Frankiermaschine		
Verschlussmittel		
Packband		
Selbstklebefilm		
Selbstklebe-Warnbänder		
Nassklebeband		
Umreifungsband Kunststoff/Stahl		
Basis-Ausstattung Schachteln		
Größe 200 x 140 x 120 mm		
Größe 305 x 215 x 200 mm		
Größe 430 x 310 x 250 mm		
Größe 550 x 450 x 350 mm		
Basis-Ausstattung Komplett/Universalverpackungen		
Buchverpackungen		
Ordner-Verpackungen		
Briefhüllen DIN-lang, DIN A 5, DIN A 4 mit oder ohne Papprückwand		
Gepolsterte Versandtaschen		
Versandrohre		
Adressierung und Kennzeichnung		
Begleitpapiertaschen		
Aufkleber und Adress-Schutzfolie		
Frankier-Etiketten		
Warn- und Gefahrenetiketten (nach Bedarf)		
Selbstklebe-Warnbänder		

Die Auswahl und Rationalisierung von Arbeitsmitteln und deren Anordnung

Ein Profi-Packtisch zeichnet sich dadurch aus, dass er flexibel und modular aufgebaut ist. Das heißt: Ob Einzelpackplatz, Doppelpacktisch oder ganze Packlinie – alles ist möglich. Auch Ergänzungen nach und nach. Das gilt sowohl für den Packtisch selbst als auch für die vielen Ausstattungs-Extras. Am Markt gibt es für jeden Bedarf die richtige „Packstation".
Grundvoraussetzung für alle: Die wichtigsten Arbeitsmaterialien sollten griffbereit sein, um unnötige Wege – und damit Zeit – zu sparen.
Die Checkliste links hilft, bei der Planung des Arbeitsplatzes Packtisch an die wichtigsten Dinge zu denken. Gleichzeitig ist sie eine Empfehlung hinsichtlich der am häufigsten eingesetzten Materialien. Da sich hier keine allgemein gültigen Empfehlungen oder Angaben machen lassen, nehmen Sie es als Anregung für Ihre individuelle Bedarfsplanung.

Packboy:
Ein Platz sparender Packtisch für den kleinen Bedarf.

Knoten im Netzwerk: Das Lager

Jede Art von Lagerung ist eine geplante Unterbrechung des Materialflusses – und will ebenfalls entsprechend geplant sein. Verschiedene Ansprüche und Aufgabenstellungen erfordern sehr detailliertes Vorgehen. Themen wie

- **Lagerfunktion** (Verteillager, Umschlagslager, Vorratslager, Verwahrlager oder Sonderlager),
- **Lagerhaltungsstrategie** (Materialbedarfsplanung),
- **Lagermittel** (Bodenlagerung, Hochregallager, Kompaktlager etc.),
- **Lagerordnung** (fest, frei oder chaotisch),
- **Lagerorganisation** (Lagerverwaltungssystem),
- **Lagertechnik** (manuelles Lager, voll- oder halbautomatisch),
- **Lagerkosten**

sind einige von vielen, die bei der Planung und Gestaltung eines Lagers eine wichtige Rolle spielen. Zu wichtig, um sie so nebenbei zu erwähnen. Da unsere Kernkompetenz im Bereich Transportverpackungen liegt, verzichten wir darauf, bei der Lagerung ins Detail zu gehen oder pauschale Empfehlungen abzugeben. Da sie allerdings eine Schlüsselposition im gesamten Logistikprozess ist, finden Sie in Kapitel 12 auf Seite 183 weiterführende Literatur für eine professionelle und individuelle Planung Ihres Lagerbereiches.

Wichtiger Bestandteil jeder Kalkulation: Die Verpackungskosten

Wie an anderer Stelle bereits erwähnt, lassen sich Verpackungskosten in zwei Kategorien einteilen:
1. Der **Verpackungsprozess.** Er besteht vor allem darin, Produkt (Packgut) und Verpackung zu einer Ladeeinheit zusammenzubringen. Beim Blick auf die Kosten schlägt diese Arbeit mit 80 % zu Buche, da hier viele verschiedene Kostenarten anfallen.
2. Der **Materialeinsatz.** Auf ihn entfallen die restlichen 20 %. Dabei gibt es immer wieder das gleiche Dilemma: Bei der Lagerung und Bereitstellung von Packmaterialien fallen Lager- und Raumkosten an.

Der Konflikt liegt auf der Hand: Große Mengen = bessere Einkaufskonditionen, geringere Transport-, Umschlag- und Verwaltungskosten. Kehrseite: Hohe Bestands-, Lager- und Raumkosten.
Die Aufgabe besteht darin, einerseits vorhandene Kapazitäten optimal zu nutzen, andererseits die Bestände so gering wie möglich zu halten.
Was hier richtig ist, muss immer wieder, je nach Situation, Saison oder aktuellen betrieblichen Gegebenheiten neu entschieden werden. Lassen Sie sich dazu am besten von Verpackungsspezialisten beraten.

9

Optimale Verpackungslösungen setzen transparente Zahlen voraus. Welche Kosten Einfluss nehmen auf die Wahl einer Verpackung und damit auch auf den Logistikprozess, zeigt der folgende Überblick:

Materialkosten

Dazu gehört alles, was Sie für eine professionelle Transportverpackung brauchen. Mehr darüber in Kapitel 5 „In 6 Schritten zur perfekten Transportverpackung" ab Seite 71.
Optimierungstipp: Die Gegenüberstellung von Einweg- und Mehrwegverpackungen macht unter bestimmten Voraussetzungen mit Sicherheit Sinn.

Maschinen-, Geräte- und Werkzeugkosten

Hier ist zu unterscheiden in Verpackungsmaschinen, die bereits einen Teil des Verpackungsprozesses übernehmen, und Hilfsgeräten wie Gabelstapler etc. Vier Faktoren spielen bei der Betrachtung dieser Kosten eine Rolle:
- Kalkulatorische Abschreibungen,
- kalkulatorische Zinsen,
- Energiekosten,
- Instandhaltungskosten.

Bei Maschinen muss der praktische Nutzen den Kosten gegenübergestellt werden: Lohnt sich die Anschaffung?

Moderne Lagertechnik hilft Kosten sparen.

Optimierungstipp: Miete, Leasing oder Kauf? Dieses Rechenexempel sollte jeder größeren Anschaffung vorausgehen.

Transportkosten (inner- und außerbetrieblich)

Darunter fallen Kosten für innerbetriebliche Transportwege, beispielsweise vom Lager zum Verpackungsort oder für die Koordination mehrerer Standorte. Aber auch externe Dienstleister, die im Sinne eines betriebswirtschaftlich interessanten Outsourcings eingesetzt werden, sind hier zu berücksichtigen.
Optimierungstipp: Outsourcing, wo interessant

Lagerkosten

Sie beinhalten die Lagertechnik (inkl. Abschreibung / Zinsen) und die Lagergüter, das heißt: wie viel Kapital wird über welchen Zeitraum gebunden?
Optimierungstipp: Durch optimierte Lagertechnik, standardisierte Verpackungen und kürzere Lagerzeiten können erhebliche Kosten eingespart werden, ebenso durch just-in-time-Lieferungen Ihres Verpackungslieferanten.

Raumkosten

Die Frage, ob Mieträume oder Eigentum, ist hier die Grundlage für die Berechnung der Kosten. Darunter fallen auch Betriebskosten wie Beleuchtung, Heizung, Klimatisierung.
Optimierungstipp: Exakte Definierung von Lagerstandort und Lagergröße, getreu dem Motto„so viel Raum wie nötig, aber so wenig wie möglich“. Aber auch ein exaktes Hinterfragen, was mehr Sinn macht, eigene Räume oder Mieträume (Raumkostenvergleich) ist wichtig.

Handling/Personalkosten

Sie umfassen alles rund ums Kommissionieren und Verpacken, bei Einzelhandelsfilialen auch die so genannte „Instore-Logistik“, wie Regalpflege, Preisauszeichnung etc.
Optimierungstipp: Zum einen spielt die bedartsorientierte Auslastung des Personals eine Rolle. Zum anderen kann der Einsatz moderner Kennzeichnungssysteme Kosten senken.

Es war einmal eine kleine, feine, wunderschön bedruckte Blechdose ...

... sie war gefüllt mit 20 exquisiten Zigaretten. Die Dose wurde eigens für einen ganz besonderen Anlass angefertigt, in limitierter Auflage, versteht sich. Das war 1912 und wer geschichtlich gut drauf ist, erahnt vielleicht schon, was das besondere Ereignis in diesem Jahr war ...
Auf jeden Fall war unsere Dose mächtig stolz, zu den wenigen Auserwählten zu gehören, die eine berühmte Reise antreten sollten.
Neugierig geworden? Dann blättern Sie zurück zu Kapitel 8 „Menschen und Verpackungen“ auf Seite 124.

Mit entsprechenden Maschinen und Geräten lässt sich die Arbeit in Lager und Versandabteilung effizient gestalten.

Verwaltungskosten

Das betrifft vor allem die Bestandspflege des Lagers. Wird mit Mehrwegverpackungen gearbeitet, ist der Einsatz eines EDV-Systems sinnvoll. Deren Kosten, personeller Aufwand dafür sowie eventuelle Schwundraten können auf die Verpackungen angerechnet werden.

Optimierungstipp: Die Gegenüberstellung der Kosten für Kauf bzw. Leasing bringt oft überraschende Ergebnisse.

Folgekosten

Sie fallen, wie der Name schon sagt, erst dann an, wenn die Ware bereits das Haus verlassen hat und umfassen: Kosten für Neulieferung, Nachbesserung, Lieferverzug und Schadensbeseitigung. Beim Einsatz von Mehrwegsystemen sind noch Schwundkosten zu berücksichtigen, die sich vor allem aufgrund ihres Zusatznutzens ergeben.

Optimierungstipp: Die Qualität der Transportverpackung hat einen erheblichen Einfluss auf mögliche Folgekosten. Alles darüber in Kapitel 5 ab Seite 71.

Entsorgungskosten

Sammeln, Sortieren, Recyclen und (teilweise) Rückführung in den Herstellungsprozess - das alles ist mit Kosten verbunden. Sowohl für externe Recyclingfirmen, als auch innerbetrieblich, wenn das Recycling im eigenen Haus durchgeführt wird.

Optimierungstipp: Bereits bei der Wahl des Verpackungsmaterials auf Recyclingfähigkeit achten.

Sonstige Kosten

Darunter fällt alles, was sich nicht klar in eine der vorherigen Kostengruppen zuordnen lässt. Dazu gehören z.B. Kosten für Bruch, der aufgrund mangelhafter Verpackung anfällt – siehe auch Kapitel 5, Seite 89 „Die häufigsten Verpackungsfehler“ –, aber auch damit verbundene Versicherungskosten.

Optimierungstipp: Auch Risiken, die bewusst eingegangen werden, sollten bei der Kalkulation der Verpackungskosten berücksichtigt werden. Ihre Höhe lässt sich ausschließlich aus Erfahrungswerten der Vergangenheit ableiten und einschätzen.

9

EDV erleichtert die Übersicht in der Versandabteilung.

Beim Einsatz von Mehrwegverpackungen sind außerdem folgende Kosten zu berücksichtigen:

Reinigungskosten

Mehrwegverpackungen sind prinzipiell vor einer weiteren Verwendung zu reinigen. Die Kosten dafür richten sich danach, ob diese Reinigung maschinell oder manuell durchgeführt wird. Dazu kommen Energie- und Wasserkosten, Kosten für Reinigungsmittel sowie Personalkosten.
Optimierungstipp: Es lohnt sich, Angebote von externen Dienstleistern den eigenen Kosten gegenüberzustellen.

Reparaturkosten

Davon sind hauptsächlich Ladungsträger wie Paletten betroffen. Die Kosten für deren Reparatur setzen sich aus Material- und Personalkosten zusammen. Die häufig als Mehrwegsystem eingesetzten Kunststoffbehälter lassen sich nicht reparieren. Sie werden bei Beschädigungen meist direkt dem Kunststoffrecycling zugeführt.
Optimierungstipp: Die Kosten einzelner Ladungsträger (Paletten, Gitterboxen, Kunststoff-Mehrwegsysteme etc.) sollten in regelmäßigen Abständen verglichen werden.

Nutzungskosten

Bei der Nutzung von Mehrwegsystemen gibt es zwei Berechnungsmodelle.
1. **Umlaufzeitunabhängig.** Dabei werden die Verpackungen über einen definierten Zeitraum fest gemietet. Die Häufigkeit des Umschlages während dieser Zeit spielt keine Rolle.
2. **Umlaufzeitabhängig,** d.h. der Vertrag läuft meist über eine Lieferung vom Absender zum Empfänger und zurück zum Absender (bzw. direkt zum Dienstleister). Fazit: Je schneller umgeschlagen wird, umso niedriger die Kosten.
Optimierungstipp: Vor allem bei längerfristigen Verträgen (umlaufzeitunabhängig) sollte mit dem Vermieter vereinbart werden, welche Dienstleistungen Bestandteil des Vertrages sind (Rückführung, Reinigung, Reparatur, Lagerung, Verwaltung), bzw. wer welche Kosten übernimmt.

Das exakte Wissen um diese einzelnen Kostenfaktoren ermöglicht nicht nur eine exaktere Berechnung der Verpackungskosten. Es führt auch sehr deutlich das eingangs erwähnte 80:20-Verhältnis von Prozess- und Materialkosten vor Augen. Damit bietet es zahlreiche Ansätze zur Optimierung. Und es zeigt auch, dass das preiswerteste Verpackungsmaterial nicht immer die beste Lösung ist.

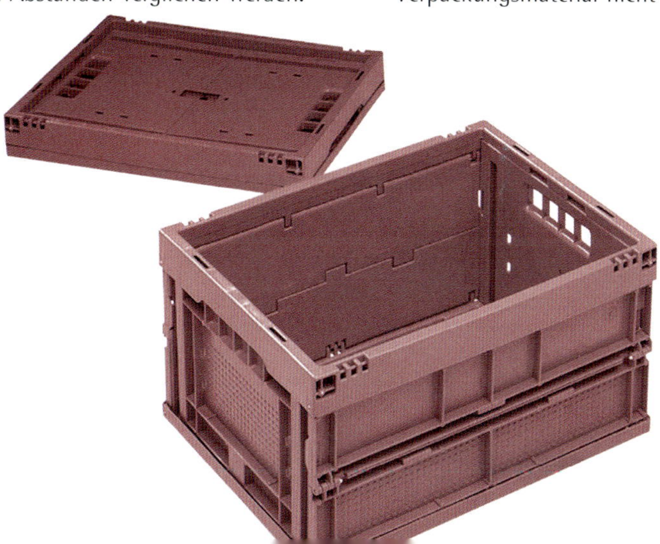

Gemeinsam ans Ziel: So werden Ladeeinheiten gebildet

Das Bilden von Ladeeinheiten ist in vielen Versandabteilungen wichtiger Bestandteil der täglichen Arbeit und hat folgende Ziele:

- Rationalisierung und Erleichterung von Transport, Umschlag und Lagerung (TUL),
- Sicherung der Waren während des Transports.

Um das zu erreichen, spielt die richtige Auswahl der Packmittel, der Packhilfsmittel sowie der Mittel zum Bilden von Ladeeinheiten eine wichtige Rolle.
Dabei lassen sich die Waren in zwei wesentliche Gruppen aufteilen. Zum einen in flüssige, gasförmige oder schüttbare Füllgüter. Sie werden meist in Fässern oder Tonnen befördert. Und zum anderen in Stückgüter, das sind alle Arten von Waren, die in der Regel in Schachteln transportiert werden.
Die am häufigsten eingesetzten Transportverpackungen sind Schachteln und Kisten sowie Mehrwegkästen, aber auch Fässer oder Tonnen.
Eine Kombination mehrerer Verpackungsarten erfordert Sorgfalt im Bilden der Ladeeinheit, vor allem auch im Hinblick auf die Ladungssicherung.
Ladeeinheiten lassen sich mit und ohne Hilfsmittel (Paletten oder Behälter) bilden.

Palette – ja oder nein?

Der Einsatz von Paletten zum Bilden von Ladeeinheiten macht nur dann Sinn, wenn sich die Güter oder Packstücke so zu einer Einheit verbinden lassen, dass sie den Anforderungen im TUL-Prozess standhalten können.
Das Anordnen und Stapeln der Packstücke nach einem gewissen Schema leistet hier gute Dienste.
Voraussetzung für einen reibungslosen Ablauf und damit auch für die Wirtschaftlichkeit während des Transportprozesses sind einheitliche Abmessungen.
Hinter dem Begriff „modulare Ordnung" verbirgt sich die internationale Standardisierung dieser Maße mit dem Ziel optimaler Nutzung von Lade-, Lager- und Regalflächen.
International genormte Ladungsträger und Palettenabmessungen sind: 800 x 1200 mm und 1000 x 1200 mm.
Lassen sich Länge oder Breite einer Verpackung von den Längen- und Breitenmaßen 400 x 600 durch Teilen oder Vervielfachen ableiten, spricht man von einer Modulverpackung. Damit ist die lückenlose Überdeckung der Grundfläche standardisierter Paletten mit den Maßen 800 x 1200 mm bzw. 1000 x 1200 mm möglich.

Packgut	Verpackungsträger	Verpackungseinheit	Bildung von Ladeeinheiten
Güter mit/ohne Verpackung	Großbehälter (Container)	Behälter-Einheit*	... mit Hilfmittel
	Mittelbehälter		
	Kleinbehälter		
	Behälterpalette		
	Behälterpalette	Paletten-Einheit	
	Rungenpalette		
	Flachpalette		
Güter mit Verpackungen		Sammelpackung* palettenlos	... ohne Hilfsmittel
Gut mit/ohne Verpackung		Einzelpackstück/ Transportgut unverpackt	

* mit/ohne Sicherungsmittel

Varianten der Bildung von Ladeeinheiten. Quelle: Hüthig, Verpackungstechnik

Typische Mischpalette, mit Stretchfolie gesichert.

Hilfe für Hochstapler

Falsches Stapeln führt zu Instabilität und damit zu Beschädigungen. Die Art und Weise, wie die Waren oder Packungen gestapelt werden, leistet daher einen wesentlichen Beitrag zur Festigkeit und Stabilität. Versetztes Anordnen heißt das Zauberwort – wie's geht, sehen Sie rechts.

Sicherungsmittel für Ladeeinheiten

Die Ladeeinheit ist fertig, jetzt heißt es, sie gegen Verrutschen, Ausfächern, Herunterfallen, Umkippen, aber auch gegen Diebstahl zu sichern. Drei Verfahren stehen dafür zur Auswahl:

Umreifen. Das Umreifungsband aus Kunststoff oder Metall – **siehe** auch Kapitel 6 „Materialkunde", ab Seite 109 – kann vertikal und/oder horizontal angelegt werden und stellt eine sichere Einheit von Packstücken und Palette her. Die Zugkraft des Umreifungsbandes wirkt als Druckkraft auf die Packstücke und verhindert dadurch ein Verrutschen. Um dabei ein Eindrücken der Packstücke zu vermeiden, empfiehlt sich der Einsatz von Ecken/Kantenschutz.

„Wem's Palettieren einerlei, der bleibt bestimmt nicht schadenfrei."
Quelle: Containerhandbuch der GDV

Das modulare Ordnungsprinzip

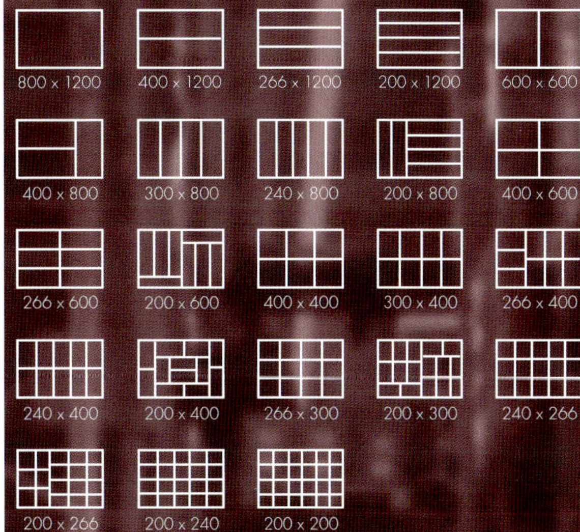

Stapelbilder für Paletten der Grundfläche 800 x 1200 mm

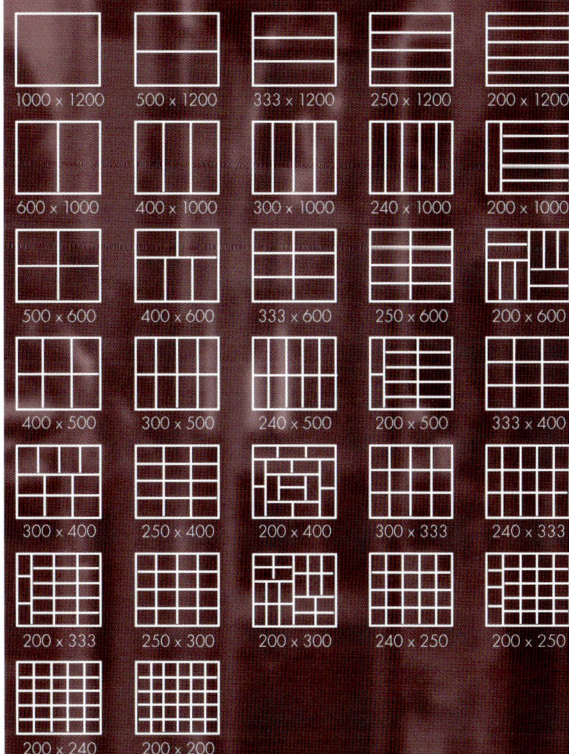

Stapelbilder für Paletten der Grundfläche 1000 x 1200 mm

Quelle: Hüthig, Verpackungstechnik

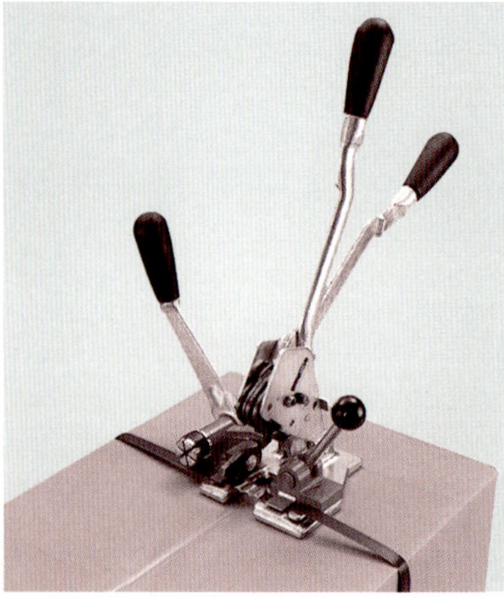

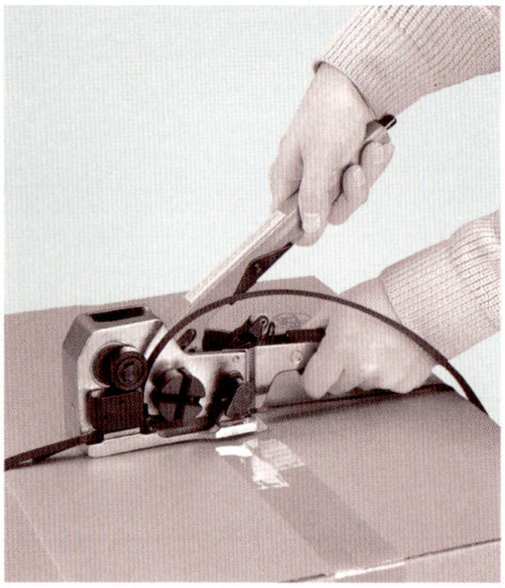

Praktische Kombigeräte erleichtern das Umreifen: Verschlussapparate zum Spannen, Verschließen und Abschneiden von Kunststoff-Umreifungsband

Für das Umreifungsverfahren gibt es manuelle Geräte, halbautomatische oder automatische Maschinen. Halbautomaten oder Automaten kommen vor allem dann zum Einsatz, wenn der Umreifungsprozess mit anderen Arbeiten wie Positionieren oder Stapeln kombiniert wird. Für das manuelle Umreifen gibt es verschiedene Systeme. Am einfachsten sind so genannte Kombigeräte. Damit lassen sich drei Arbeitsschritte mit einem Gerät erledigen: Spannen, Verschließen und Bandabschneiden.
Das Wichtigste beim Umreifen ist immer die richtige Bandspannung.

Schrumpfen. Es kommt vor allem dann zum Einsatz, wenn Ladeeinheiten nicht einheitlich oder sperrig sind. Beim Einschrumpfen wird Kunststoff-Folie einer Dicke von ca. 25 bis 150 µ bei einer bestimmten Temperatur mechanisch gestreckt und in diesem gestreckten Zustand abgekühlt. Das heißt, der Spannungszustand wird quasi „eingefroren". Die Ladeeinheit bekommt damit einen vollflächigen Rundumschutz, der selbst schwere Packstücke sicher ans Ziel bringt. Schrumpffolien sind meist durchsichtig. Zur Diebstahl-Vorsorge oder auch als UV-Schutz kommen teilweise auch eingefärbte Folien zum Einsatz. Da der Investitions- und Energieaufwand von Schrumpfanlagen relativ hoch ist, wird beim Bilden von Ladeeinheiten bzw. zur Ladungssicherung eher mit dem Stretchverfahren gearbeitet. Haupt-Einsatzgebiet von so genannten Schrumpfpackern sind stabile Stückgüter wie Glas oder PET-Flaschen, Dosen, Buch- oder Papierstapel. Das Einschrumpfen steht dann am Ende der Produktionskette und wird mit Halb-oder Vollautomaten ausgeführt.

Stretchen. Dabei werden Folien mit einer Stärke von ca. 20 bis120 µ mechanisch bis zu 300% überdehnt und unter dieser Vorspannung angewendet. Auf diese Art führen die Folienrückstellkräfte zur Sicherung der Ladeeinheiten. Wichtige Voraussetzung dafür ist, dass die Vordehnung der Folie konstant gehalten wird. Denn nur dann wird gleich bleibende Qualität bei minimalem Folienverbrauch erzielt.
Da Temperaturschwankungen erheblichen Einfluss auf die Rückstellkraft der Folie haben, sollten Ladeeinheiten, die per Stretchen gesichert werden, auf dem Transportweg keiner allzu großen Erwärmung ausgesetzt werden. Gestretcht wird überall dort, wo nicht mit Wärme gearbeitet werden kann.
Und wie funktioniert das Stretchen? Ganz einfach:
1. Der Folienanfang wird an der Ladeeinheit befestigt.

Ein Schrumpfpacker verarbeitet hier Konserven zu handlichen Gebinden. Quelle: Krones AG

Schematische Darstellung von Stretcheinrichtungen. Quelle: Hüthig, Verpackungstechnik

2. Die Ladeeinheit wird, meist mithilfe eines Drehtisches, so oft gedreht, bis die Folie die Ware ausreichend und sicher umschließt. Fertig.
Natürlich geht es auch noch einfacher, und zwar mit dem Handwickler. Auch dabei wird der Folienanfang an der Ladeeinheit befestigt. Aber statt eines Drehtisches läuft man mit dem Handwickler so lange um die Ladeeinheit, bis sie sicher umschlossen ist.
Wo nur ab und an große Ladeeinheiten per Stretchen zu sichern sind, ist diese manuelle Form eine einfache und kostengünstige Alternative zu halbautomatischen oder automatischen Stretchgeräten und/oder -maschinen.
Diese Art zu stretchen wird als **Vollbahn- oder Spiral-Wickelstretchen** bezeichnet.
Weitere Möglichkeiten: **Vorhang- und Haubenstretchen.** Beides ist komplett automatisiert. Dabei wird eine so genannte Spannhaube über die Kontur der Ladeeinheit übergestreift und gedehnt. Durch die Rückstellkräfte zieht sich die Folie zusammen und bietet vollflächigen Schutz. Vorteil dieser Methode: Die Palette wird mit der Ware ummantelt und seitlich verschweißt, während beim Wickelstretchen zusätzlich ein Deckblatt aufgelegt werden muss, das von den Folienbahnen mit fixiert wird. Erst dann ist die Ware auch oben gegen äußere Einwirkungen geschützt.

Wo oft Paletten mit Folien gesichert werden müssen, lohnt sich die Investition in eine Stretchmaschine, die es auch als mobile Einheit gibt.

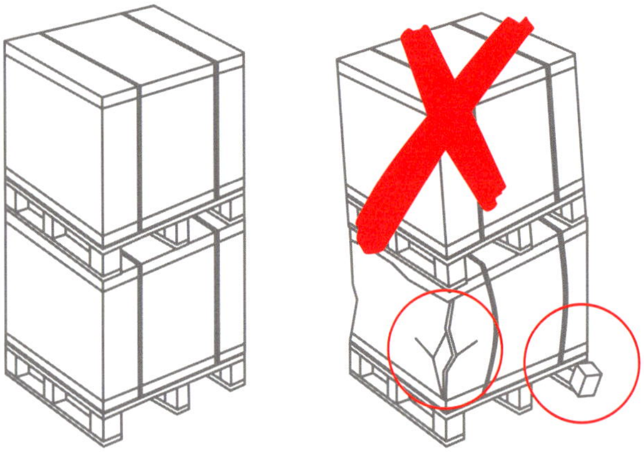

Beim Stapeln von Paletten müssen Gewicht und Stabilität der Packstücke berücksichtigt werden.

Wichtige Anforderungen an das Bilden von Ladeeinheiten:

- Minimaler Aufwand für das Verpacken, das Bilden von Ladeeinheiten sowie für die Ladungssicherung.
- Einfache, eindeutige Kennzeichnungs- und Kontrollmöglichkeit der Ladeeinheit.
- Gemeinsame Handhabung unterschiedlichster Güter.
- Vereinfachtes Zusammenfassen oder Trennen der Güter.
- Schutz der Ware und der Umwelt.
- Für den Fall, dass Ladeeinheiten während des Transportes geöffnet werden müssen, ist es wichtig, dass auch einzelne Versandstücke zugänglich sind.
- Die Ladeeinheiten müssen kompakt sein, eine regelmäßige Form und senkrechte Seiten haben.
- Um das Stapeln mehrerer Ladeeinheiten zu gewährleisten, muss der obere Abschluss eben sein.
- Eine Beschädigung einzelner Packstücke muss ausgeschlossen werden.
- Die Ladeeinheiten müssen ausreichend fest und stabil sein.
- Das Material, mit dem Ladeeinheiten gebildet werden, muss mit den Waren verträglich sein und seine Funktion auch bei Feuchtigkeit, extremen Temperaturen und Sonneneinstrahlung beibehalten.
- Die Ladeeinheiten müssen mit Flurfördermitteln gehandhabt werden können.

So, die Ware ist gut verpackt. Die Ladeeinheiten sind gebildet. Jetzt geht es noch darum, sie so zu sichern, dass sie auf ihrem oft langen Transportweg nicht zur Gefahr wird. Ladungssicherung heißt das Stichwort. Und darum geht es auf den nächsten Seiten.

9

Der häufigste Fehler:
Nicht-bündiges Bepacken von Paletten.
Die Ladeeinheit ist nicht stapelbar.
Hier empfiehlt sich Einstretchen.

Diese Palettierung erhöht nicht nur die Frachtkosten, sondern durch Ungleichgewicht auch das Sturzrisiko beim Transport mit Flurfördermitteln. Hier empfiehlt es sich mithilfe von Umreifungsband eine Ladeeinheit ohne Palette zu bilden.

Von Massen, Kräften und Gefahren: Professionelle Ladungssicherung

Neben Unfällen mit Gefahrguttransportern – siehe Seite 61 – gibt es eine weitere Gefahrenquelle, die immer noch erheblich unterschätzt wird. Die Rede ist von Unfällen, die sich auf Grund mangelnder Ladungssicherung ereignen. Laut Angaben des Gesamtverbandes der Deutschen Versicherungswirtschaft (GDV) entstehen jährlich Schäden in Höhe von ca. 500 Millionen € – und das alles wegen mangelhafter Sicherung von Ladungen. Jüngstes Beispiel zu Beginn des Jahres 2004 ist ein gekenterter Frachter vor der schwedischen Küste. Die Bilanz: 13 Tote. Die Ursache: Verrutschte Ladung.

Nicht gesicherte Ware kann zu fatalen Folgen führen. Im besten Fall (da keine weiteren Verkehrsteilnehmer davon betroffen sind) gerät sie auf der Ladefläche ins Rutschen oder Kippen und wird so beschädigt. Nicht selten sind die einwirkenden Kräfte allerdings so stark, dass die Ware vom Fahrzeug auf die Fahrbahn fällt, bzw. geschleudert wird.

Verfolgt man die Warnmeldungen in den Verkehrsnachrichten, ist häufig von „herumliegenden Gegenständen auf der Fahrbahn" die Rede. Dahinter kann sich vom Fahrrad über Paletten und Kisten bis hin zum (ja, tatsächlich) Kühlschrank so ziemlich alles verbergen, was ungesichert transportiert wird.

Die immer noch weit verbreitete Auffassung, dass eine schwere Ladung allein durch ihr Eigengewicht gesichert ist, wird tagtäglich Lügen gestraft. Denn sie kann selbst beim kleinsten Brems- oder Ausweichmanöver lebensgefährliche Kräfte entwickeln. Dabei genügen häufig einfache Maßnahmen, um Waren optimal gesichert an ihr Ziel zu transportieren.

Dazu braucht es ein wenig physikalisches Verständnis, das Wissen um technische und gesetzliche Anforderungen und einen Überblick über die verfügbaren Hilfsmittel. Was heißt Ladungssicherung, wer ist dafür zuständig und wie kann sie professionell durchgeführt werden? Das alles erfahren Sie auf den nächsten Seiten.

Mangelhafte Ladungssicherung – rechts humorvoll, oben gar nicht lustig: Drei ineinander liegende Stahlrohre, Gesamtgewicht 17 Tonnen, schießen nach einer Vollbremsung des LKW vor, durchschlagen Stirnwand und Führerhaus und bohren sich vor der Hinterachse des Busses in den Boden. Kaum zu glauben: Der LKW-Fahrer wurde nur leicht verletzt, und 58 Kinder im Bus kamen mit dem Schrecken davon. Dies hätte für einige Beteiligte auch tödlich enden können. Quelle: www.tis-gdv.de (oben), Diogenes Verlag, „Loriots heile Welt" (rechts)

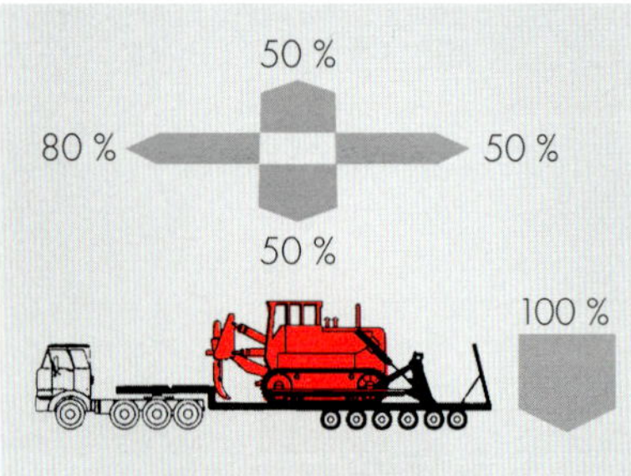

Kräfte, die beim Fahrbetrieb auftreten – die Prozentwerte beziehen sich auf das Ladungsgewicht. Quelle: Günter Hendrisch Verlag, Erkelenz, www.ladungssicherung.de

Vorab ein kleiner Blick auf die Physik

Der Start im Flugzeug oder die Beschleunigung mit dem Auto geben uns eine Ahnung davon, was Kraft heißt und was sie bewirken kann. Ein Beispiel: Wer sein Auto von 0 auf 100 km/h in 10 sec. beschleunigt, wird mit 28 % seines Körpergewichtes gegen den Sitz gedrückt. Nichts anderes passiert mit Warenladungen auf LKW. Hier gilt, dass eine Ladung nur so lange an ihrem Platz bleibt, bis auftretende Kräfte sie dazu zwingen, ihre Position zu verändern. Das kann ein Bremsmanöver sein, eine scharfe Kurve oder auch eine heftige Beschleunigung. Und schon ist nichts mehr, wie es vorher war, denn die Naturgesetze schlagen voll zu. Sie zu berücksichtigen, ist also nicht nur sinnvoll, sondern häufig auch (über)lebenswichtig.
Und das sind die Kräfte, die während der Fahrt auf die Ladung einwirken können (F_G = Gewichtskraft):

in Fahrtrichtung	0,8 F_G = 80 % des Ladungsgewichtes
zu den Seiten	0,5 F_G = 50 % des Ladungsgewichtes
nach hinten	0,5 F_G = 50 % des Ladungsgewichtes

Nun wäre es aber zu einfach, zu glauben, es gäbe nur eine einzige Kraft, nämlich die Gewichtskraft, die auf die Ladung einwirkt. Tatsächlich ist sie allerdings nur eine von insgesamt vier Kräften:

Die **Gewichtskraft** (Masse x Erdbeschleunigung) drückt auf Grund ihrer Erdanziehungskraft die Masse/Ladung auf die Ladefläche.

Die **Massenkraft** (Masse x Beschleunigung), auch Trägheitskraft oder Fliehkraft genannt, hat sich zur Aufgabe gemacht, sich jeder Bewegungsänderung entgegenzusetzen. Sie ist daher das größte Problem bei der Ladungssicherung. Um das zu verändern, muss diese Kraft mithilfe des Fahrzeugaufbaus oder mit Zurrmitteln aufgebracht werden.

Die **Reibungskraft** (Gleit-Reibbeiwert x Gewichtskraft) Sie unterstützt die Ladungssicherung, in dem sie einer Verschiebung der Ware/Ladung entgegenwirkt. Dabei gilt: Je rauer eine Oberfläche ist, desto stärker kann die Reibungskraft wirken, weil dann eine so genannte Mikroverzahnung zwischen Ladung und Ladefläche entsteht. Diese Verbindung kann lediglich durch stärkere Kräfte (beim Bremsen, Beschleunigen oder in Kurven) unterbrochen werden. Dann gerät die Ladung außer Kontrolle. Entscheidenden Einfluss auf den Gleit-Reibwert hat die Oberfläche der Ware bzw. ihrer Verpackung.

9

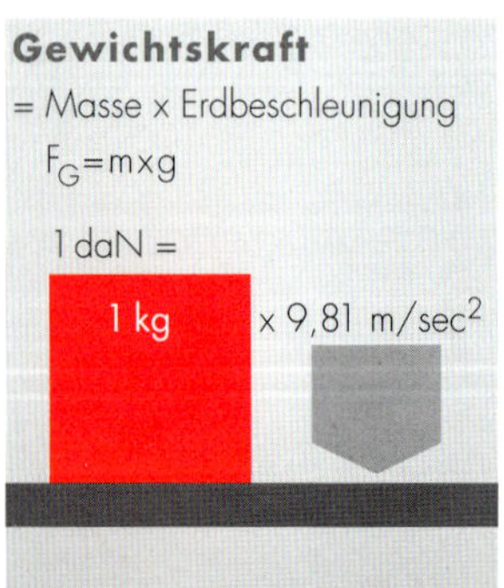

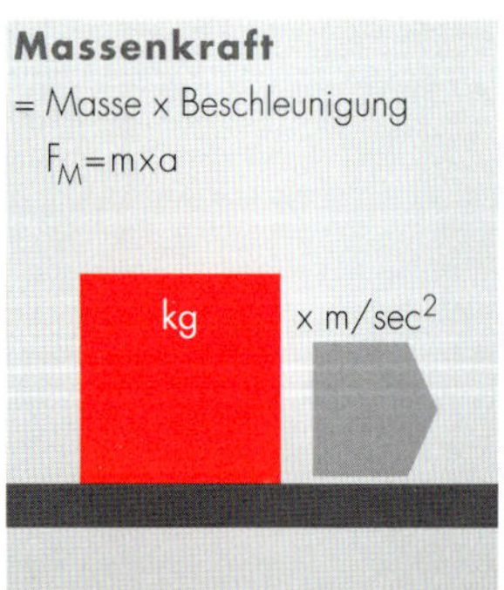

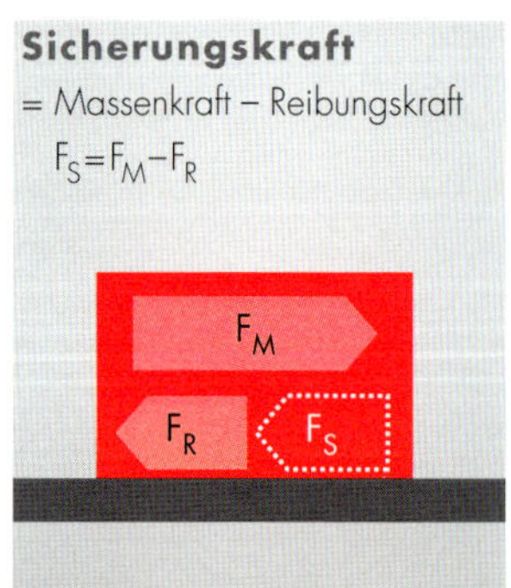

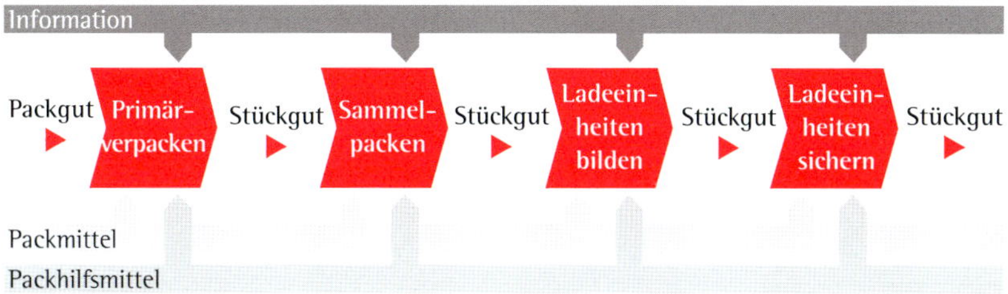

Der Verpackungsprozess. Letzte Aufgabe innerhalb des Verpackungsprozesses ist die Ladungssicherung – leider wird sie häufig vernachlässigt. Quelle: Hüthig, Verpackungstechnik

Die **Sicherungskraft** (Massenkraft – Reibungskraft)
Sie muss vom Fahrzeugaufbau oder von den Sicherungsmitteln aufgefangen werden. Ihre Aufgabe ist es, der Massenkraft entgegenzuwirken und die Ware/Ladung gegen das Verrutschen zu sichern. **Die Sicherungskraft muss also immer durch Ladungssicherungsmaßnahmen aufgebracht werden.**

Formschlüssige und kraftschlüssige Ladungssicherung

Die Form der Ladungssicherung wird von der Art der Ladung bestimmt: Langgut, flächiges Gut, Güter in Rollenform, Einzelgüter, Sammelpackungen und Ladeeinheiten, aber auch Fahrzeuge und Schüttgüter gilt es beim Transport zu sichern. Um sie gegen die Kräfte zu sichern, die während der Fahrt auftreten können, gibt es generell zwei Arten der Sicherung:
Die formschlüssige Ladungssicherung. Dabei wird das Transportgut beispielsweise gegen die Wände des Frachtraumes abgestützt. Die Abstützung hat die Aufgabe, die erforderlichen Rückhaltekräfte aufzunehmen. Auch mit Keilen oder Festlegehölzern ist formschlüssige Ladungssicherung möglich.

WAS BETRIEBE TUN KÖNNEN ...

- LKW mit Hilfsmitteln zur Ladungssicherung ausrüsten – siehe rechte Spalte.
- Ausreichend Zeit für Ladungssicherung und Ausliefern einplanen!
- Fahrsicherheitstrainings und Ladungssicherungs-Seminare für die Fahrer.

Die Hilfsmittel zur Ladungssicherung von A bis Z.

Diese Übersicht erhebt keinen Anspruch auf Vollständigkeit, sondern führt lediglich die Materialien zur Ladungssicherung auf, die am häufigsten eingesetzt werden.

Ankerschienen
Antirutschmatte
Coilmulden
Drahtseile
Festlegehölzer
Füllstoffe
Gurtengehänge
Hebegurte
Holz
Holzkeile
Kantengleiter
Kantenschutz
Kantenschützer
Kanthölzer
Klemmstangen
Ladungssicherungsnetze
Ladungssicherungsplanen
Leerpaletten
Lochschienen
Luftkissen
Mittelrungen
Netze
Planen
Rundschlinge
Rutschhemmende Zwischenlagen
Spanngurte
Sperrstangen
Stahlband
Stauhölzer
Staupolster
Tauwerk
Zahn- und Keilleisten
Zahnbleche
Zurrgurte
Zurrketten
Zurrwinden
Zwischenwandverschlüsse

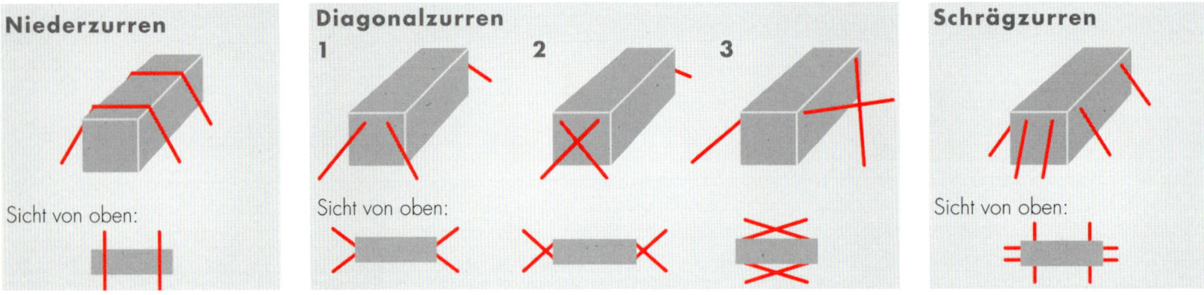

Die verschiedenen Formen des Zurrens.

Die kraftschlüssige Ladungssicherung. Dabei kommen Hilfsmittel (Gurte, Draht etc.) zum Einsatz, die eine Lageänderung der zu transportierenden Waren wie Rutschen oder Kippen verhindern. Eine weitere Form kraftschlüssiger Ladungssicherung ist das Bilden von Ladeeinheiten durch Bündeln.
Wer auf Nummer sicher gehen will, kombiniert beide Arten. In der Praxis könnte das so aussehen, dass die Waren einerseits an der Vorderwand des LKW platziert und darüber hinaus, entweder mit Keilen und Holmen stabilisiert und/oder mit Spanngurten festgezurrt werden.

Das kleine 1 x 1 des Zurrens

Beim **Niederzurren** wird die Ladung kraftschlüssig durch die Zurrmittel auf die Ladefläche gepresst. Das erhöht die Mikroverzahnung und Reibung. Das heißt: Die Reibungskraft hält die Ladung auf der Ladefläche fest.
Beim **Diagonalzurren** sind immer vier Zurrmittel erforderlich. Es gibt hier drei verschiedene Möglichkeiten (s.u.).
Beim **Schrägzurren** werden mindestens acht Zurrmittel so von der Ladung zur Ladefläche gespannt, dass sie einen rechten Winkel (beta = 90°) zu allen vier Rädern der Ladefläche bilden.

Das **Kopflasching** dient als Ersatz für die Stirnwand und ist eine formschlüssige Ladungssicherung in Form einer Direktzurrung. Dabei ist wichtig, dass das Zurrmittel während des Transports vor dem Ladungsteil immer in Position gehalten wird und dauerhaft fest mit dem Fahrzeug verbunden ist.
Es gibt zwei Arten des Kopflaschings:
1. Eine Rundschlinge (Hebegurt) wird – in Fahrtrichtung gesehen – um die vordere Oberkante des Ladegutes gelegt. In diese Rundschlinge wird an beiden Seiten des Ladegutes je ein Zurrmittel eingehängt und an einem Zurrpunkt auf der Ladefläche mit dem Fahrzeug verbunden.
2. In Fahrtrichtung gesehen wird je ein Kantenaufsatz auf die linke und rechte vordere Oberkante des Ladegutes gelegt. Dieser Kantenaufsatz ist Halterung für das Zurrmittel. Es wird von einem Zurrpunkt links des Ladegutes durch den Kantenaufsatz zu einem Zurrpunkt rechts des Ladegutes geführt und so mit dem Fahrzeug verbunden.
3. Als Ersatz für die Stirnwand kann auch eine hochkant stehende Palette eingesetzt werden. Das Zurrmittel wirkt dann wie eine Art Umreifung.
Um die Ladung per **Buchtlasching** zu fixieren, sind mindestens drei Buchtlaschings erforderlich – zwei zur einen und eines zur anderen Seite.

PRO JAHR 500 MIO. EURO SCHADEN!

70 % aller Ladungen sind nicht oder nicht ausreichend gesichert. 20–25 % aller Unfälle mit LKW werden dadurch verursacht. Quelle: Gesamtverband der Deutschen Versicherungswirtschaft e. V., Berlin

Kopflaschings

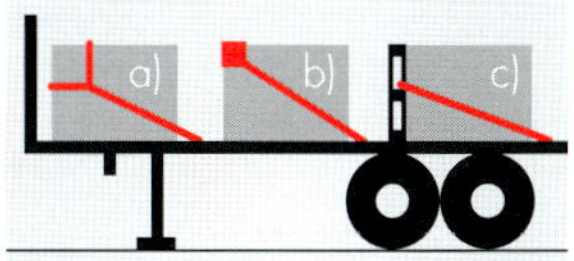

a) mit Rundschlinge
b) mit Kantenaufsatz
c) mit Palette

Buchtlaschings

Sicht von oben:

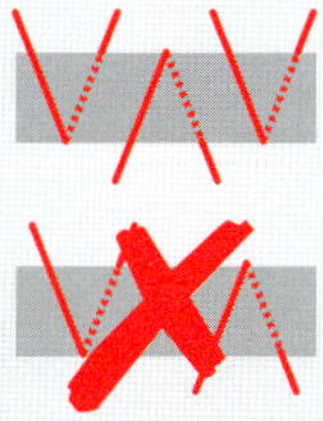

Das Thema Ladungssicherung in seiner Komplexität vorzustellen, ist im Rahmen dieses Buches nicht möglich. Unser Ziel ist es vielmehr, Ihnen das Thema Transport und Verpackung in seiner gesamten Bandbreite aufzuzeigen. Je nach Interessensschwerpunkt können die einzelnen Themen dann individuell vertieft werden. Zum Thema Ladungssicherung beispielsweise bieten viele Verbände und Institutionen, so beispielsweise auch der TÜV e.V., Seminare an.
Wir hoffen allerdings, dass wir mit unserem Einblick und mit dem Aufzeigen der oft verheerenden Folgen das Bewusstsein für dieses wichtige Thema geschaffen haben.

Auch mit der Ladungssicherung kann man's übertreiben …

Wenn die Polizei bei Ladungssicherungskontrollen eklatante Mängel aufdeckt, kann sie die Fahrer belangen. Vor Ort muss dann nachgesichert werden.

Ladungssicherung auf einen Blick. Antworten auf die 10 häufigsten Fragen

❶ **Ist der Fahrer für die Ladungssicherung verantwortlich?** Ja. Ausnahme: Fahrzeuge, die vom Absender oder vom Zoll verplombt wurden.

❷ **Darf die Polizei die Weiterfahrt verbieten, wenn die Ladung nicht ausreichend gesichert ist?** Ja, wenn von der mangelhaft gesicherten Ladung eine Gefahr ausgeht.

❸ **Fällt Bußgeld an, wenn die Ladung nicht genügend gesichert ist?** Ja, und zwar je nach Sachverhalt in Höhe von 35 bzw. 50 €. Die letzte Entscheidung liegt beim Richter.

❹ **Was ist zu tun, wenn aufgrund optimaler Lastverteilung die Ware nicht direkt an die Stirnwand geladen werden kann?** Die dann entstehende Ladelücke kann durch Hilfsmittel ausgefüllt werden. Weitere Sicherungsmöglichkeiten: Kopflasching (Formschluss) oder Niederzurren (Kraftschluss).

❺ **Muss die Ladung gesichert werden oder genügt es, in Kurven langsamer zu fahren und vorsichtig zu bremsen?** Die Ladung ist auf jeden Fall zu sichern. Angepasstes Fahrverhalten sollte selbstverständlich sein – und kein Ersatz für Ladungssicherung.

❻ **Was muss bei der Entladung eines Fahrzeuges beachtet werden?** Viele Unfälle passieren tatsächlich beim Be- und Entladen. Und zwar durch verrutschte Ladung. Das kann dazu führen, dass Türen und Bordwände unter Druck stehen und beim Entriegeln plötzlich aufspringen. Oder die Ladung fällt beim Öffnen der Schiebeplane heraus. Oder Ladungsteile stürzen beim Entladen um oder rutschen zusammen.

❼ **Muss die Ladung auf einem Curtainsider seitlich gesichert werden oder reicht die Plane als Halt für die Ladung aus?** Eine Plane ist grundsätzlich nicht zur Ladungssicherung geeignet. Ausnahme: Sehr leichte Ladung (formschlüssig verladenes Isoliermaterial) oder zertifizierte Planen in besonders zertifizierten Fahrzeugen (Für den Getränke- oder Stückguttransport).

❽ **Müssen die Zurrmittel regelmäßig überprüft werden?** Ja.

❾ **Wie lange dürfen Zurrgurte benutzt werden?** Eine zeitliche Vorgabe gibt es nicht. Zurrgurte dürfen bis zur Ablegereife (ein durch die Norm festgelegter Grad der Beschädigung) benutzt werden.

❿ **Gibt es Hilfsmittel zur Berechnung der Ladungssicherung?** Ja. Die Zurrmittelhersteller bieten Hilfsmittel an, mit denen die Ladungssicherung schnell und problemlos berechnet werden kann.

Quelle: Günter Hendrisch Verlag, Erkelenz / www.ladungssicherung.de

10

In 21 Tagen um die Welt. Tagebuch einer außergewöhnlichen Reise

Reisen um die Welt gelten seit jeher als Abenteuer der ganz besonderen Art. Nicht umsonst sagt ein arabisches Sprichwort „Wer in die Wüste geht, wird nicht derselbe bleiben, der er vorher war". Das mag für viele andere Erlebnisse, Eindrücke und Begegnungen im Laufe einer Weltreise auch gelten. Nachlesen lässt sich das in unzähligen Reiseberichten, die Bibliotheken und Büchereien füllen.

Die Globetrotter, um die es in diesem Kapitel geht, sind etwas ganz Besonderes, nämlich Produkte. Auch sie wurden auf die Reise geschickt, und zwar mit einem ganz bestimmten Ziel. Es galt herauszufinden, welchen Strapazen sie auf diesem langen Weg ausgesetzt sind. Und: Wie wohlbehalten sind sie am Ende ihrer Reise (noch)?

Freuen Sie sich auf den spannenden Reisebericht von

- Platini, der äußerst empfindlichen Leiterplatte,
- Bavari, dem hochzerbrechlichen bayrischen Weißbierkrug,
- Büchli, dem gewichtigen Bildband.

Paket around the world

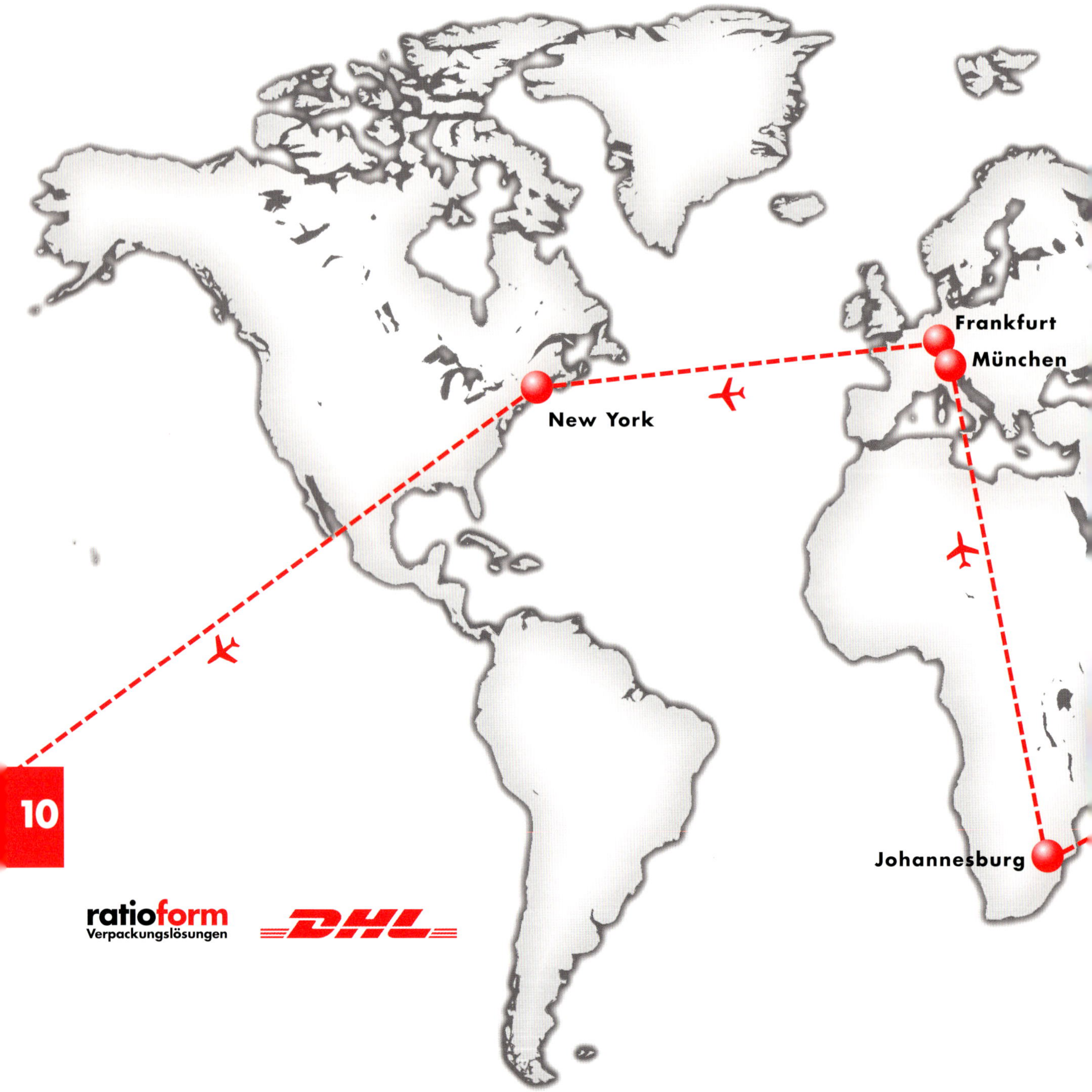

10

ratioform
Verpackungslösungen

DHL

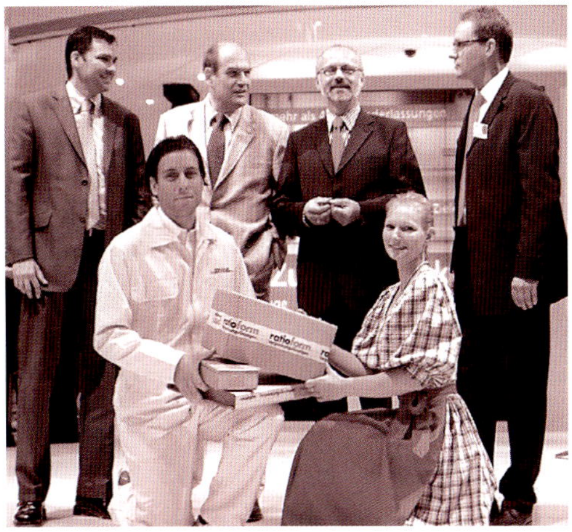

Es war im Frühjahr des Jahres 2003, als zwei „Schwergewichte“ im Bereich Transport und Verpackung sich eine höchst interessante Frage stellten. Der eine: **Deutschlands Marktführer im Versandhandel für Transportverpackungen.**
Der andere: **Deutschlands führender Paketdienstleister.**
Die Frage: **Was passiert mit Paketen und deren Inhalt, wenn sie den Strapazen der mehr als 45 000 km langen Reise um die Welt ausgesetzt sind?**
Die einzige Möglichkeit, darauf eine verbindliche und zufrieden stellende Antwort zu bekommen hieß: Ware gut verpacken und auf die Reise schicken.
Gesagt, getan. Auf der Fachmesse Transport Logistic 2003 bekam jeder der drei „Verpackungstouristen“ seine Spezialverpackung und war damit gut gerüstet für die lange Reise um die Welt.

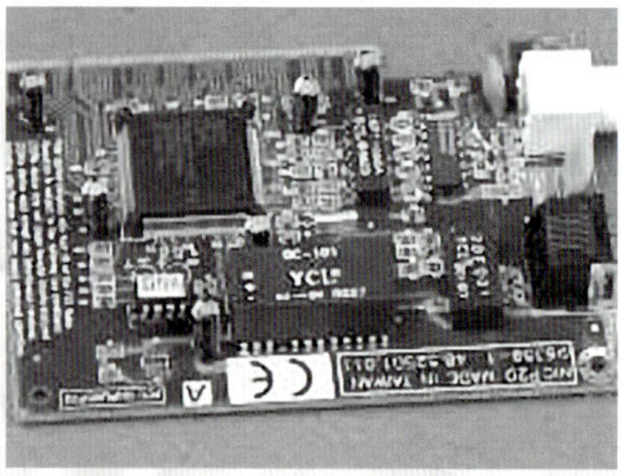

Steckbrief elektronische Baugruppe

Ich bin eine elektronische Baugruppe, besser bekannt unter dem Namen Leiterplatte. Meine Freunde nennen mich PLATINI. Ich bin ziemlich empfindlich, sagt man. Kann zerbrechen, mich statisch aufladen. Und Feuchtigkeit ist gar nichts für mich. Bin gespannt, wie die mich auf die Reise schicken.

Steckbrief Weißbierglas

Ich bin ein waschechter Bayer, das hört man schon an meinem Namen: BAVARI. Ich bin schlicht und schnörkellos, standfest, aber leider auch ziemlich anfällig gegen Bruch. Das geht ruckzuck und schon ist Schluss mit Biertrinken. Das war denen auch klar – so wie die mich verpackt haben.

Steckbrief Bildband

Mit meinen 2,5 kg bin ich das Schwergewicht unter meinen Kollegen. Kein Wunder, schließlich bin ich prallvoll mit wunderschönen Fotos über die „Nomaden der Lüfte". Trotz meines Gewichtes werde ich BÜCHLI genannt. Man sagt, ich habe Ecken und Kanten und bei Feuchtigkeit sei mit mir gar nicht zu spaßen. Stimmt, da verlier' ich irgendwie die Form. Zum Glück haben die was gefunden, worin ich mich sicher fühle.

10

❶ So sehe ich „ohne" aus. Ziemlich kompliziert, oder? Kein Wunder, dass die sich ganz schön ins Zeug legen, um mich gegen alles Mögliche zu schützen. Sollen sie nur. Schließlich habe ich eine lange Reise vor mir. Da können sie mich vorher ruhig ein bisschen verwöhnen.

❷ Los geht's mit einem **Polybeutel.** Das kenn' ich schon. Der schützt mich gegen statische Aufladung. Ganz schön clever.

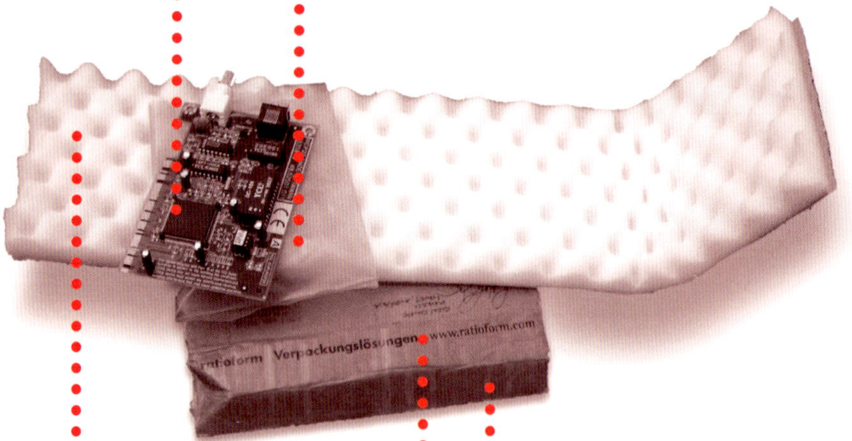

❸ Jetzt wird's gemütlich: Herrlich, dieser weiche **Noppenschaum.** Das fühlt sich richtig gut an. Und das Beste: Da drin fühl' ich mich rundum sicher. Denn außen, das weiß ich ganz genau, ist **Wellpappe** drumrum. Perfekt.

❹ Aber das ist noch nicht alles. Jetzt werde ich gleich zugeklappt ... und in so einen **Außenschuber** gesteckt. Tschüss.

❺ Zum Schluss kommt noch **PVC-Packband,** damit ich auch ja nicht aus Versehen rausfalle.

1 Schauen Sie mich an: Bin ich nicht ein Prachtexemplar? Kein Wunder, dass ich so gut geschützt werde. Da geht's schon los. Kenn' ich doch. Ich liebe diese **Luftpolsterfolie** mit ihren großen **Noppen**. Okay, die sollen mich schützen. Aber mal ehrlich, wenn's mir unterwegs langweilig ist, lass' ich schon mal die eine oder andere davon knallen. Macht einfach Spaß. Außerdem ist das ja nicht mein einziger Schutz.

2 Jetzt komme ich mitsamt meinem Noppenkleid in ein superweiches Bett, das sie in der **Schachtel** für mich hergerichtet haben. Nennt sich **Knüllpack-Papier** und ich sag' euch: Darin liegt sich's richtig gut. So kann mir nichts passieren, weil das rundherum ist und quasi nichts mehr an mich ranlässt.

3 Zum Schluss noch das Übliche: **PVC-Packband.** Hält sozusagen „Leib und Seele" zusammen.

1 Werfen Sie nochmal einen letzten Blick auf mich. Denn gleich werde ich in meine Reisekleidung gesteckt und dann ist erstmal Schluss mit Anschauen.

2 Wie? Meine Kollegen wurden in so vielen Schritten weich und wohlig verpackt und ich krieg nur ein einziges „Kleid"? Obwohl: Dann scheint es ja was ganz Besonderes zu sein. Mal schauen. Tatsächlich. Also fühlt sich ziemlich stabil an, worauf sie mich da legen. **„Gekreuzte Wellen"** sagen sie. Sei gut für die Stabilität. Kann ich mir vorstellen. Ah, und für meine empfindlichen Kanten gibt es einen **Extraschutz.** Gut so. Huch, jetzt decken sie mich auch oben noch zu. Das gefällt mir.

3 Noch **eine Klappe von der Seite.** Au weia, die wird sogar festgeklebt. Da ist nichts mehr drin mit Hin- und Herrutschen. Schade. Gleich geht die **Vorderseite** auch noch zu. **Festgeklebt.** Hier holt mich so schnell keiner raus. Machen Sie's gut, ich bin dann weg. Nicht mal Extra PVC-Packband brauch' ich, weil ich so schon komplett bin.

Einmal um die ganze Welt ...

So, jetzt haben Sie eine Vorstellung davon, wer wir sind. Die beiden anderen, *Büchli* und *Bavari* haben mich, *Platini*, sozusagen zum Reiseberichterstatter ernannt. Ich werde Sie also auf dem Laufenden darüber halten, was wir unterwegs so alles erleben – und wie die mit uns umgehen.
Werfen Sie einen letzten Blick auf uns, solange wir noch auf heimatlichem Boden sind. Unsere erste kleine Reise haben wir schon hinter uns. Von **München** ging's erst mal nach **Frankfurt**. O je, *Bavari* sieht ja schon nicht mehr so ganz frisch aus. Äußerlich zumindest. Hoffentlich geht's ihm gut in seinen Riesennoppen. Ob wir während der Reise wohl zusammenbleiben? Wär' schon schön. So in der Fremde ist es ja immer ganz nett, wenn man jemanden dabei hat, den man kennt.
Viel Spaß bei unserem Reisetagebuch.

Frankfurt, 24. Mai 2003

Erste Etappe: Frankfurt–New York.
Jetzt wird's ernst. Wir werden in einen Airbus gepackt und fliegen via Brüssel über den Atlantik nach New York. Was sie uns vorher nicht gesagt haben: Wir sind so eine Art Versuchskaninchen. Unterschiedliche Klimazonen, unterschiedliche Transportmittel. Sie wollen rausfinden, ob wir das alles auch gut vertragen. Dafür müssen wir diese ganzen Strapazen auf uns nehmen: Feuchtigkeit, Wärme, Kälte. Vom Auto ins Flugzeug und wieder ins Auto. Hin und her. Ein echter Stress. Aber sollen sie nur. Wir sind robust. Und noch geht's uns allen Dreien richtig gut.

10

New York, 28. Mai 2003

Mit ihren Zoll- und Sicherheitskontrollen haben sie's ja ganz schön wichtig. Das ist vielleicht ein Hin- und Hergeschubse. Und das nach der ganzen Fliegerei. Wir sind schon 120 Stunden unterwegs und noch immer wohlauf. Das will was heißen. Schließlich haben wir schon 6 500 Kilometer hinter uns. Okay, ein bisschen sieht man's uns an. Aber nur äußerlich. Unser Innenleben ist unversehrt. Wir haben es immer noch bequem in unseren Verpackungen. Bis jetzt scheint es ja, als hätten sie ihre Sache gut gemacht. Haben wir nicht eine herrliche Aussicht? Blick auf Downtown New York. Hat man auch nicht alle Tage. Wir genießen es gemeinsam. Bis jetzt konnte uns noch nichts trennen. So macht reisen richtig Spaß.
Unsere nächste Station ist Australien.

Sidney, 4. Juni 2003

Das ging ja ruckzuck. Vor sieben Tagen noch New York, jetzt Sidney. Schlappe 16 000 km haben wir in dieser Zeit zurückgelegt. Wir sind echte Weltenbummler. Und richtig reisetauglich. Über den Pazifik ging's direkt in die australische Hauptstadt. Es scheint fast, als wolle man uns für das viele Hin und Her belohnen. Schon wieder haben wir eine fantastische Aussicht. Vor uns liegen die Harbour Bridge und die Oper von Sidney. Irgendwie sind sie alle ein bisschen am Tuscheln. Scheint, als machten sie sich Sorgen um unser Wohlbefinden. Vielleicht haben sie ja auch *Bavari* gehört, wie er heimlich einige seiner Noppen zerknallt hat. Aber er sagt, es ginge ihm gut. Tja, reisen ist ganz schön anstrengend. Auch über *Büchli* reden sie. Ob sein Einband noch unbeschädigt ist. Und bei mir rätseln sie, ob ich anschließend noch PC-tauglich bin. Was glauben die denn, was wir für Mimosen sind? Wir sind wohlauf und freuen uns auf unsere Reise in die Tropen.

Singapur, 7. Juni 2003

Das war eine kurze Reise. Gerade mal 6 300 km. Ein Kinderspiel für uns. Trotzdem ein wenig erschöpft sind wir schon. Ist ja auch kein Wunder. Rein in den Flieger, raus aus dem Flieger. Rein ins Auto, umpacken, zwischenlagern. Erholsam ist das nicht gerade. Aber sie geben sich ja wirklich Mühe, uns an Ort und Stelle entsprechend gut zu behandeln. Schaut mal, wie nett sie uns hier in Singapur auf das Tischchen gelegt haben. Immer noch alle drei zusammen. So gesehen geht es uns gut. Nur die werden langsam nervös. Sagen, dass sie am liebsten mal reinschauen würden, wie's uns so geht. *Bavari* haben sie mal geschüttelt und als sie nichts gehört haben, schienen sie ganz zufrieden. Glaubt uns doch einfach, dass es uns gut geht. Wir fühlen uns wohl, haben keine Verluste zu beklagen. Wozu sind wir schließlich verpackt. Ich finde, wir sehen auch äußerlich alle drei noch ganz gut aus. Und wir freuen uns auf Südafrika. Unsere nächste Station ist Johannesburg. Bis dahin, gute Zeit.

Johannesburg, 10. Juni 2003

Nach 8 700 km kommen wir in Johannesburg an und werden von einem superfreundlichen Einheimischen freudestrahlend empfangen. Au weia, jetzt mach' ich mir aber auch ein wenig Sorgen um *Büchli* mit seinen empfindlichen Kanten. Von außen sehen sie etwas verformt aus. Er sagt, ihm würde es gut gehen, alles in Ordnung. Als wir vorhin vor einem Fenster standen und ich mich quasi im Spiegel sehen konnte, bin ich ehrlich gesagt auch ein wenig erschrocken. Kein Wunder, dass sie sich um uns sorgen. Ein wenig mitgenommen sehen wir ja schon aus. Aber ich fühl' mich immer noch wohl in meinem Noppenschaum-Bett.
Und übermorgen sollen wir ja schon wieder zu Hause sein.

Die „Heimkehrer" werden in Empfang genommen.

München, 12. Juni 2003

Endstation Heimat. Hallo, hier sind wir wieder. Der Kurier liefert uns beim Absender ab – und die sind gespannt wie ein Flitzebogen. Schnell noch die Empfangsbestätigung, dass wir gesund und munter angekommen sind und dann können sie's kaum erwarten, uns drei auszupacken.
Mehr als 45 900 km haben wir in unserer Verpackung hinter uns. Und jetzt steht da ein richtiges Empfangskomitee, um zu sehen, wie wir das überstanden haben. Mit Bavari fangen sie an. Ganz behutsam holen sie ihn aus seiner Verpackung raus. Und siehe da, er hat seine Weltreise unbeschadet überstanden. Jetzt kommen sie zu mir. Schade, jetzt muss ich raus aus meinem Noppenschaum-Bett. Es scheint mir gut getan zu haben. Sie sind zufrieden mit mir. Alles o.k. Finde ich auch. Leider hat's Büchli ein bisschen erwischt. An einer Ecke sind leichte Belastungsspuren zu erkennen. Armer Büchli, er ist ganz traurig. Aber immerhin ist er der Einzige von uns, von dem sie was lernen können. Nämlich, was sie tun können, damit die Kanten in Zukunft noch besser geschützt sind. Kopf hoch, *Büchli*, das ist doch klasse. Und bei unserer nächsten Reise geht bestimmt alles noch besser.

Fazit: Die Individualität einer Verpackung hat maßgeblichen Einfluss darauf, wie sicher ein Produkt von A nach B transportiert wird und auch diverse Umladeaktionen unbeschadet übersteht.

Für jedes Problem gibt's die optimale Verpackungslösung. Optimal muss nicht „teuer" heißen. Im Gegenteil. Verpackungsmittelindustrie und -handel bieten eine Vielzahl an Standardverpackungen, die alles mitbringen, um Produkte unterschiedlichster Art angemessen zu schützen. Das ist meist weniger aufwändig, als viele meinen. Vor allem unter dem Gesichtspunkt, dass die Ware ordentlich und sicher beim Empfänger ankommt. **Denn Reklamationen sind doppelt teuer.** Sie kosten Image – und Geld.
Mehr über die perfekte Transportverpackung in Kapitel 5, ab Seite 71.

Spannung und Erleichterung beim Auspacken der weitgereisten Pakete.

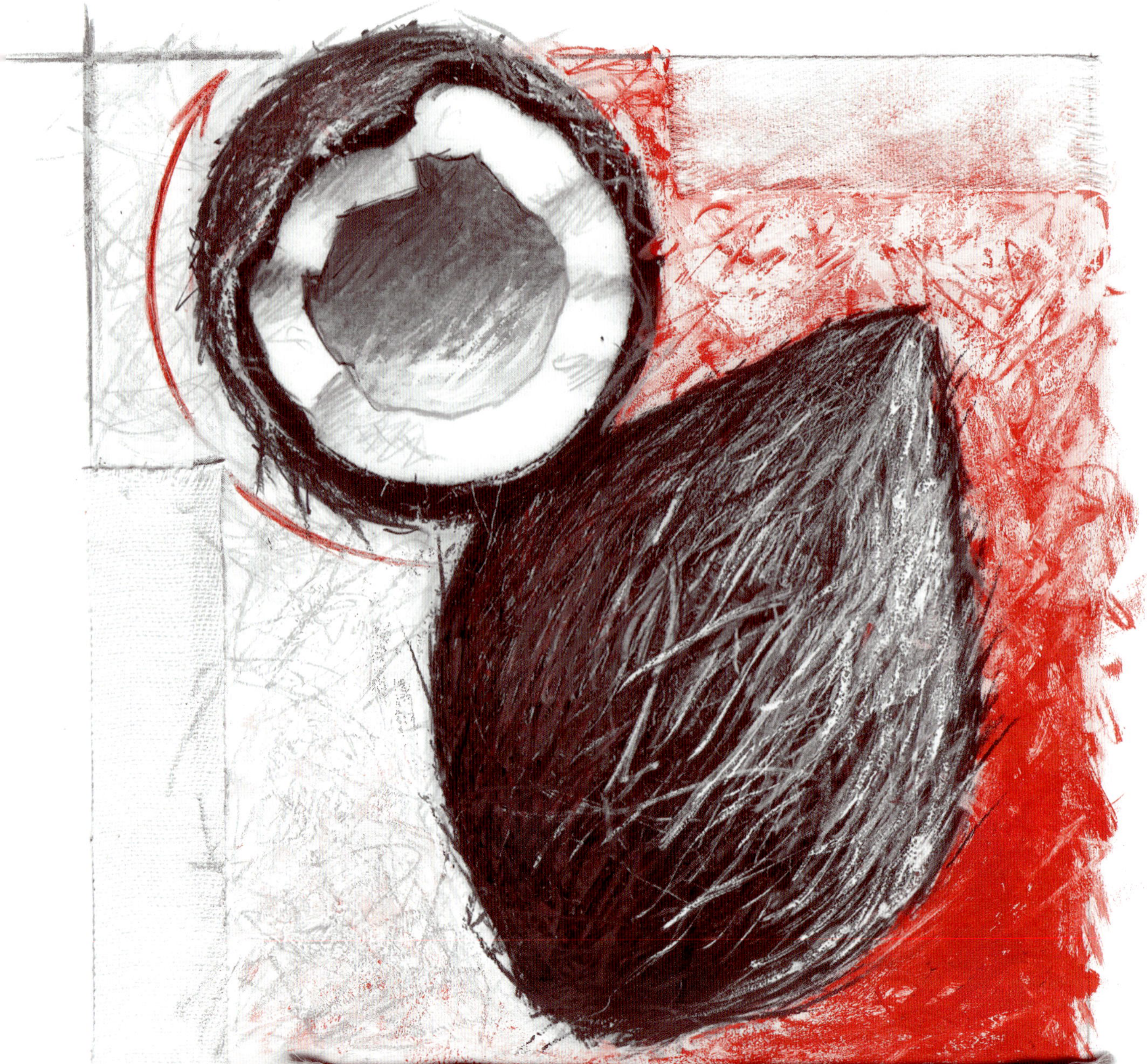

11

Schnell finden statt lang suchen: Das ultimative Verpackungs-ABC

Ohne Fachbegriffe geht es nicht. Deshalb haben wir die wichtigsten Begriffe aus dem Bereich (Transport-) Verpackungen alphabetisch für Sie zusammengestellt. So ist ein kleines Fachlexikon entstanden, mit dem Sie den Verpackungs-Alltag spielend meistern.

A bis G

Adress-Schutzfolie schützt Adressaufkleber vor Nässe und Verschmutzung → S. 80

A-Welle Grobwelle bei Wellpappe. Wellenhöhe 4,0 bis 4,8 mm → S. 93

BCT Box Compression Test zur Ermittlung des Stapelstauchwiderstands/Stapeldrucks einer Schachtel → S. 59

Begleitpapiertaschen Dokumententaschen zum Aufkleben auf die Verpackung → S. 80

Berstdruck/Berstfestigkeit Widerstand in kPa (Kilopascal), den eine kreisförmig eingespannte Wellpappen-Probe einem einseitig gleichmäßig ansteigenden Druck bis zum Bersten entgegensetzt → S. 59

Blasfolienherstellung Verfahren zur Herstellung von Folien → S. 102

Bremsweg verhindert im Paketinneren das Durchschlagen der Ware aus der Schachtel → S. 76

BST Bursting Strength Test zur Ermittlung des Berstwiderstandes einer Schachtel → S. 59

B-Welle Feinwelle bei Wellpappe. Wellenhöhe ca. 2,2–3 mm → S. 93

Coextrusion Extrudieren zweier oder mehrerer Kunststoffe → S. 103

C-Welle Mittelwelle bei Wellpappe. Wellenhöhe 3,2 bis 3,9 mm → S. 93

Deckenpapier Glatte Papierbahn, die mit einer Wellenbahn zu Wellpappe verklebt wird → S. 95

DIN Deutsches Institut für Normung e.V. Nationale Normung für Deutschland. Ordnet sich EN und ISO unter.

Doppel-T-Verschluss Verschlussmöglichkeit von Versand-/Transportverpackungen → S. 49, 64

Durchstoßprüfung/Durchstoßarbeit Maß für den Widerstand, den eine eingespannte Wellpappenprobe dem mechanischen Durchdringen eines Durchstoßkörpers entgegensetzt → S. 59

Duroplaste Ausgehärtete, hitzebeständige Kunststoffe → S. 101

ECT Edge Crush Test zur Ermittlung des Kantenstauchwiderstandes einer Schachtel → S. 59

Einwegverpackung Verpackung, die für den einmaligen Gebrauch bestimmt ist → S. 54

Elastomere Formfeste, aber elastisch stark verformbare Kunststoffe → S. 101

EPS Expandierendes Polystyrol → S. 105

ESBO European Solid Board Organisation – Organisation zur Standardisierung der Produktion von Wellpappeschachteln → S. 67

E-Welle Feinstwelle (Micro) bei Wellpappe. Wellenhöhe ca. 1,5 mm → S. 93

Extruder Maschine zur Herstellung von Folien → S. 101

Extrusion Folien-Herstellungsverfahren → S. 102

Fabrikkante Verbindung zweier Wellpappenkanten in der Wellpappenfabrik → S. 68

Federweg Freiräume in Konstruktivverpackungen → S. 76

FEFCO Fédération Européenne des Fabricanats de Carton Ondule/Europäische Föderation der Wellpappefabrikanten → S. 67

FEFCO-Code Internationaler Code für Versandschachteln → S. 67

Filamentband Reißfestes Spezialband mit Glasfaserverstärkung → S. 78

Flachfolienherstellung Verfahren zur Herstellung von Folien → S. 102

Füllgut Schütt-, riesel-, fließ- oder gasförmiges Packgut

Gefahrgutverpackung Versandverpackung, die den Verkehrsrichtlinien zur Beförderung gefährlicher Güter entspricht → S. 64

Gluen Laschenverklebung bei Wellpappeschachteln → S. 68

G-Wert Stoßkraft als vielfaches der einfachen Erdbeschleunigung → S. 44

H bis O

Halbzellstoffpapiere Wellenpapiere für die Herstellung von Wellpappe, die halb chemisch, halb mechanisch hergestellt werden → S. 96

Höhenrillung Ab Werk vorgegebene Markierung (Nut) bei Wellpappeschachteln zum Einsatz variabler Höhen

Hohlräume bei Konstruktivverpackungen → S. 51

ISO International Organistion for Standardisation/ Internationale Normung → S. 66

Kantenschutz Profile zum Schutz empfindlicher Kanten an Produkten → S. 75 ff.

Kantenstauchwiderstand Der maximale Widerstand, den eine Wellpappenprobe mit stehenden Wellen einer in dieser Richtung wirkenden Kraft entgegensetzt → S. 59

Karton Werkstoff für die Herstellung von Schachteln → S. 53

KEP-Dienstleister Bezeichnung für Kurier-, Express- und Paketdienstleister

Komplettverpackung Umverpackung, die keine zusätzlichen Packhilfsmittel benötigt → S. 73

Konstruktivverpackung Maßgeschneiderte, meist für Serien konstruierte Verpackung → S. 50

Kraftliner Deckenpapiere für Wellpappe, an die sehr hohe Ansprüche gestellt wird. Besteht aus mindestens 80 % Holzfasern und maximal 20 % anderen Fasern oder Altpapieren → S. 95

Kunststoffgranulat Basis für die Herstellung von Folien → S. 102

Ladeeinheit Zusammenfassen mehrerer Packstücke → S. 154

Ladungssicherung Befestigung der Waren oder Ladeeinheiten auf dem Transportmittel (LKW, Container etc.) → S. 159

Ladungsträger Tragendes Mittel zur Zusammenfassung von Gütern zu einer Ladeeinheit. L. sind z.B. Schachteln, Container, Paletten etc. → S. 159

Letzte Meile Begriff aus dem Logistikbereich: Weg vom Paketdienstleister oder von der Post zum Endkunden → S. 86

Logistik Gesamtheit aller Aktivitäten eines Unternehmens von der Materialbeschaffung bis zur Auslieferung fertiger Waren → S. 85

Logistikkette Ablauf der einzelnen logistischen Schritte → S. 85

Loses Schüttgut Verpackungschips, Maisstärkeflocken etc.

Luftpolsterfolie Polstermaterial aus zwei verbundenen Kunststofffolien, zwischen denen Luftblasen eingeschlossen sind → S. 103

Mehrwegverpackung Verpackung, die mehrmals als Transport- oder Lagerbehälter eingesetzt werden kann → S. 54

Modulare Ordnung Internationale Größen-Standardisierung zum Bestücken von Ladungsträgern und Paletten. → S. 155

Opazität Maß für die Verminderung der Lichtdurchlässigkeit bei Papieren

Orange Book Regelwerk über die Vorschriften beim Gefahrgut-Transport → S. 62

P bis S

PA Polyamid, wird zur Herstellung von Flachfolien eingesetzt → S. 105

Packband Klebeband verschiedener Breiten und Stärken zum Verschließen von Transportverpackungen → S. 106

Packgut Zu verpackendes Gut → S. 43

Packhilfsmittel Materialien zur Festigung des Packmittels, z. B. Klebebänder Klammern, Umreifungen, aber auch Polster- und Fixiermaterialien → S. 43

Packmittel Bezeichnung für das Behältnis, in dem das Packgut verpackt wird, also z.B. Schachtel, Kiste, Container etc. → S. 43

Packstoff Werkstoff, aus dem Packmittel und/oder Packhilfsmittel hergestellt werden

PE Polyethylen, Thermoplast zur Herstellung von Folien → S. 105

PE-HD Polyethylen mit hoher Dichte (High Density) → S. 105

PE-LD Polyethylen mit niedriger Dichte (Low Density) → S. 105

PickUp-Station Dezentrale Paket-Abholstelle → S. 87

PP Polypropylen, wird hauptsächlich als Trägermaterial im Klebebandbereich eingesetzt → S. 105

Primärfaserstoffe Bruch-, Abfall- und Schwachhölzer zur Herstellung von Vollpappe → S. 98

PS Polystyrol, preiswerter Massenkunststoff → S. 105

PUR Polyurethan, wird zur Herstellung von PUR-Schaum verwendet → S. 105

PVC Polyvinylchlorid → S. 105

RAL Reichs Ausschuss für Lieferbedingungen/Nationales Normungssystem. Deutsches RAL-Institut für Gütesicherung und Kennzeichnung → S. 66

Resy Recycling System, genormte Kennzeichnung für die Verwertungsfähigkeit von gebrauchten Packstoffen und Packmitteln zum Recycling → S. 46

RFID Abkürzung von Radio-Frequency-Identification-Technik = elektronische Kennzeichnung von Waren etc. → S. 82

Schachtel Umverpackung aus dem Werkstoff Karton → S. 53

Schaumfolie Schutz- und Polstermaterial mit homogener innerer Zellenstruktur und geschlossener Oberfläche → S. 104

Schrenz Deckenpapiere aus gemischtem, unsortiertem Altpapier. Wird bei leichten Wellpappesorten als Innendecke, bei ganz leichten Qualitäten auch als Außendecke eingesetzt → S. 95

Schrumpfverpackung Umhüllen von Ladeeinheiten mit Folie. Unter Wärmeeinwirkung schrumpft die Folie und schützt die Ware gegen Schmutz, Verrutschen und Diebstahl → S. 104

Sekundärfaserstoffe Zeitungen, Mischabfälle aus Papier, Pappe etc. zur Herstellung von Vollpappe → S. 98

Standardverpackung (Universalverpackung) Aus Standardmaterial hergestellte Verpackung (im Vergleich dazu: Konstruktivverpackung) → S. 51

Stapeldruck Äußere Einwirkung/Belastung auf Verpackungen während des Transports → S. 57

Stoßkraft Äußere Einwirkung/Belastung auf Verpackungen während des Transports → S. 57

Stretchverpackung Elastische, dehn- oder stretchfähige Folie zum Umhüllen von Packgut/Ladeeinheiten auf Paletten zum Schutz vor Schmutz, Verrutschen und Diebstahl → S. 104, 156

Stückgut Alle Gegenstände, die nach Stück gehandelt werden.

T bis Z

Testliner Zwei- oder mehrlagiges Deckenpapier für Wellpappe mit garantierten Festigkeitseigenschaften → S. 95

Thermoplaste Thermisch formbare Kunststoffe → S. 101

Transponder Datenlese- und Übertragungsgerät → S. 82

Transportverpackung Schützt Waren auf dem Weg von A nach B vor Schäden. Im Gegensatz zu Verkaufsverpackungen werden T. nach dem Transport vom Empfänger entfernt.

Treibsandeffekt im Fachjargon Bezeichnung dafür, wenn Ware im Paketinneren Richtung Außenverpackung „wandert" und sie durchstößt → S. 76

Trennelemente schützen mehrere empfindliche Waren im Paketinneren vor wechselseitigen Beschädigungen → S. 76

Trockenmittelbeutel Beigabe in Pakete mit feuchtigkeitsempfindlichen Waren. Sie dienen dem Absenken der relativen Luftfeuchtigkeit im Paketinneren. → S. 58

TUL Kurzbezeichnung für Transport und Logistik.

T-Verschluss Verschlussmöglichkeit von Versand/Transportverpackungen → S. 64

Um-/Außenverpackung Blister, Folien, Kartonagen oder sonstige Umhüllungen, als zusätzliche Verpackung zur Verkaufsverpackung → S. 74

Umreifungsband Aus Kunststoff oder Metall zum sicheren Verschluss schwerer Pakete und/oder zum Bilden von Ladeeinheiten → S. 109

Verbundfolien Packstoff, bei dem zwei oder mehr Folien durch Beschichten, Kaschieren oder Koextrudieren verbunden sind → S. 103

Verkaufsverpackung Behältnisse und/oder Umhüllungen von Waren wie Becher, Beutel, Dosen, Eimer, Fässer, Schachteln etc. die erst beim Endverbraucher ihre Funktion verlieren

Verpackung Summe aus Packmittel plus Packhilfsmittel → S. 43

Verpackungschips Füll- und Polstermaterial zum Schutz von Waren im Paketinneren → S. 105

Vollpappe Oberbegriff für alle massiven Pappen → S. 98

Warn- und Gefahrenetiketten Etiketten, die während des Transports Auskunft geben über das Paketinnere und wie es zu behandeln ist → S. 61

Wellenpapier Sammelname für Papiere, die als gewellte Bahn hauptsächlich bei der Herstellung von Wellpappe verwendet werden → S. 95

Wellenstoff Wellenpapiere für die Herstellung von Wellpappe, hergestellt aus Wellpappenabfällen und Zusätzen zur Erhöhung der Steifigkeitseigenschaften → S. 96

Wellpappe Pappe aus einer oder mehreren Lagen eines gewellten Papiers, das zwischen mehrere Lagen eines anderen Papiers oder Kartons geklebt wird → S. 92

12

Wissenswertes rund um die Branche. Einblicke, Ausblicke

Es ist geschafft. Vielleicht haben Sie alle Kapitel gelesen. Vielleicht haben Sie auch nur in das Thema oder die Themen reingelesen, die Sie besonders interessieren. Wie auch immer, Ziel war es, Ihnen einen Überblick über das weite Feld der Transportverpackungen mit all seinen Randgebieten zu geben. Dieses Kapitel dient der Vervollständigung und weiterführenden Information. Falls Sie Interesse und Lust haben, noch mehr über diese wirklich interessante Branche zu erfahren, ist dieses Kapitel das Richtige für Sie.

Hier finden Sie folgende Themen:

- Verpackung informiert: Die Fachzeitschriften
- Verpackung bildet: Literaturhinweise
- Verpackung ist Zukunft: Die (Ausbildungs-)Berufe
- Verpackung verbindet: Organisationen, Verbände, Institutionen
- Verpackung als Kulturgut: Die Museen

Verpackung informiert: Die Fachzeitschriften

Ein gutes Medium, Aktuelles aus einer Branche zu erfahren, sind Fachzeitschriften. Die wichtigsten haben wir hier für Sie zusammengestellt:

- **Creativ Verpacken**
Fachzeitschrift für Marken, Design, Erfolge
Lindenhaus Verlagsgesellschaft mbH & Co. KG
Wilmersdorfer Straße 6, 16278 Wilmersdorf
Telefon: 03 33 34/85 20-0
www.creativverpacken.de
Erscheinungsweise: 8x jährlich

- **EUWID Verpackung**
Fachzeitschriften für die Bereiche Papier und Kunststoff
Europäischer Wirtschaftsdienst GmbH
Bleichstraße 20-22, 76593 Gernsbach
Telefon: 0 72 24/93 97-0
www.euwid.de
Erscheinungsweise: 14-tägig

- **Kunststoffe**
Europas führende Kunststoff-Fachzeitschrift
Carl Hanser Verlag
Kolbergerstraße 22, 81679 München
Telefon: 0 89/9 98 30-0
www.kunststoffe.de
Erscheinungsweise: monatlich

- **Kunststoffmagazin**
Die Kennziffer-Fachzeitschrift für die Kunststoff- und Kautschukindustrie
Hoppenstedt Bonnier Zeitschriften GmbH
Havelstraße 9, 64295 Darmstadt
Telefon: 0 61 51/3 80-130
www.kunststoff-magazin.de
Erscheinungsweise: monatlich

- **Logistik heute**
Das Logistikmagazin für Industrie, Handel und Dienstleister
Huss-Verlag GmbH
Joseph-Dollinger-Bogen 5, 80807 München
Telefon: 0 89/3 23 91-0
www.logistik-heute.de

- **NV Neue Verpackung**
Fachzeitschrift für Technik, Marketing, Design
Hüthig Verlag GmbH & Co. KG
Im Weiher 10, 69121 Heidelberg
Telefon: 0 62 21/4 89-0
www.huethig.de oder
www.neue-verpackung.de
Erscheinungsweise: monatlich

- **Packaging**
Keppler Medien Gruppe.
P. Keppler Verlag GmbH & Co. KG
Industriestraße 2, 63150 Heusenstamm
Telefon: 0 61 04/6 06-0
www.kepplermediengruppe.de
Erscheinungsweise: monatlich

- **Pack Report**
Fachzeitschrift für industrielles Verpacken, Technik und Wirtschaft
Deutscher Fachverlag GmbH
Mainzer Landstraße 251,
60326 Frankfurt/Main
Telefon: 0 69/75 95-01
www.dfv.de
Erscheinungsweise: 10x jährlich

- **Plast Verarbeiter**
Branchenmagazin für Herstellung, Verarbeitung, Anwendung sowie Recycling von Kunststoffen und Kautschuken
Hüthig Verlag GmbH & Co. KG
Im Weiher 10, 69121 Heidelberg
Telefon: 0 62 21/4 89-0
www.huethig.de oder plastverarbeiter.de
Erscheinungsweise: monatlich

- **Print & Publishing International**
Verlags GmbH „Packaging Austria“
Alser Straße 8/6
A-1090 Wien
Telefon: 0043/1/983 06 40
www.packaging-austria.at

- **Seibt Verpackungstechnik**
Facheinkaufsführer für die gesamte Verpackungswirtschaft
Seibt Industrie-Informationen
Havelstraße 9, 64295 Darmstadt
Telefon: 0 61 51/3 80-140
www.verpackungstechnik.seibt.com
Erscheinungsweise: jährlich

- **spi swisspack international**
Fachinformationen für die Bereiche Verpackungs- und Förderwesen, Lagertechnik, Logistik, Handel
Postfach, CH-8048 Zürich
Telefon: 0041/1/431 64 45
www.swisspack.ch

- **VB Verpackungs-Berater**
Fachzeitschrift für Entscheider der abpackenden Wirtschaft
Keppler Medien Gruppe.
P. Keppler Verlag GmbH & Co. KG
Industriestraße 2, 63150 Heusenstamm
Telefon: 0 61 04/6 06-0
www.kepplermediengruppe.de
Erscheinungsweise: monatlich

- **VR Verpackungs-Rundschau**
Keppler Medien Gruppe.
P. Keppler Verlag GmbH & Co. KG
Industriestraße 2, 63150 Heusenstamm
Telefon: 0 61 04/6 06-0
www.kepplermediengruppe.de
Erscheinungsweise: monatlich

Verpackung bildet: Literaturhinweise

Sie möchten mehr erfahren über einzelne Themen? Dann finden Sie in nachfolgenden Literaturhinweisen bestimmt den einen oder anderen Titel, der interessant für Sie ist.

Bionik

- Verpacktes Leben, verpackte Technik
Bionik der Verpackung
Udo Küppers, Helmut Tributsch
WILEY-VCH-Verlag, Weinheim
ISBN 3-527-30443-6

Kunststoff

- Kunststoff Folien. Herstellung – Eigenschaften – Anwendung
Joachim Nentwig
HANSER-Verlag
ISBN 3-446-21420-8

- Verpackung mit Kunststoffen
Otto E. Ahlhaus
Hanser Fachbuchverlag
ISBN 3-446-17711-6

Ladungssicherung

- Ladungssicherungshandbuch – Eine Information der deutschen Transportversicherer
Herausgeber: GDV – Gesamtverband der Deutschen Versicherungswirtschaft e.V.

- Ladungssicherung im Gütertransport. Schäden – Ursachen – Vermeidung
Podzuweit, Ulrich
ISBN 3-931724-63-8

- Ladungssicherung – Der Leitfaden für die Praxis
Lampen, Alfred
ISBN 3-9807856-8-8

Lager, Transport und Logistik

- Gefahrgut/Stückgut von A-Z. Ein Leitfaden für die Praxis
Dr. Gerhard Süselbeck
Verlag Günter Hendrisch
ISBN 3-9808367-1-1

- Lagerlogistik. Neue Wege zur systematischen Planung
Michael Dittrich
Hanser-Verlag
ISBN 3-446-21899-8

- Material- und Lagerwirtschaft. Ein Leitfaden für die Praxis und die Aus- und Weiterbildung
Kurt Krummelch
Verkehrs-Verlag J. Fischer, Düsseldorf
ISBN 3-87841-134-0

- Materialflusssysteme. Systemische Grundlagen
Reinhardt Jünemann, Thorsten Schmidt
Springer-Verlag
ISBN 3-540-65076-8

- Materialfluss und Logistik. Optimierungspotenziale im Transport- und Lagerwesen
Wolfram Fischer, Lothar Dittrich
Springer-Verlag
ISBN 3-540-62689-1

- Transport- und Lagerlogistik. Planung, Aufbau und Steuerung von Transport- und Lagersystemen
Heinrich Martin
Friedr. Vieweg & Sohn, Verlagsgesellschaft mbH, Braunschweig/Wiesbaden
ISBN 3-528-04941-3

- Transportwirtschaft
Gerd Abele
Oldenbourg Wissenschaftsverlag
ISBN 3-486-27289-6

Nachschlagewerke

- Gabler Lexikon Logistik
Gabler Verlag
ISBN 3-409-29502-X

- Lexikon der Logistik
Oldenbourg Wissenschaftsverlag
ISBN 3-486-22983-4

- Lexikon Verpackungstechnik
Behrs Verlag
ISBN 3-860-22974-5

- Lexikon Verpackungstechnik
Hüthig GmbH
ISBN 3-778-52916-1

- Vahlens Großes Logistiklexikon
Vahlen Verlag
ISBN 3-800-62020-0

Verpackung allgemein

- RGV Handbuch Verpackung
Expertenwissen für die Praxis (Loseblattsammlung)
Erich Schmidt Verlag
RKW

- Verpackungstechnik. Mittel und Methoden zur Lösung der Verpackungsaufgabe
Herausgeber: Fraunhofer Gesellschaft e.V.
(2 Bände Loseblattsammlung)
Verlag: Hüthig GmbH
ISBN 3-7785-2354-6

Verpackung ist Zukunft: Die (Ausbildungs-)Berufe

Die Verpackungsbranche bietet eine Reihe interessanter, abwechslungsreicher Berufe. Einige davon stellen wir Ihnen hier vor:

Fachkraft für Lagerwirtschaft

Dauer der Ausbildung: 3 Jahre
Geeignet für: Alle, die Spaß an Logistik haben, gut organisieren können und vielseitig sind.
Ausbildungsbetriebe/Arbeitgeber: Groß- und Einzelhandelsbetriebe, Versandhandel, Speditionen, Logistikzentren
Perspektiven: Lagerverwaltung und -leitung
Das Plus: Vielseitiges, eigenverantwortliches Arbeiten
Kurzprofil: Warenannahme und -kontrolle, fachgerechte Erfassung via Kartei oder EDV sowie fachgerechte Lagerung. Dazu gehören umfassende Kenntnisse unterschiedlicher Lagersysteme (voll/halbautomatisch, manuell) und deren Abläufe. Organisation der innerbetrieblichen Lagerwirtschaft und des kompletten Warenausgangs inklusive Kommissionieren. Auswahl und Einsatz der richtigen Transportmittel und Vorbereitung der entsprechenden Versand- und Begleitpapiere.

Handelsfachpacker/-in

Dauer der Ausbildung: 2 Jahre
Geeignet für: Alle, die zupacken können, gern organisieren, flexibel sind, gern im Team arbeiten und (etwas) technisches Verständnis haben.
Ausbildungsbetriebe/Arbeitgeber: Groß- und Einzelhandelsbetriebe, Versandhandel, Speditionen, Logistikzentren
Perspektiven: Spezialisierung zu Themen wie Lagerung gefährlicher Stoffe, Material- und Lagerwirtschaft, Speditionslogistik
Das Plus: Die Vielseitigkeit
Kurzprofil: Ihr Arbeitsplatz ist das Lager und hier haben HandelsfachpackerInnen alles im Griff. Von der Warenannahme über die Lagerhaltung und -verwaltung via Kartei oder EDV bis hin zum Kommissionieren, Verpacken und Versenden ausgehender Waren. Das erfordert Kenntnis der Verpackungsmaterialien und -mittel sowie der wichtigsten Versandvorschriften, Versandarten und gesetzlicher Normen. Auch das Bedienen der Fördermittel (Aufzüge, Förderbänder, Gabelstapler) ist Teil des vielseitigen Aufgabenbereiches.

Mustermacher/-in Verpackungsmittelherstellung

Dauer der Ausbildung: Im Regelfall wird eine abgeschlossene Ausbildung als Verpackungsmittelmechaniker/-in vorausgesetzt.
Geeignet für: Alle, die Spaß an kreativem Umgang mit den Materialien Papier/Karton/ Pappe haben und das erforderliche handwerkliche Geschick mitbringen.
Ausbildungsbetriebe/Arbeitgeber: Markenartikel-Hersteller, Verpackungsbetriebe, Papier- und Kartonagefabriken
Perspektiven: Die Möglichkeit, Kreativität, Handwerklichkeit und Beratung zu kombinieren
Das Plus: Höchstmaß an Vielseitigkeit und Kreativität

Kurzprofil: MustermacherInnen fertigen Verpackungsmuster als Entscheidungsgrundlage für Auftraggeber bzw. als Vorlage für die spätere Serienfertigung an. Sie konstruieren, meist am Computer, Art und Form einer Verpackung und setzen den Entwurf in handgefertigte Verpackungsmuster um. Anhand der Muster erstellen sie auch die Unterlagen bzw. Arbeitsvorschriften für die Fertigung und wirken an der Weiterentwicklung bestehender Fertigungsverfahren sowie an der Entwicklung neuer Fertigungsmethoden mit.

Papiermacher/-in Papier–Karton–Pappe

Dauer der Ausbildung: 3 Jahre
Geeignet für: Alle, die Spaß am Umgang mit natürlichen Rohstoffen haben.
Ausbildungsbetriebe/Arbeitgeber: Papier-, Karton- und Wellpappefabriken
Perspektiven: Qualifizierung zur Herstellung von Spezialpapieren
Das Plus: Abwechslungsreich
Kurzprofil: Kenntnisse über die einzelnen Rohstoffe in der Papierverarbeitung sind Basis dieser Ausbildung. Dazu kommt das exakte Wissen um die einzelnen Arbeitsschritte der Papierherstellung und um die Anforderungen an die unterschiedlichen Papierqualitäten. Aber auch das Einrichten und Kontrollieren der Maschinen während des Produktionsvorgangs (Kontrolle von Temperatur, Druck, Feuchtigkeit etc.) sowie das Prüfen der Fertigungsqualität in unterschiedlichen Stadien der Produktion gehören dazu.

Papiertechniker/-in

Dauer der Ausbildung: Weiterbildungsmaßnahme für Facharbeiter in der Wellpappenindustrie
Geeignet für: Alle FacharbeiterInnen, die verantwortungsvollere Tätigkeiten übernehmen möchten.
Ausbildungsbetriebe/Arbeitgeber: Papier- und Wellpappe-Hersteller
Perspektiven: Arbeit als BetriebsleiterInnen oder als SchichtführerInnen (je nach Betriebsgröße)
Das Plus: Hohe Verantwortlichkeit für Produktionsergebnisse und Mitarbeiter
Kurzprofil: Papiertechniker/-innen organisieren und bereiten den Produktionsablauf vor, leiten und überwachen die Fertigung, kontrollieren die Halb- und Fertigerzeugnisse sowie die Materialbeschaffung und Tätigkeiten im Vertrieb. Sie arbeiten beim Ermitteln, Festlegen und Überwachen von Leistungskennziffern mit, werten per EDV Prozessdaten aus, stellen Schwachstellen und Fehlerquellen im Produktionsprozess fest und erarbeiten Vorschläge zu deren Beseitigung. Neben der Terminplanung und -überwachung liegt auch das Kalkulieren der Kosten in ihrem Verantwortungsbereich.

Verpacker/-in

Dauer der Ausbildung: Kein Ausbildungsberuf. Häufig arbeiten Fachkräfte für Lagerwirtschaft oder Handelsfachpackerlnnen als Verpackerlnnen.
Geeignet für: Alle, die ein hohes Maß an Schnelligkeit und Fingerfertigkeit haben.
Ausbildungsbetriebe/Arbeitgeber: Groß- und Einzelhandelsbetriebe, Versandhandel, Speditionen
Perspektiven: Qualifizierung als Lagerverwalter/-in
Das Plus: Abwechslungsreiche Tätigkeit
Kurzprofil: Durch Hände von Verpacker/-innen geht fast alles. Über das eigentliche Verpacken hinaus übernehmen sie häufig auch Arbeiten von Handelsfachpackerlnnen wie etwa Warenannahme und -ausgang, Kommissionieren der Waren, Lagerhaltung und -verwaltung, Qualitätskontrollen, Sortierarbeiten. Wer hier Flexibilität und Zuverlässigkeit beweist, dem bietet sich schnell die Chance, sein Aufgabengebiet erheblich auszudehnen und sehr interessant zu gestalten.

Verpackungberater/-in

Dauer der Ausbildung: Qualifizierung für Verpackungsmittelmechanikerlnnen
Geeignet für: Alle, die gut sind in Kommunikation.
Ausbildungsbetriebe/Arbeitgeber: Papier- und Wellpappe-Hersteller, Verpackungsmittel-Händler
Perspektiven: Maßgeblicher Einfluss auf Produktmanagement
Das Plus: Vielseitige, verantwortungsvolle Tätigkeit
Kurzprofil: Verpackungsberater pflegen bestehende Kundenkontakte, bauen diese aus und versuchen, neue Kunden zu gewinnen. Sie ermitteln den Verpackungsbedarf des Kunden, erarbeiten Vorschläge, stoßen neue Verpackungsentwicklungen und die Optimierung bestehender Verpackungssysteme an. Verpackungsberater wirken auch bei der Angebotsgestaltung mit und führen die Verhandlungen.

Verpackungsentwickler/-in

Dauer der Ausbidlung: Qualifizierungsmöglichkeit für Verpackungsmittelmechanikerlnnen
Geeignet für: Alle, die kreativ und kundenorientiert arbeiten möchten.
Ausbildungsbetriebe/Arbeitgeber: Markenartikel-Hersteller, Abpackende Industrie, Papier- und Wellpappe-Hersteller
Perspektiven: Spezialisierung auf eine Branche und deren Anforderung
Das Plus: Vielfältige Möglichkeiten, Technik, Kreativität und Teamarbeit miteinander zu vereinen
Kurzprofil: Verpackungsentwickler/-innen entwerfen mit modernster CAD-Technik maßgeschneiderte Verpackungen für die Kunden der Wellpappenindustrie. Dabei gilt es, sowohl die vielfältigen Anforderungen der verpackenden Industrie als auch die Wünsche des Handels und des Endverbrauchers zu berücksichtigen. Die Verpackung wird in allen Details am Bildschirm konstruiert und Falt- und Verschlusstechnik in der dreidimensionalen Darstellung erprobt. Über einen Schneidplotter lässt sich anschließend ein fertiges Verpackungsmuster herstellen.

Verpackungsmittelmechaniker/-in

Dauer der Ausbildung: 3 Jahre
Geeignet für: Alle, die ein Faible für Planen und Konstruieren haben und das mit Kreativität und technischem Verständnis verbinden möchten.
Ausbildungsbetriebe/Arbeitgeber: Wellpappe- und Papierhersteller
Perspektiven: Spezialisierung auf Fachgebiete wie Qualitätssicherung, Maschinenführer, Verpackungsberatung oder -entwicklung, Arbeitsvorbereitung etc.
Das Plus: Kreativ und vielseitig
Kurzprofil: Verpackungsmittelmechanikerlnnen lernen, Packmittel zu produzieren, indem Sie im Team die geeig-

neten Materialien auswählen, den Fertigungsprozess überwachen und optimieren. Das bedeutet: Mit Maschinen umgehen, Verpackungskonstruktionen erstellen und das Einmaleins der Metallbearbeitung erlernen. Dazu gehört es, alle Produktionsbereiche eines Wellpappenwerkes zu kennen. Auch das Einrichten computergesteuerter Maschinen sowie ihre Bedienung, Kontrolle und das Wissen um ihre Wartung gehören dazu.
Weitere Ausbildungsinhalte: Druckvorbereitung, Stanzformenbau und Verpackungsentwicklung.

Dipl. Ing. (FH) Verpackungstechnik

Regelstudienzeit: 8 Semester
Geeignet für: Alle, die Spaß haben an der Kombination aus Technik und Kreativität.
Ausbildungsbetriebe/Arbeitgeber: Abpackende Industrie, Handel, Lager- und Transportwesen, Markenartikel-Hersteller
Perspektiven: Produktmanagement, Betriebs- oder technischer Leiter, Qualitätssicherung etc.
Das Plus: Breit gefächertes Wissen, dadurch viele Möglichkeiten der Spezialisierung
Kurzprofil: Im Grundstudium werden Grundkenntnisse vermittelt in Mathematik, Physik, Chemie, Informatik, Elektrotechnik, Werkstoffe, Ökologie, Betriebswirtschaftslehre sowie Grundlagen der Verpackungs- und Drucktechnik. Das Hauptstudium bietet unterschiedlichen Schwerpunkte: Verpackungstechnologie, Qualitätssicherung, Förder- und Lagertechnik, Packstoffe und Packstoffprüfung, Formgestaltung, Verpackungsmaschinen, Abpacktechnik, Verpackungsprüfung, Verpackung/Verpackungsgut, Normen und Gesetze im Verpackungswesen, Produktionsplanung und -steuerung, Kosten/Leistungsrechnung sowie Projektmanagement.

Weiterführende Auskunft über die jeweiligen Berufsbilder gibt es bei den Industrie- und Handelskammern, bei den Arbeitsämtern, an Fachhochschulen sowie bei den Berufsverbänden. Der VDW beispielsweise hält eine Liste mit Unternehmen bereit, die ausbilden.

Verpackung verbindet: Organisationen, Verbände, Institutionen

Wann immer Sie tiefergehende Informationen zu einem Thema brauchen, sind Fachverbände und Organisationen Verbände die richtigen Ansprechpartner.
Die wichtigsten Adressen, die uns teilweise auch bei der Erstellung dieses Buches weitergeholfen haben, stellen wir Ihnen hier vor:

- **Arbeitsgemeinschaft Verpackung und Umwelt (AGVU)**
Bonner Talweg 64, 53113 Bonn
Telefon: 02 28/9 49 29-0
www.bdvm-online.de

- **Bundesamt für Güterverkehr (BAG)**
Werderstraße 34
50672 Köln
Telefon: 02 21/57 76-1620
www.bag-bund.de

- **Bundesministerium für Verkehr-, Bau- und Wohnungswesen (BMVBW)**
Invalidenstraße 44, 10115 Berlin
Krausenstraße 17-20, 10117 Beriln
Telefon: 0 30/20 08-0
Robert-Schumann-Platz 1, 53175 Bonn
Telefon: 018 88/300-0
www.bmvbm.de

- **Bundesverband der Deutschen Entsorgungswirtschaft e.V. (BDE)**
Tempelhofer Ufer 37, 10963 Berlin
Telefon: 0 30/59 00 33 5-0
www.bde-berlin.de

- **Bundesverband Güterkraftverkehr, Logistik und Entsorgung e.V. (BGL)**
Breitenbachstraße 1, 60487 Frankfurt/Main
Telefon: 0 69/79 19-278
www.bgl-ev.de

- **Bundesverband Holzpackmittel, Paletten, Exportverpackung e.V. (HPE)**
Erste Fährgasse 2, 53113 Bonn
Telefon: 02 28/26 52 46
www.hpe.de

- **Bundesverband Materialwirtschaft, Einkauf und Logistik e.V. (BME)**
Bolongarostr. 82, 65929 Frankfurt/Main
Telefon: 0 69/308 38-0
www.bme.de

- **Bundesvereinigung Logistik e.V. (BVL)**
Schlachte 31, 28195 Bremen
Telefon: 04 21/17 38 40
www.bvl.de

- **Deutsches Verpackungsinstitut e.V. (dvi) und Bund Deutscher Verpackungsingenieure e.V. (bdvi)**
Hohenzollernstraße 12, 14163 Berlin
Telefon: 030/80 49 68 11
www.verpackung.org

- **Eisenbahn Bundesamt (EBA)**
Vorgebirgsstraße 49, 50169 Bonn
Telefon: 02 28/98 26-0
www.eisenbahn-bundesamt.de

- **Fachverband Faltschachtel-Industrie e.V.**
Grazer Straße 29, 63073 Offenbach/Main
Telefon: 0 69/89 012-0
fachverbaende-offenbach@t-online.de

- **Hauptverband der Papier, Pappe und Kunststoffe verarbeitenden Industrie e.V. (HPV)**
Verband Vollpappe-Kartonagen e.V. (VVK)
Fachvereinigung der Deutschen Kartonagen-Industrie e.V. (FKI
Strubbergstraße 70, 60489 Frankfurt/Main
Telefon: 0 69/97 82 81-0
www.hpv-ev.org

- **Industrieverband Klebstoffe e.V.**
Ivo-Bencker-Straße 43, 40237 Düsseldorf
Telefon: 02 11/6 79 31-0
www.klebstoffe.conm

- **Industrieverband Kunststoffverpackung e.V. (IK)**
Kaiser-Friedrich-Promenade 43,
61348 Bad Homburg
Telefon: 0 61 72/92 66 01
www.kunststoffverpackungen.de

- **Das unabhängige Verpackungsforum**
Kolinscher Weg 5a, 47647 Kerken
Telefon: 0 28 33/57 27 86
www.kartonagen.de

- **RG Verpackung im RKW (Rationalisierungskuratorium der Wirtschaft)**
Düsseldorfer Straße 40, 65760 Eschborn
Telefon: 06196/49 52 02
www.rkw.de

- **Verband deutscher Papierfabriken e.V. (vdp)**
Adenauerallee 55
53113 Bonn
Telefon: 02 28/26705 -0
www.vdp-online.de

- **Verband der Wellpappen-Industrie e.V. (VDW)**
Hilpertstraße 11, 64295 Darmstadt
Telefon: 0 61 51/92 94-0
www.wellpappen-industrie.de

- **Verband kunststofferzeugende Industrie e.V.**
Karlstraße 21
60329 Frankfurt/Main
Telefon: 0 69/25 56-13 03
www.vke.de

■ **Wissenschaftliche Gesellschaft für Fördertechnik und Verpackung e.V. (WGFV)**
Wissenschaftliche Gesellschaft für Gefahrguttransport e.V. (WGGT)
Michelangelostraße 11 (16-03),
01217 Dresden
Telefon: 03 51/472 82 56
www.wgfv.de
www.wggt.de

Norm- und Prüfinstitute, Sonstige:

■ **Bundesanstalt für Materialforschung und -prüfung (BAM)**
Unter den Eichen 87, 12205 Berlin
Telefon: 0 30/81 04-0,
www.bam.de

■ **Deutsches Institut für Gütesicherung und Kennzeichnung e.V. (RAL)**
Siegburger Straße 39, 53757 Sankt Augustin
Telefon: 0 22 41/16 05-0
www.ral.de

■ **DIN**
Deutsches Institut für Normung e.V.
Burggrafenstraße 6, 10787 Berlin
Telefon: 0 30/26 01-0
www.din.de

■ **Fraunhofer Institut für Materialfluss und Logistik (IML)**
Joseph-Fraunhofer-Straße 2-4
44227 Dortmund
Telefon: 02 31/97 43-0
www.iml.fhg.de

■ **Gefahrguttreff**
Strober + Partner GmbH
Töginger Straße 169
84453 Mühldorf am Inn
Telefon: 0 86 31/16 07-0
www.gefahrguttreff.de

■ **Gesellschaft für Verpackungsmarktforschung mbH**
Rheingaustraße 85
65203 Wiesbaden
Telefon: 06 11/2 78 04-0
www.gvm-wiesbaden.de

■ **Institut für Beratung, Forschung, Systemplanung, Verpackungsentwicklung und -prüfung e.V.**
an der Hochschule für Angewandte Wissenschaften Hamburg (BFSV)
Lohbrügger Kirchstr. 65, 21033 Hamburg
Telefon: 0 40/4 28 75-60 46
www.bfsv.de

■ **OSEC Business Network Switzerland**
Stampfenbachstraße 85
CH-8035 Zürich
Telefon: 0041/1/265 51 51
www.osec.ch

■ **paconsult GmbH**
Verpackungs- und Geräteprüfung
Ulmenau 6-10, 22087 Hamburg
Telefon: 0 40/229 48 79-0
www.paconsult.de

■ **RESY**
Organisation für Wertstoffentsorgung GmbH
Hilpertstraße 22, 64295 Darmstadt
Telefon: 0 61 51/92 94-22
www.resy.de

■ **vdz Verpackungstechnisches Dienstleistungszentrum (vdz) GmbH**
Hauert 12, 44227 Dortmund
Telefon: 02 31/97 52 19-6
www.vdz-gmbh.de

■ **Verein zur Förderung innovativer Verfahren in der Logistik (VVL) e.V.**
Institut für Verpackungstechnik (IfV)
Institut für Distributions- und Handelslogistik (IDH)
Hauert 12, 44227 Dortmund
Telefon: 02 31/7 27 41 04
www.vvl-ev.de

■ **VfW AG**
Dienstleister für Logistik und Rücknahmesysteme
Max-Planck-Straße 42
50858 Köln
Telefon: 0 23 34/9 58 70
www.vfw-ag.de

Verpackung als Kulturgut: Die Museen

Wen das Thema Verpackungen erst einmal gepackt hat, erfährt in folgenden Museen eine ganze Menge mehr darüber:

■ **Das Papiermuseum**
Förderverein Düren-Jülich-Euskirchener Papiergeschichte e.V.
Wallstraße 2-8, D-52349 Düren
Telefon: 0 24 21 / 25 23 13
www.papier-museum.de

■ **Deutsches Kunststoff-Museum**
Geschäftsstelle
Messeplatz
40474 Düsseldorf
Telefon: 02 11 / 45 60-413
www.deutsches-kunststoff-museum.de

■ **Deutsches Museum**
Museumsinsel 1
80538 München
Telefon: 089 / 21 79 – 1
www.deutsches-museum.de

■ **Deutsches Verpackungsmuseum**
Deutsches Verpackungs-Museum e.V.
Hauptstraße 22 (Innenhof),
D-69117 Heidelberg
Telefon: 0 62 21 / 2 13 61
www.verpackungsmuseum.de

■ **Haus der Geschichte der Bundesrepublik Deutschland**
Museumsmeile
Willy-Brandt-Allee 14, 53113 Bonn
Telefon: 02 28 / 91 65-0
www.hdg.de

■ **Museum für Kommunikation Berlin**
Leipziger Straße 16
D-10117 Berlin-Mitte
Telefon: 0 30 / 202 94-0
mk.berlin@mspt.de

■ **Museum für Kommunikation Frankfurt**
Schaumainkai 53, 60596 Frankfurt am Main
Telefon: 0 69 / 60 60-0
www.museumsstiftung.de

■ **Museum für Kommunikation Hamburg**
Gorch-Fock-Wall 1, D-20354 Hamburg
Telefon: 0 40 / 35 76 36-0
mk.hamburg@mspt.de

■ **Museumsstiftung Post und Telekommunikation**
Robert-Schuman-Platz 3, D-53175 Bonn
Telefon: 02 28 / 1 85-0
museumsstiftung@mspt.de

■ **Privates Verpackungsmuseum und Tante Elsas Laden**
Helmut Kücherer
Klausenpfad 12, D-69121 Heidelberg
Telefon/Telefax: 0 62 21 / 47 44 29
helmutkuecherer@hotmail.com

■ **Rheinisches Industriemuseum**
Papiermühle Alte Dombach
51465 Bergisch Gladbach
Telefon: 0 22 02 / 9 36 68 23
www.lvr.de

■ **Westfälisches Freilichtmuseum Hagen**
Mäckingerbach
58091 Hagen
Telefon: 0 23 31 / 78 07 – 0
www.freilichtmuseum-hagen.de

Bildnachweis

Folgende Personen und Unternehmen haben uns freundlicherweise Bild- und/oder Informationsmaterial zur Verfügung gestellt:
Hans-Georg Böcher, Wiesbaden
Collico Verpackungslogistik und Service GmbH, Duisburg
Deutsche Post World Net
Deutsches Verpackungsmuseum e.V., Heidelberg
DHL - Deutsche Post Euro Express Deutschland GmbH & Co. OHG, Bonn
Diogenes Verlag, Zürich
Roland Ernst, München
Fraunhofer Institut für Materialfluss und Logistik, Dortmund
Gesamtverband der Deutschen Versicherungswirtschaft e.V., Berlin
Florian Gluhm
Holzindustrie Fürst zu Fürstenberg KG, Hüfingen
Hüdig + Rocholz, Velbert
Krones AG, Neutraubling
Helmut Kücherer, Heidelberg
Museum für Kommunikation, Frankfurt am Main
Papierfabrik Palm GmbH & Co.KG, Aalen
Schenker Logistik, Düsseldorf
Edgar Schoepal, Düsseldorf
UPS - United Parcel Service Deutschland Inc. & Co. OHG, Neuss
José Verkest
vdz Verpackungstechnisches Dienstleistungszentrum, Dortmund
Zeitcontrol cardsystems GmbH, Minden

Alle weiteren Fotos:
ratioform Verpackungsmittel GmbH
Dorothea Posdiena

Dankeschön!

Kein Buch ohne die vielen Dankeschöns an alle, die an dessen Entstehung mitgewirkt haben. Es ist fast wie bei der Oscar-Verleihung.
Und los geht's: Der erste Dank geht natürlich an unseren Auftraggeber, die Firma ratioform, und da vor allem an Thomas Krieg, meinen Bruder, der mit seinem umfangreichen Fachwissen der Urheber für dieses Buch ist. Danke an das „Projektteam Buch", Rolf Schmidt, Wolfgang Weber und den Hauptverantwortlichen, Michael Vollmer, für die tolle Zusammenarbeit.
Es hat wirklich Spaß gemacht – auch wenn sie es, vor allem in der Schlussphase, nicht leicht mit uns hatten...
Dankeschön Roland Ernst, München, für viele Produktfotos und für den Schnellschuss in letzter Minute.
Zur Wahrung der sachlichen und fachlichen Richtigkeit haben wir die Unterstützung von Spezialisten in Anspruch genommen. Ein besonders herzliches Dankeschön geht an Frau Dr. oec. Dipl.-Ing. (FH) Monika Kaßmann (WGFV und WGGT), Dresden. Sie hat die Fachthemen lektoriert und uns mit viel Engagement, Sorgfalt und guten Anregungen unterstützt.
Als weitere Fachlektoren bedanken wir uns bei Günter Winkler vom VVL Dortmund, Thomas Bone vom Fraunhofer Institut für Materialfluss und Logistik, Dortmund, bei Leela Moolgaokar, Dr. Heinz Oldenburg, Klaus Brunner, Ernst Jäger und Thomas Stephan. Danke an Hans-Jürgen Bok für den kritischen Blick von außen.
Nicht zu vergessen die vielen Verbände, Organisationen und Firmen, die mit Foto- und Informationsmaterial einen wichtigen Beitrag zum Gelingen dieses Buches geleistet haben.

Michaela Krieg
rokoko – Netzwerk für Kommunikation, Dortmund